2020年農林業センサス

第7巻

農山村地域調査報告書

大臣官房統計部

令和4年2月

農林水産省

目　　次

《調査結果の概要》

《統計表》

《付表》

・2020年農林業センサス農山村地域調査票

・全国森林計画（広域流域）・森林計画区一覧表

利用者のために

I　農林業センサスの沿革

1　センサスとは

　　古代ローマに"センソール"という職の役人がおり、その役職は5年ごとにローマ市民の数など
を調査することを仕事としていたことから、センソールが行う調査を"センサス"と呼んでい
たといわれている。これによりセンサスとは、通常全てを調査の対象とし、個々の対象に調査票
を使って、全般的な多項目にわたる調査を行うことを言うようになった。

2　戦前の農業センサス

　　農林業統計においてセンサス方式を初めて採用したのは、昭和4年に国際連合食糧農業機関
（以下「FAO」という。）の前身である万国農事協会が提唱する「1930年世界農業センサス」
の実施に沿って行った農業調査である。しかし、その調査は田畑別、自小作別耕地面積を調査し
ただけで農家や農業に関する全般的な調査を行ったわけではなかった。その意味で最初の農業
センサスは、昭和13年に行われた農家一斉調査であるということができ、この経験を基にそれ
までの表式調査（既存の資料及び情報を基に、市町村などが所定の様式により申告したものを積
み上げ、統計を作成する調査をいう。）を改め、昭和16年から農林水産業調査規則に基づく農
業基本調査（夏期調査及び冬期調査）をセンサス方式で行うこととなった。

　　しかし、第2次世界大戦末期にはセンサス方式の調査の実施が不可能となり、昭和19年には
表式調査に逆戻りし、昭和20年には調査そのものが行われなかった。

3　戦後の農業センサス

　　戦後、センサス方式の調査として、農家人口調査（昭和21年）、臨時農業センサス（昭和22
年。このとき初めて「センサス」という言葉が用いられた。）及び農地統計調査（昭和24年）
が実施された。昭和25年に至ってFAOが世界的規模で提唱した1950年世界農業センサスに
参加し、我が国における農業センサスの基礎が固まった。その後10年ごとに世界農業センサス
に参加するとともに、その中間年次に我が国独自の農業センサスを実施することとなった。

　　なお、今回の2020年農林業センサスは、戦後15回目の農業センサスである。

　　また、沖縄県においては、琉球政府時代の昭和26年2月に第1回目の農業センサスが実施さ
れ、その後、昭和39年4月、昭和46年10月と2回実施されており、今回センサスは復帰後で
は1975年農業センサスから10回目、戦後では13回目の農業センサスである。

4　林業センサス

　　林業センサスは昭和35年から10年ごとに実施してきたが、2005年農林業センサスから、農
業と林業の経営を一体的に把握する調査形態となったため、以降5年ごとに実施している。

　　なお、今回の2020年農林業センサスは、林業センサスとしては9回目である。

　　また、沖縄県においては、復帰後では1980年世界農林業センサスから7回目となっている。

5　2005年農林業センサスにおける調査体系等の変更

　　2005年農林業センサスは、事業体を対象とする調査について2000年世界農林業センサスまで
農業と林業を別々に調査していたが、農林業を経営の視点から同一の調査票で把握する調査体
系に改め、農林業経営体を調査対象とした「農林業経営体調査」として実施した。

また、農林業地域を対象とする調査についても、農林業・農山村の有する多面的機能を一体的に把握するため、従来の農業集落調査及び林業地域調査を統合した「農山村地域調査」、農業集落における集落機能、コミュニティー活動等を把握するための「農村集落調査」（付帯調査）を実施した。

　具体的には、次の見直しを行っている。

(1) 農林業経営体調査

ア 経営に着目した調査体系として実施

　農林業の経営を的確に把握する見地から、これまでの農家及び林家という世帯に着目した調査から経営に着目した調査に改めるとともに、個人、組織、法人等の多様な担い手を一元的かつ横断的に捉えるため、2000 年世界農林業センサスまでの農業事業体に関する３調査（農家調査、農家以外の農業事業体調査、農業サービス事業体調査）、林業事業体に関する３調査（林家調査、林家以外の林業事業体調査、林業サービス事業体等調査）を統合して農林業経営体を対象とする調査に一本化した。

　また、調査周期についても、従来 10 年周期で実施していた林業に関する調査を農業に関する調査と同様に５年周期で実施することとした。

イ 農林業経営体を調査対象に選定

　2005 年農林業センサスにおいては、農林業経営の実態をより的確に把握するため、調査対象を農林業経営体とし、その定義については、

(ｱ)　農林産物の生産を行うか、又は委託を受けて農林業作業を行い、

(ｲ)　生産又は作業に係る面積・頭羽数が一定規模以上の農林業生産活動を行う者（組織経営体の場合は代表者）

とした。

　なお、１つの世帯・組織に調査対象としての基準を満たす者が複数存在する場合（それぞれが次に示す外形基準を満たし、かつ、経営管理及び収支決算が独立して行われている場合）には、それぞれの者を調査対象とした。

ウ 農林業経営体を判定するための外形基準の設定

　農林業経営体を的確に判定するため、次に示す外形基準（生産又は作業の規模）を設定した。

　なお、農業生産を行っている場合の外形基準については、統計の安定性・継続性を確保する観点から、農産物価格の変動に左右される従来の農産物販売金額に代わる物的指標を導入した。

　　＜農業の外形基準＞

(ｱ)　農業生産を行っている場合

　　経営耕地面積が 30 a 以上であるか、又は、物的指標（部門別の作付（栽培）面積、飼養頭羽数等の規模）が一定経営規模以上である者を調査対象とした。

(ｲ)　農業サービスを行っている場合

　　全てを調査対象とした。

　　＜林業の外形基準＞

(ｱ)　林業生産を行っている場合

　　保有山林面積が３ha 以上で、かつ、調査期日前５年間継続して林業経営（育林又は伐採）

を行った者又は調査実施年をその計画期間に含む森林施業計画を作成している者を調査
対象とした。
(イ) 委託を受けて素材生産を行っている場合又は立木を購入して素材生産を行っている場
合
調査期日前1年間の素材生産量が200㎥以上である者を調査対象とした。
(ウ) 素材生産サービス以外の林業サービスを行っている場合
全てを調査対象とした。

(2) 農山村地域調査
ア 農業集落調査及び林業地域調査を統合
農林業・農山村の有する多面的機能を一体的に把握するため、従来の農業集落調査及び林
業地域調査を統合した。

イ 調査対象農業集落の変更
2000年世界農林業センサスまでは、農業集落の立地条件や農業生産面及び生活面でのつな
がりを把握するため、農業集落機能があると認められた地域（農家点在地を除く。）を調査
対象としてきた。
2005年農林業センサスにおいては、農山村地域資源の総量把握に重点を置いて把握するこ
ととしたため、集落機能のない農業集落であっても資源量把握の観点から調査対象とするこ
ととし、全域が市街化区域である農業集落については、農政の施策の対象範囲外であること
から調査対象から除外した。

Ⅱ　2020年農林業センサスの概要

1　調査の目的

2020年農林業センサス（以下「調査」という。）は、農林業構造統計（統計法（平成19年法
律第53号）第2条第4項に規定する基幹統計）を作成し、食料・農業・農村基本計画及び森林・
林業基本計画に基づく諸施策並びに農林業に関する各統計調査に必要な基礎資料を整備するこ
とを目的として実施した。

2　根拠法規

調査は、統計法、統計法施行令（平成20年政令第334号）、農林業センサス規則（昭和44年
農林省令第39号）及び平成16年5月20日農林水産省告示第1071号（農林業センサス規則第
5条第1項の農林水産大臣が定める農林業経営体等を定める件）に基づいて行った。

3　調査体系

調査は、農林業経営を把握するために行う個人、組織、法人などを対象とする調査（農林業経
営体調査）及び農山村の現状を把握するために行う全国の市区町村や農業集落を対象とする調
査（農山村地域調査）に大別される。
各調査の調査の対象、調査の系統については次のとおりである。
なお、調査の企画・設計は全て農林水産省大臣官房統計部で行った。

調査の種類	調査の対象	調査の系統
農林業経営体調査	農林産物の生産を行うか又は委託を受けて農林業作業を行い、生産又は作業に係る面積・頭羽数が一定規模以上の「農林業生産活動」を行う者[注1]	農林水産省 ｜ 都道府県 ｜ 市区町村 ｜ 統計調査員 ｜ 調査対象 （農林業経営体）
農山村地域調査	【市区町村調査】 全ての市区町村	農林水産省 ｜ 調査対象 （市区町村）
	【農業集落調査】 全域が市街化区域に含まれる農業集落を除く全ての農業集落	農林水産省 （民間事業者又は地方農政局等の職員[注2]） ｜ 調査対象 （集落精通者）

民間事業者調査による未回収分

農林水産省
｜
統計調査員
又は地方農政局等の職員[注2]
｜
調査対象
（集落精通者）

注1： 試験研究機関、教育機関、福利厚生施設その他の営利を目的としない農林業経営体を除く。
  2： 7（2）を参照。

4 調査の対象地域の範囲

(1) 調査の対象地域の範囲は、全国とした。

(2) 農林業経営体調査においては、東京電力福島第1原子力発電所の事故による避難指示区域（平成31年2月1日時点。以下「避難指示区域」という。）に全域が含まれる福島県大熊町及び双葉町については調査を実施できなかったため、本調査結果には含まれていない。

(3) 農山村地域調査においては、避難指示区域に含まれる農業集落（75集落）については調査を実施できなかったため、本調査結果には含まれていない。

5 調査事項

(1) 農林業経営体調査

　　ア　経営の態様

　　イ　世帯の状況

　　ウ　農業労働力

　　エ　経営耕地面積等

オ　農作物の作付面積等及び家畜の飼養状況

カ　農産物の販売金額等

キ　農作業受託の状況

ク　農業経営の特徴

ケ　農業生産関連事業

コ　林業労働力

サ　林産物の販売金額等

シ　林業作業の委託及び受託の状況

ス　保有山林面積

セ　育林面積等及び素材生産量

ソ　その他農林業経営体の現況

(2)　農山村地域調査

ア　総土地面積・林野面積

イ　地域資源の保全状況・活用状況

ウ　その他農山村地域の現況

6　調査期日

令和2年2月1日現在で実施した。

7　調査方法

(1)　農林業経営体調査

統計調査員が、調査対象に対し調査票を配布・回収する自計調査（被調査者が自ら回答を調査票に記入する方法）の方法により行った。その際、調査対象から面接調査（他計報告調査）の申出があった場合には、統計調査員による調査対象に対する面接調査（他計報告調査）の方法をとった。

なお、調査対象の協力が得られる場合は、オンラインにより調査票を回収する方法も可能とした。

ただし、家畜伝染病の発生等に起因して統計調査員の訪問が困難な場合は、郵送により調査票を配布、回収する方法も可能とした。

(2)　農山村地域調査

市区町村調査については、オンライン（電子メール）又は往復郵送により配布・回収する自計調査の方法により行った。

農業集落調査については、農林水産省が委託した民間事業者が郵送により調査票を配布し、郵送又はオンラインにより回収する自計調査の方法により行った。また、民間事業者から調査票を配布できない特別な事情がある場合は、地方農政局等の職員が調査票を配布・回収した。

ただし、民間事業者による調査で回答が得られない農業集落については、統計調査員が調査票を配布し、回収する自計調査又は調査員による面接調査（他計報告調査）の方法により行った。なお、感染症の発生、まん延等に起因し、統計調査員の訪問が困難な場合は、統計調査員又は地方農政局等の職員が電話による聞き取りを行う方法も可能とした。

また、「最も近いＤＩＤ（人口集中地区）及び生活関連施設までの所要時間」及び農業集落の概況については、行政情報や民間データを活用して把握した。

8 集計方法

　本調査は全数調査であることから、集計は有効回答となった調査票の単純積み上げにより行った。

　また、未記入の項目がある一部の調査票のうち、

① 当該調査票の回答が得られた項目を基に補完することが可能な項目

② ①以外の項目であっても、選択式の項目であり、特定の選択肢に当てはめて補完することにより他の調査項目との不整合が生じない項目

に限り、必要な補完を行った上で、有効回答となった調査票も集計対象とした。

　有効回答数については以下のとおり。

区　分	調査票配布対象数	有効回答数
農林業経営体調査	1,118,708	1,092,250
農山村地域調査 （市区町村調査）	1,896	1,896
農山村地域調査 （農業集落調査）	138,243	138,243

注1： 農林業経営体調査の「調査票配布対象数」とは、調査員が訪問し、面接により農林業経営体に該当すると判定できた数である。

　2： 農林業経営体調査の「有効回答数」とは、「調査票配布対象数」のうち、適正に回答された調査票を回収できた経営体数及び回答必須項目に一部未記入があっても、必要な補完を行った結果、回答必須項目の未記入が全て解消された経営体数である。

9 実績精度

　本調査は全数調査のため、実績精度の算出は行っていない。

Ⅲ 2020年調査の主な変更点

【農林業経営体調査】

1 調査対象の属性区分の変更

　2005年農林業センサスで農業経営体の概念を導入し、2015年調査までは、家族経営体と組織経営体に区分していた。2020年調査では、法人経営を一体的に捉えるとの考えのもと、法人化している家族経営体と組織経営体を統合し、非法人の組織経営体と併せて団体経営体とし、非法人の家族経営体を個人経営体とした。

2 調査項目の見直し

(1) 調査項目の新設

　ア 青色申告の実施の有無、正規の簿記、簡易簿記等の別

　イ 有機農業の取組状況

　ウ 農業経営へのデータ活用の状況

(2) 調査項目の削減

　ア 自営農業とその他の仕事の従事日数の多少（これまでの農業就業人口の区分に利用）

　イ 世帯員の中で過去1年間に自営農業以外の仕事に従事した者の有無（これまでの専兼業

別の分類に利用）
　ウ　田、畑、樹園地の耕作放棄地面積
　エ　農業機械の所有台数
　オ　農作業の委託状況
　カ　農外業種からの資本金、出資金提供の有無
　キ　牧草栽培による家畜の預託事業の実施状況等

【農山村地域調査】
調査項目の見直し

　「森林環境税及び森林環境譲与税に関する法律」（平成31年法律第3号）第28条に基づき、市町村に対する森林環境譲与税の譲与基準として私有林人工林面積が用いられることとなったため、市区町村調査票において、森林計画対象の森林面積の内訳として、新たに人工林面積を把握した。

　一方で、旧市区町村別の林野面積についての調査項目を廃止した。

Ⅳ　農業集落の概念
1　農業集落とは

　市区町村の区域の一部において農業上形成されている地域社会のことである。農業集落は、もともと自然発生的な地域社会であって、家と家とが地縁的、血縁的に結びつき、各種の集団や社会関係を形成してきた社会生活の基礎的な単位である。

　具体的には、農道・用水施設の維持・管理、共有林野、農業用の各種建物や農機具等の利用、労働力（ゆい、手伝い）や農産物の共同出荷等の農業経営面ばかりでなく、冠婚葬祭その他生活面にまで密接に結びついた生産及び生活の共同体であり、さらに自治及び行政の単位として機能してきたものである。

2　農林業センサスにおける「農業集落」設定経過
（1）　昭和30年臨時農業基本調査（以下「臨農」という。）

　「農業集落とは、農家が農業上相互に最も密接に共同しあっている農家集団である。」と定義し、市町村区域の一部において農業上形成されている地域社会のことを意味している。

　具体的には、行政区や実行組合の重なり方や各種集団の活動状況から、農業生産面及び生活面の共同の範囲を調べて農業集落の範囲を決めた。

（2）　1970年世界農林業センサス

　農業集落は農家の集団であるという点で臨農の定義を踏襲しているが、集団形成の土台には農業集落に属する土地があり、それを農業集落の領域と呼び、この領域の確認に力点を置いて設定した。この意味で農業集落の範囲を属地的に捉え、一定の土地（地理的な領域）と家（社会的な領域）とを成立要件とした農村の地域社会であるという考え方をとり、これを農業集落の区域とした。

（3）　1980年世界農林業センサス以降

　農業集落の区域は、農林業センサスにおける最小の集計単位であると同時に、農業集落調査の調査単位であり、統計の連続性を考慮して農業集落の区域の修正は最小限にとどめることとし、原則として前回調査で設定した農業集落の区域を踏襲した。

(4)　2005年農林業センサス以降

　　　これまでの農業集落の区域の認定方法と同様に、市区町村の合併・分割、土地区画整理事業などにより従来の農業集落の地域範囲が現状と異なった場合は、現況に即して修正を行い、それ以外の場合は、前回調査で設定した農業集落の区域を踏襲した。

V　農山村地域調査（農業集落調査）の実施経過

農山村地域調査（農業集落調査）の実施経過は、次表のとおりである。

調査名	調査規模	調査の目的	主要な調査項目
昭和30年 臨時農業基本調査	1/5の 標本調査	農業生産や農家生活上から村落共同体における結合関係を明らかにする。	1. 隣保共助的役割（農業水利、共有林野、共同施設から共同作業） 2. 集落における規制（水による規制、農業労働力の規制、生活上の規制） 3. 農業集落の発展段階別の把握（商品生産農業の発展） 4. 農業構造の把握（農地改革の効果、農業生産力構造）
1960年 世界農林業センサス	全数調査	農業生産における共同活動及び農民の生活実態を把握する。	1. 共同利用の機械・施設の普及度合、生産物の共同出荷 2. 土地改良の進捗度 3. 自然的条件（傾斜度、土質） 4. 近代的生活用品の普及状況、食生活の状況 5. 農家の生業 6. 賃金協定、耕地価格、農業法人
1965年 農業センサス	全数調査	共用農業用機械の利用及び生活水準の実態を把握する。	1. 共同利用の機械 2. 食料品の購入先 3. 電気冷蔵庫
1970年 世界農林業センサス	全数調査	村落構造の実態、生産の場としての土地、共用生産手段及び生活環境を明らかにする。	1. 共用農用手段、農用機械 2. 農業集落の戸数、社会経済的条件、歴史形態及び慣行 3. 土地（基盤整備、土地改良、転用、耕地価格） 4. 生活環境 5. 出稼ぎ、公害、賃金
1975年 農業センサス 農村環境総合調査	1/7の 標本調査	農村の都市化現象及び農村と都市の生活環境格差並びに土地利用の実態を把握する。	1. 農業集落の立地条件（DIDとの関係、法制上の地域指定） 2. 農業集落の世帯構成 3. 総土地面積、土地利用、転用、基盤整備、価格 4. 第二、三次産業の状況 5. 生活環境施設状況
1980年 世界農林業センサス	全数調査	農村地域の混住化と農業生産の組織化及び土地の利用状況並びに住民の意思決定機構を把握する。	1. 農業集落の世帯構成 2. 農業集落の立地条件 3. 農業集落の土地、水の利用状況と管理機能 4. 農業生産の諸組織化 5. 農業集落の慣行 6. 農業集落の運営と意思決定機構 7. 生活環境

調査名	調査規模	調査の目的	主要な調査項目
1990年 世界農林業センサス	全数調査	農村地域の混住化と農業生産の組織化及び集団的土地利用並びに生活環境の整備状況を明らかにする。	1. 農業集落の戸数、土地 2. 共用の農業用機械・施設 3. 農業集落の集団的土地利用 4. 農業生産の諸組織 5. 農業集落の慣行 6. 生活環境の整備状況
2000年 世界農林業センサス	全数調査	農業生産構造の変化や農村地域の生活環境等及び農業生産活動の実態、自然資源の賦存状況等を明らかにする。	1. 農業集落の立地条件 2. 農業集落の戸数 3. 農業集落の耕地等 4. 農業生産 5. 農業集落の慣行 6. 地域・環境資源の保全 7. 農業集落の生活環境
2005年 農林業センサス	全数調査	農林業・農山村の有する多面的機能を統計的に明らかにするため、農山村資源の賦存、保全、活用状況等を把握する。	1. 農業集落の立地条件 2. 農業集落の戸数 3. 農業集落の耕地等 4. 農業生産 5. 農業集落の慣行 6. 地域・環境資源の保全 7. 農業集落の生活環境
2010年 世界農林業センサス	全数調査	農山村地域の集落の再生・活性化に資するため、農業集落内でのコミュニティ活動状況や、農山村資源の保全状況を把握する。	1. 農業集落の立地条件 2. 農業集落の戸数 3. 農業集落の耕地等 4. 地域資源の保全 5. 農業集落の活動状況
2015年 農林業センサス	全数調査	農山村地域の集落の再生・活性化に資するため、農業集落内でのコミュニティ活動状況、農山村資源の保全状況や集落を活性化するための取組を把握する。	1. 農業集落の立地条件 2. 農業集落の戸数 3. 農業集落の耕地等 4. 地域資源の保全 5. 農業集落の活動状況
2020年 農林業センサス	全数調査	農山村地域の集落の再生・活性化に資するため、農業集落内でのコミュニティ活動状況、農山村資源の保全状況や集落を活性化するための取組を把握する。	1. 総土地面積・林野面積 2. 地域資源の保全状況・活用状況 3. その他農山村地域の現況

VI 統計表の編成

1 統計表の概要

統計表の表章範囲は、全国農業地域及び各都道府県別である。

2 全国農業地域区分及び地方農政局管轄区域

統計表に用いた全国農業地域区分及び地方農政局管轄区域は次のとおりである。

(1) 全国農業地域区分

全国農業地域名	所 属 都 道 府 県 名
北海道	北海道
東北	青森、岩手、宮城、秋田、山形、福島
北陸	新潟、富山、石川、福井
関東・東山	(北関東、南関東、東山)
北関東	茨城、栃木、群馬
南関東	埼玉、千葉、東京、神奈川
東山	山梨、長野
東海	岐阜、静岡、愛知、三重
近畿	滋賀、京都、大阪、兵庫、奈良、和歌山
中国	(山陰、山陽)
山陰	鳥取、島根
山陽	岡山、広島、山口
四国	徳島、香川、愛媛、高知
九州	(北九州、南九州)
北九州	福岡、佐賀、長崎、熊本、大分
南九州	宮崎、鹿児島
沖縄	沖縄

(2) 地方農政局管轄区域

地方農政局名	所 属 都 道 府 県 名
東北農政局	(1)の東北の所属都道府県と同じ。
北陸農政局	(1)の北陸の所属都道府県と同じ。
関東農政局	茨城、栃木、群馬、埼玉、千葉、東京、神奈川、山梨、長野、静岡
東海農政局	岐阜、愛知、三重
近畿農政局	(1)の近畿の所属都道府県と同じ。
中国四国農政局	鳥取、島根、岡山、広島、山口、徳島、香川、愛媛、高知
九州農政局	(1)の九州の所属都道府県と同じ。

注： 東北農政局、北陸農政局、近畿農政局及び九州農政局の結果については、全国農業地域区分
における各地域の結果と同じであることから、統計表章はしていない。

3 全国森林計画（広域流域）・森林計画区区分

統計表に用いた全国森林計画（広域流域）・森林計画区区分は巻末の付表を参照されたい。
全国森林計画は、森林法（昭和26年法律第249号）の規定に基づき、農林水産大臣が、5年ごとに15
年を1期として立てる計画（次期計画の計画期間は平成31年4月1日から令和16年3月31日まで）。
都道府県知事が立てる地域森林計画等の規範として、森林の整備・保全の目標、伐採立木材積、造林面
積等の計画量、施業の基準等を示すもの。

Ⅶ 用語の解説（農山村地域調査）

【農山村地域調査】（市区町村調査票関係）

総土地面積	都道府県全ての面積をいう。 　本調査では、原則として国土地理院『全国都道府県市区町村別面積調』の総土地面積によった。
林野面積	現況森林面積と森林以外の草生地の面積を合わせたものをいい、不動産登記規則（平成17年法務省令第18号）第99条に規定する地目では山林と原野を合わせた面積に該当する。
森林面積	森林法第2条に規定する森林の面積をいい、具体的には次に掲げる基準によることとした。 （1）　木材が集団的に生育している土地及びその土地の上にある立木竹並びに木竹の集団的な生育に供される土地をいう。 （2）　保安林や保安施設地区等の森林の施業に制限が加えられているものも森林に含めた。 （3）　国有林野の林地以外の土地（雑地（崩壊地、岩石地、草生地、高山帯など）、附帯地（苗畑敷、林道敷、作業道敷、レクリェーション施設敷など）及び貸地（道路用地、電気事業用地、採草放牧地など））は除いた。
現況森林面積	調査日現在の森林面積で、地域森林計画及び国有林の地域別の森林計画樹立時の森林計画を基準とし、計画樹立時以降の森林の移動面積を加減し、これに森林計画以外の森林面積を加えた面積をいう。
森林以外の草生地	森林以外の土地で野草、かん木類が繁茂している土地をいう。 （1）　河川敷、けい畔、ていとう（堤塘）、道路敷、ゴルフ場等は草生していても除いた。 （2）　林野庁には貸地の採草放牧地を含む。 （3）　林野庁以外の官庁には、財務省所管の未開発地や防衛省所管の自衛隊演習地を含む。 （4）　民有林には、現況が野草地（永年牧草地、退化牧草地、耕作放棄した土地が野草地化した土地を含む。）を含む。
林野率	総土地面積に占める林野面積の割合をいう。 　なお、全国、全国農業地域別及び都道府県別の各数値を算出する際は、総土地面積から北方領土及び竹島を除いて計算した。
森林計画による 森林面積	森林法に基づく、地域森林計画及び国有林の地域別の森林計画の計画樹立時の森林面積をいう。
国有（林）	林野庁及び林野庁以外の官庁が所管する土地をいう。
林野庁	林野庁所管の国有林野及び官行造林地をいう。
林野庁以外の官庁	林野庁以外の国の行政機関が所管する土地をいう。

民有（林）	国有（林）以外の土地をいい、独立行政法人等、公有（都道府県、森林整備法人、市区町村、財産区）及び私有（林）に分類される。 　なお、森林経営管理法（平成30年法律第35号）に基づき、市町村が経営管理権を設定したものは、当該設定前の分類とする。
独立行政法人等	独立行政法人、国立大学法人及び特殊法人が所有する土地をいう。 　また、国立研究開発法人森林研究・整備機構森林整備センターが所管する分収林も含めた。
公有（林）	都道府県、森林整備法人、市区町村及び財産区が所管する土地（借入地を含む）をいう。
都道府県	都道府県が所管する土地をいう。 　林務主管課（部）所管森林のほか、水道局、教育委員会、開発企業局等が所管するものをいい、都道府県立高校の学校林、都道府県が設立した地方独立行政法人等の所管する土地、都道府県が造林又は育林の主体となっている分収林を含め、都道府県以外の者が造林又は育林の主体となっている分収林を除いた。
森林整備法人	分収林特別措置法（昭和33年法律第57号）第10条第2号に規定する森林整備法人が所管する土地をいう。 　林業公社・造林公社は森林整備法人に該当する。
市区町村	市区町村が所管する土地をいう。 　地方自治法（昭和二十二年法律第六十七号）第284条第1項に規定する地方公共団体の組合（例えば市区町村有林についての事務を運営するため2つ以上の市区町村が作る組合。以下「町村組合」という。）並びに市区町村及び町村組合が設立した地方独立行政法人の所管する土地を含めた。 　また、市区町村が造林又は育林の主体となっている分収林を含め、市区町村以外の者が造林又は育林の主体となっている分収林は除いた。
財産区	地方自治法第294条第1項に規定する財産区をいい、市区町村合併の際、集落や旧市区町村の所有していた土地について財産区を作り、地元住民が使用収益している土地をいう。 　なお、財産区が生産森林組合に変わっている場合は「私有」とした。
私有（林）	民有（林）のうち、独立行政法人等及び公有（林）を除いた土地をいう。
森林計画対象の人工林	森林法に基づく、地域森林計画及び国有林の地域別の森林計画樹立時の森林面積のうち、私有の人工林（植栽又は人工下種により生立した林分で、植栽樹種又は人工下種の対象樹種の立木材積（又は本数）の割合が50％以上を占める森林の面積）をいう。
過疎地域	過疎地域自立促進特別措置法（平成12年法律第15号）第2条第1項に規定する区域をいう。
半島振興対策実施地域	半島振興法（昭和60年法律第63号）第2条第1項に基づき指定されている地域をいう。

【農山村地域調査】（農業集落調査票関係）

農業集落　市区町村の区域の一部において、農業上形成されている地域社会のことをいう。農業集落は、もともと自然発生的な地域社会であって、家と家とが地縁的、血縁的に結びつき、各種の集団や社会関係を形成してきた社会生活の基礎的な単位である。

農業地域類型　短期の社会経済変動に対して、比較的安定している土地利用指標を中心とした基準指標によって市町村及び旧市区町村（昭和25年2月1日時点の市区町村）を分類したものである。

農業地域類型	基　準　指　標
都市的地域	○可住地に占めるＤＩＤ面積が5％以上で、人口密度500人以上又はＤＩＤ人口2万人以上の旧市区町村又は市町村。 ○可住地に占める宅地等率が60％以上で、人口密度500人以上の旧市区町村又は市町村。ただし、林野率80％以上のものは除く。
平地農業地域	○耕地率20％以上かつ林野率50％未満の旧市区町村又は市町村。ただし、傾斜20分の1以上の田と傾斜8度以上の畑の合計面積の割合が90％以上のものを除く。 ○耕地率20％以上かつ林野率50％以上で、傾斜20分の1以上の田と傾斜8度以上の畑の合計面積の割合が10％未満の旧市区町村又は市町村。
中間農業地域	○耕地率20％未満で、「都市的地域」及び「山間農業地域」以外の旧市区町村又は市町村。 ○耕地率20％以上で、「都市的地域」及び「平地農業地域」以外の旧市区町村又は市町村。
山間農業地域	○林野率80％以上かつ耕地率10％未満の旧市区町村又は市町村。

注1：　決定順位：都市的地域 → 山間農業地域 → 平地農業地域・中間農業地域
　2：　傾斜は、1筆ごとの耕作面の傾斜ではなく、団地としての地形上の主傾斜をいう。
　3：　本書に用いた農業地域類型区分は、平成29年12月18日改定（平成29年12月18日付け29統計第1169号）のものである。

都市計画区域　都市計画法（昭和43年法律第100号）第5条に基づき指定されている区域をいう。

市街化区域、市街化調整区域　都市計画法第7条に規定する区域をいう。

線引きなし　都市計画区域内であって市街化区域又は市街化調整区域に該当しないものをいう。

農業振興地域　農業振興地域の整備に関する法律（昭和44年法律第58号。以下「農振法」という。）第6条第1項に基づき指定されている地域をいう。

農用地区域	農振法第8条第2項第1号に規定する農用地等として利用すべき土地の区域をいう。
振興山村地域	山村振興法（昭和40年法律第64号）第7条第1項に基づき指定されている地域をいう。
豪雪地帯	豪雪地帯対策特別措置法（昭和37年法律第73号）第2条第1項に基づき指定されている地域をいう。
特別豪雪地帯	豪雪地帯対策特別措置法第2条第2項に基づき指定されている地域をいう。
離島振興対策実施地域	離島振興法（昭和28年法律第72号）第2条第1項に基づき指定されている地域をいう。
特定農山村地域	特定農山村地域における農林業等の活性化のための基盤整備の促進に関する法律（平成5年法律第72号。以下「特定農山村法」という。）第2条第1項に規定する地域をいう。
特認地域	地域振興立法8法（特定農山村法、山村振興法、過疎地域自立促進特別措置法、半島振興法、離島振興法、沖縄振興特別措置法（平成14年法律第14号）、奄美群島振興開発特別措置法（昭和29年法律第189号）及び小笠原諸島振興開発特別措置法（昭和44年法律第79号）の指定地域以外で、中山間地域等直接支払制度により、地域の実態に応じて都道府県知事が指定する、生産条件の不利な地域をいう。
DID（人口集中地区）	国勢調査において、都市的地域の特質を明らかにする統計上の地域単位として決定された地域単位で、人口密度約4,000人/k㎡以上の国勢調査基本単位区がいくつか隣接し、合わせて人口5,000人以上を有する地域をいう。 （DID：Densely Inhabited District）
最も近いDID	農業集落の中心地から最も近いDID（人口集中地区）の地域内にある各施設のなかで、DID（人口集中地区）の中心地から直線距離が最も近い施設を対象とした。
生活関連施設	本調査では、市区町村役場、農協、警察・交番、病院・診療所、小学校、中学校、公民館、スーパーマーケット・コンビニエンスストア、郵便局、ガソリンスタンド、駅、バス停、空港、高速自動車道路のインターチェンジをいう。
市区町村役場	市役所、区役所、町村役場、役所・役場の支所及び出張所を対象とした。
農協	農協本所及び農協支所から、窓口業務があり、かつATMが設置されている施設を対象とした。
警察・交番	警察署及び交番を対象とした。

病院・診療所	内科又は外科のある病院又は診療所を対象とした。
小学校	公立の小学校を対象とした。
中学校	公立の中学校及び中等教育学校を対象とした。
公民館	ホール、会館及び公民館のうち、国土交通省がインターネットで公開している国土数値情報（http://nlftp.mlit.go.jp/ksj/）の公的公民館にマッチングする施設を対象とした。
スーパーマーケット・コンビニエンスストア	スーパーマーケット及びコンビニエンスストアを対象とした。 なお、ドラッグストアは除いた。
郵便局	中央郵便局、普通郵便局、特定郵便局及び簡易郵便局を対象とした。
ガソリンスタンド	ガソリンスタンドを対象とした。 なお、タクシー会社内にあるガソリンスタンドは除いた。
駅	ＪＲ、私鉄、地下鉄、モノレール、新交通（※）及び路面電車の鉄道駅を対象とした。 ※新交通とは、新規の技術開発によって従来の交通機関とは異なる機能や特性をもつ交通手段をいう。
バス停	高速バス、路線バス及びコミュニティバスを対象とした。
空港	空港法（昭和三十一年法律第八十号）第2条の規定により、拠点空港（28施設）及び地方管理空港（54施設）を対象とした。 なお、共用空港及びその他の空港は除いた。
高速自動車道路のインターチェンジ	高速自動車道のインターチェンジを対象とした。
交通手段	ある場所から別の場所へ向かうための移動手段をいう。
徒歩	乗り物を使用せず歩いて移動する場合をいう。
自動車	自動車を使用して移動する場合をいう。
公共交通機関	バス、鉄道及び船等を使用して移動する場合をいう。
所要時間	農業集落の中心地から農業集落に最も近いＤＩＤの中心地にある施設又は最寄りの生活関連施設に移動する際の所要時間をいう。

なお、ガソリンスタンドまでの徒歩及び公共交通機関、バス停までの公共交通機関、高速自動車道路のインターチェンジまでの徒歩及び公共交通機関での所要時間の把握は、用途がないため除いた。

計測不能	以下の(1)～(5)の理由等により所要時間を把握できなかった場合をいう。 (1)　農業集落の中心地から直線距離100km圏内にＤＩＤ中心施設がない。 (2)　離島の農業集落であり、かつ、島内に対象施設がない又は定期船等の公共交通機関がない。 (3)　農業集落の中心地から最寄りのバス停又は駅が、対象施設よりも遠い場所にある。 (4)　農業集落の中心地から最寄りのバス停又は駅と対象施設の最寄りのバス停又は駅が同一である。 (5)　検索ソフトの機能上、公共交通機関による経路検索ができない。
農家数	農林業経営体調査で把握した農家数。 　農家とは、調査期日現在で、経営耕地面積が 10 a 以上の農業を営む世帯又は経営耕地面積が 10 a 未満であっても、調査期日前 1 年間における農産物販売金額が 15 万円以上あった世帯をいう。 　なお、「農業を営む」とは、営利又は自家消費のために耕種、養畜、養蚕、又は自家生産の農産物を原料とする加工を行うことをいう。
耕地	農作物の栽培を目的とする土地のことをいい、けい畔は耕地に含む。
田	耕地のうち、水をたたえるためのけい畔のある土地をいう。
畑	耕地のうち田と樹園地を除いた耕地をいう。
樹園地	木本性周年作物を規則的又は連続的に栽培している土地で果樹、茶、桑などが 1 a 以上まとまっているもの（一定のうね幅及び株間を持ち、前後左右に連続して栽培されていることをいう。）で肥培管理している土地をいう。
耕地率	総土地面積に占める耕地面積の割合をいう。
水田率	耕地面積に占める田面積の割合をいう。 　なお、水田率を用いて農業集落の農業経営の基盤的条件の差異を示した区分は次のとおりであるが、この区分は地域農業構造の特性を把握するための統計上の区分であり、制度上や施策上の取扱いに直接結びつくものではない。
水田集落	水田率が70％以上の集落をいう。

田畑集落	水田率が30%以上70%未満の集落をいう。
畑地集落	水田率が30%未満の集落をいう。
地域としての取組	農地や山林等の地域資源の維持・管理機能、収穫期の共同作業等の農業生産面での相互補完機能、冠婚葬祭等の地域住民同士が相互に扶助しあいながら生活の維持・向上を図る取組をいう。
	本調査では、次のいずれかの項目が該当する場合に「地域としての取組がある農業集落」と判定した。
	・寄り合いを開催している。
	・地域資源の保全が行われている。
	・実行組合が存在している。
実行組合	農家によって構成された農業生産にかかわる連絡・調整、活動などの総合的な役割を担っている集団のことをいう。
	具体的には、生産組合、農事実行組合、農家組合、農協支部など様々な名称で呼ばれているが、その名称にかかわらず、総合的な機能をもつ農業生産者の集団をいう。
	ただし、出荷組合、酪農組合、防除組合など農業の一部門だけを担当する団体は除いた。
	また、集落営農組織についても、農業集落の農業生産活動の総合的な機能を持つ集団と判断できる場合は、実行組合とみなした。
寄り合い	原則として、地域社会又は地域の農業生産に関わる事項について、農業集落の住民が協議を行うために開く会合をいう。
	なお、農業集落の全世帯あるいは全農家を対象とした会合ではなくても、農業集落内の各班における代表者、役員等を対象とした会合において、地域社会又は地域の農業生産に関する事項について意思決定がされているものは寄り合いとみなした。
	ただし、婦人会、子供会、青年団、4Hクラブ等のサークル活動的なものは除いた。
農業生産にかかる事項	生産調整・転作、共同で行う防除や出荷、鳥獣被害対策、農作業の労働力調整等の農業生産に関する事項をいう。
農道・農業用用排水路・ため池の管理	農道、農業用用排水路、ため池の補修、草刈り、泥上げ、清掃等の農道、農業用用排水路及びため池の維持・管理に関する事項をいう。
集落共有財産・共用施設の管理	農業集落における農業機械・施設や共有林などの共有財産や、共用の生活関連施設の維持・管理に関する事項をいう。

環境美化・自然環境の保全	農業集落内の清掃、空き缶拾い、草刈り、花の植栽等の環境美化や自然資源等の保全等に関する事項をいう。
農業集落行事（祭り・イベントなど）の実施	寺社や仏閣における祭り（祭礼、大祭、例祭等）、運動会、各種イベント等の集落行事の実施に関する事項をいう。
農業集落内の福祉・厚生	農業集落内の高齢者や子供会のサービス（介護活動、子供会など）やごみ処理、リサイクル活動、共同で行う消毒等に関する事項をいう。
定住を推進する取組	ＵＩＪターン者等の定住につなげる取組に関する事項をいう。 　具体的には、定住希望者の募集、受入態勢を整備するための空き家・廃校等の整備等が該当する。
グリーン・ツーリズムの取組	農山村地域における自然、文化、人々との交流を楽しむ余暇活動に関する事項をいう。 　具体的には、滞在期間にかかわらず、余暇活動の受入れを目的とした取組で、農産物直販所、観光農園、農家民宿を利用したものや、農業体験、ボランティアを取り入れたもの等が該当する。
６次産業化への取組	農業集落で生産された農林水産物及びその副産物（バイオマスなど）を使用して加工・販売を一体的に行う、地域資源を活用して雇用を創出するなどの所得の向上につなげる取組に関する事項をいう。 　具体的には、地元農産物の直売、加工、輸出等の経営の多角化・複合化や２次、３次産業との連携による地元農産物の供給、学校、病院等に食材を供給する施設給食、機能性食品や介護食品に原材料を供給する医福食農連携、ネット販売等のＩＣＴ活用・流通連携等が該当する。
再生可能エネルギーへの取組	地域資源を利用して行う、再生可能エネルギー（太陽光、小水力、風力、地熱、バイオマス等）の取組に関する事項をいう。 　具体的には、農地や林地の転用地への太陽光発電パネルの設置、農業用用排水路への発電施設の設置等が該当する。
地域資源	本調査では、農業集落内にある、農地、農業用用排水路、森林、河川・水路、ため池・湖沼をいう。
地域資源の保全	地域住民等が主体となり地域資源を農業集落の共有資源として、保全、維持、向上を目的に行う行為をいう。 　なお、地域住民のうちの数戸で共同保全しているものについては含めるが、個人が自らの農業生産活動のためだけに、維持・管理を行っている場合は除いた。
農地	農地法（昭和27年法律第229号）第２条に規定する耕作の目的に供される土地をいう。 　なお、農地の有無については、調査期日時点で公開されている最新の筆ポリゴン（※）情報との整合を確認したうえで決定した。

　　　　　　　　　　※筆ポリゴンとは、農林水産省が実施する耕地面積調査等の母集団情報として、衛星画像等をもとに筆ごとの形状に沿って作成した農地の区画情報をいい、令和元年6月に公開されているものを用いた。

農業用用排水路	農業集落内のほ場周辺にある農業用の用水又は排水のための施設をいい、生活用用排水路と兼用されているものを含めた。 　なお、公的機関（都道府県、市区町村、土地改良区等）が主体となって管理している用水又は排水施設は除いた。
森林	森林法（昭和26年法律第249号）第2条第1項に規定する「森林」をいい、木竹が集団的に生育している土地及び木竹の集団的な生育に供されている土地をいう。
河川・水路	一級河川、二級河川のほか小川等の小さな水流及び運河をいう。 　なお、農業用又は生活用の用排水路は除いた。
ため池・湖沼	次のいずれかの条件に該当するものをいう。 　(1)　かんがい用水をためておく人工または天然の池 　(2)　川や谷が種々の要因でせき止められたもの 　(3)　地が鍋状に陥没してできた凹地に水をたたえたもの 　(4)　火口、火口原に水をたたえたもの 　(5)　かつて海であったものが湖になったもの 　(6)　その他、四方を陸地に囲まれた窪地に水が溜まったもの
都市住民との連携・交流	地域住民と都市住民が合同で地域資源の保全又は活性化の取組を行っている場合をいう。 　具体的には、地域住民が立ち上げた保全ボランティアの会に都市住民が登録し、一体となってそれぞれの地域資源の保全を行っている場合や、農村地域に興味を持つ都市住民を受入れ、一体となって活性化のための各種活動を行っている場合などをいう。 　なお、都市住民とは、農業集落の旧市区町村外の市街化地域や都市的地域に類する地域等の非農家のことをいう。
NPO・学校・企業と連携	地域住民とNPO・学校・企業が合同でそれぞれの地域資源の保全や活性化のための各種活動を行っている場合などをいう。 　具体的には、幼稚園や小学校等の校外学習の一環としての農業体験などが該当する。

Ⅷ　最も近いＤＩＤ及び生活関連施設までの所要時間の把握方法

1　使用データ

バス停においては、ジョルダン株式会社のバス停データ（令和２年１月時点）を使用し、その他の施設については、株式会社ゼンリンの住宅地図調査（令和元年12月）に基づくデータを使用した。

2　ＤＩＤ中心施設の設定

農業集落の中心地から最も近いＤＩＤ（人口集中地区）の地域内にある施設（※）のなかで、ＤＩＤ（人口集中地区）の重心位置から直線距離が最も近い施設を設定した。ただし、重心位置から１km圏内の施設については、施設分類の優先度により中心施設を設定した。

なお、農業集落の中心地から直線距離100km圏外の施設は除いた。

（※）以下の表「ＤＩＤ（人口集中地区）中心施設分類」にある施設をいう。

表　ＤＩＤ（人口集中地区）中心施設分類

施設分類	優先度（高Ａ→低Ｄ）
駅、空港、役所（同一市区町村）	Ａ
道の駅、警察本部、警察署、消防本部、消防署、大学	Ｂ
動植物園、水族館、デパート、博物館、美術館、図書館、ホール、会館、短大、高専、高校	Ｃ
中央郵便局、普通郵便局、特定郵便局、簡易郵便局、中学校（同一市区町村）、小学校（同一市区町村）	Ｄ

3　生活関連施設

該当施設が複数存在する場合は、交通手段別に農業集落の中心地から最も所要時間が短い施設を対象としたが、市区町村役場、農協、警察・交番及び公民館については、該当市区町村内の施設を優先し、小学校及び中学校については、各校区内の学校を対象とした。

なお、農業集落の中心地から直線距離100km圏外の施設は除いた。

4　経路検索条件

（1）　徒歩

幅員5.5m以上の道路を経路条件として優先し、徒歩速度は時速４kmとした。

なお、有料道路は原則、経路条件から除いた。

（2）　自動車

幅員5.5m以上の道路を経路条件として優先し、自動車速度は国土交通省がインターネットで公開している「平成27年度全国道路・街路交通情勢調査」の12時間平均旅行速度に設定した。

（3）　公共交通機関

「駅すぱあと®（株式会社ヴァル研究所）」（令和２年１月版）に収録された路線網に準じて経路検索を行った。

5　所要時間の算出

所要時間は、農業集落の中心地から直線距離が近く、かつ上記の条件を満たした同じ種類の施設を最大で３施設抽出し、抽出した全ての施設を徒歩、自動車及び公共交通機関別に経路検索したうえで、交通手段別に所要時間が最も短い施設までの結果を採用した。

なお、公共交通機関の所要時間については、農業集落の中心地から最寄りのバス停又は駅までの徒歩の所要時間、到着地のバス停又は駅から対象施設までの徒歩の所要時間を公共交通機関の所要時間に含めた。

また、公共交通機関の待ち時間は、最初にアクセスする場合は０分とし、その後に乗り継

ぐ際は、平均乗り継ぎ時間とした。

Ⅸ　利用上の注意

1　表中に使用した記号は次のとおりである。

「0」　：単位に満たないもの。（例：0.4ha → 0ha）

「－」　：調査は行ったが事実のないもの。

2　統計数値については、集計過程において四捨五入しているため、各数値の積み上げ値と合計あるいは合計の内訳の計が一致していない場合がある。

3　この統計表に掲載された数値を他に転載する場合は、「2020年農林業センサス」（農林水産省）による旨を記載してください。

4　本統計のデータは、農林水産省ホームページの統計情報に掲載している分野別分類の「農家数、担い手、農地など」で御覧いただけます。

【　https://www.maff.go.jp/j/tokei/kouhyou/noucen/index.html　】

なお、統計データ等に訂正等があった場合には、同ホームページに正誤表とともに修正後の統計表等を掲載します。

Ⅹ　報告書の刊行一覧

農林業センサスについて刊行する報告書は、次のとおりである。

第1巻　都道府県別統計書（全47冊）

第2巻　農林業経営体調査報告書　－総括編－

第3巻　農林業経営体調査報告書　－農林業経営体分類編－

第4巻　農林業経営体調査報告書　－農業経営部門別編－

第5巻　農林業経営体調査報告書　－抽出集計編－

第6巻　農林業経営体調査報告書　－構造動態編－

第7巻　農山村地域調査報告書

第8巻　農業集落類型別統計報告書

別　冊　英文統計書

Ⅺ　お問合せ先

農林水産省大臣官房統計部経営・構造統計課

センサス統計室農林業センサス統計第2班

電話：03－3502－8111　内線3667

直通：03－6744－2256

※　本調査に関するご意見・ご要望は、上記問合せ先のほか、農林水産省ホームページでも受け付けております。

【　https://www.contactus.maff.go.jp/j/form/tokei/kikaku/160815.html　】

《調査結果の概要》

1 農業集落

(1) 寄り合いの開催回数

　調査対象とした13万8千農業集落（全域が市街化区域の農業集落及び避難指示区域の農業集落を除いた農業集落）のうち、過去1年間に寄り合いを開催した農業集落数は、12万9千集落（農業集落数に占める割合は93.6%）となり、5年前と比べ516集落（△0.4%）減少した。これを寄り合いの開催回数規模別にみると、5年前と比べ、5回以下の各層で増加し、6回以上の各層で減少した。

図1　寄り合いの回数規模別農業集落数（全国）

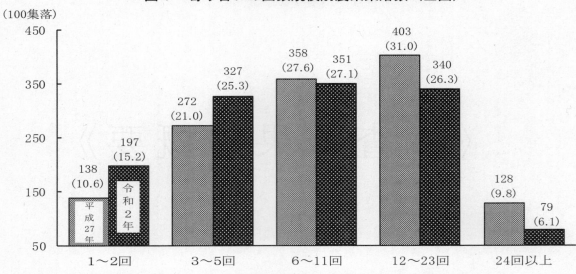

注：（　）内の数値は、寄り合いを開催した農業集落数に占める割合（%）である。

(2) 寄り合いの議題

　過去1年間に寄り合いを開催した農業集落の寄り合いの議題をみると、「環境美化・自然環境の保全」が88.8%、「農業集落行事（祭り・イベントなど）の実施」が87.1%と高いのに対し、「再生可能エネルギーへの取組」が3.6%、「定住を推進する取組」が3.0%、「グリーン・ツーリズムの取組」が2.2%、「6次産業化への取組」が1.2%と低くなっている。

表1　寄り合いの議題別農業集落数（複数回答）（全国）

単位：100集落

区分	寄り合いを開催した農業集落数	寄り合いの議題（複数回答）									
		環境美化・自然環境の保全	農業集落行事（祭り・イベントなど）の実施	農道・農業用用排水路・ため池の管理	集落共有財産・共用施設の管理	農業生産にかかる事項	農業集落内の福祉・厚生	再生可能エネルギーへの取組	定住を推進する取組	グリーン・ツーリズムの取組	6次産業化への取組
平成27年	1,299	1,165	1,172	1,036	891	829	853	56	…	…	…
令和2	1,293	1,148	1,127	983	871	778	748	46	39	29	16
増減率（%）											
令和2年/平成27年	△ 0.4	△ 1.4	△ 3.8	△ 5.1	△ 2.2	△ 6.1	△ 12.3	△ 17.8	－	－	－
構成比（%）											
平成27年	100.0	89.7	90.2	79.7	68.6	63.8	65.7	4.3	－	－	－
令和2	100.0	88.8	87.1	76.0	67.3	60.2	57.8	3.6	3.0	2.2	1.2

(3) 寄り合いの議題への活動状況

　寄り合いの議題となった取組について、過去１年間の活動状況をみると、「環境美化・自然環境の保全」が96.1%、「農業集落行事（祭り・イベントなど）の実施」が95.2%、「農業集落内の福祉・厚生」が 91.4%、「グリーン・ツーリズムの取組」が87.7%、「６次産業化への取組」が86.7%、「定住を推進する取組」が81.4%、「再生可能エネルギーへの取組」が66.4%となっている。

表２　過去１年間の寄り合いの議題への活動状況

単位：100集落

区分	計	活動が行われている	単独の農業集落	他の農業集落と共同	活動が行われていない
令和２年					
環境美化・自然環境の保全	1,148	1,104	792	312	45
農業集落行事（祭り・イベントなど）の実施	1,127	1,073	652	420	54
農業集落内の福祉・厚生	748	684	487	197	64
定住を推進する取組	39	32	18	14	7
グリーン・ツーリズムの取組	29	25	14	11	4
６次産業化への取組	16	14	8	6	2
再生可能エネルギーへの取組	46	31	18	13	16
構成比（％）					
環境美化・自然環境の保全	100.0	96.1	(71.8)	(28.2)	3.9
農業集落行事（祭り・イベントなど）の実施	100.0	95.2	(60.8)	(39.2)	4.8
農業集落内の福祉・厚生	100.0	91.4	(71.2)	(28.8)	8.6
定住を推進する取組	100.0	81.4	(57.5)	(42.5)	18.6
グリーン・ツーリズムの取組	100.0	87.7	(55.4)	(44.6)	12.3
６次産業化への取組	100.0	86.7	(59.5)	(40.5)	13.3
再生可能エネルギーへの取組	100.0	66.4	(59.4)	(40.6)	33.6

注：（　）内の数値は、活動が行われている農業集落に占める割合である。

(4) 地域資源の保全状況

　農地、森林、ため池などの地域資源の保全状況をみると、「農業用用排水路」が最も高く81.2%となった。

　また、5年前に比べ、全ての地域資源において、地域としての保全活動を行っている農業集落の割合が増加した。

図２　地域資源を保全している農業集落の割合（全国）

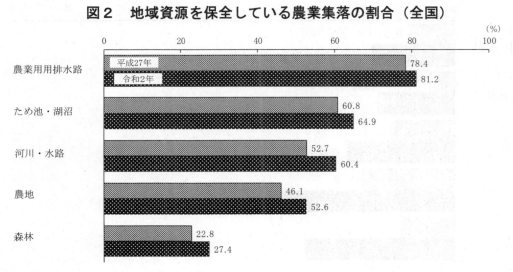

注：数値は、それぞれの地域資源がある農業集落に占める割合である。

(5) 地域資源の保全についての連携

ア 都市住民との連携

　　地域資源の保全に取り組んでいる農業集落のうち、都市住民と連携している農業集落の割合は、「河川・水路」では12.6%、「農業用用排水路」では10.1%、「農地」では9.4%、「ため池・湖沼」では8.9%、「森林」では7.6%となり、5年前と比べ、全ての地域資源において、都市住民と連携している農業集落の割合が増加した。

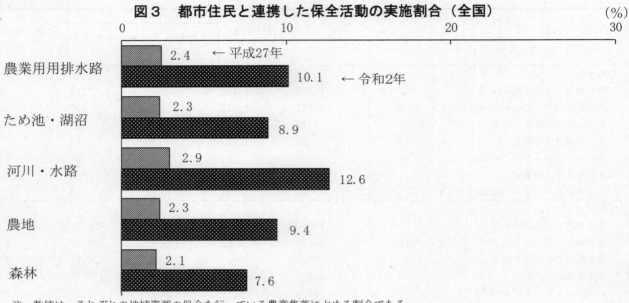

図3　都市住民と連携した保全活動の実施割合（全国）

注：数値は、それぞれの地域資源の保全を行っている農業集落に占める割合である。

イ　NPO・学校・企業との連携

　　地域資源の保全に取り組んでいる農業集落のうち、NPO・学校・企業と連携している農業集落の割合は、「農地」では3.9%、「森林」では3.1%、「河川・水路」では2.2%、「農業用用排水路」では1.7%、「ため池・湖沼」では1.6%となり、5年前と比べ、全ての地域資源において、NPO・学校・企業と連携している農業集落の割合が増加した。

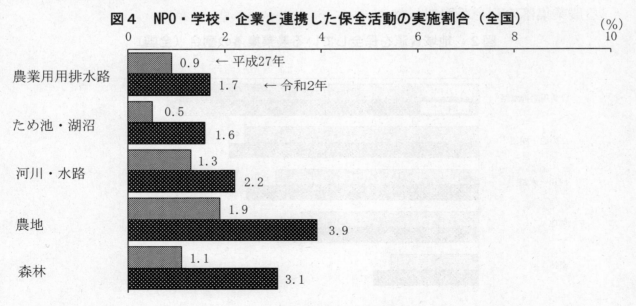

図4　NPO・学校・企業と連携した保全活動の実施割合（全国）

注：数値は、それぞれの地域資源の保全を行っている農業集落に占める割合である。

2 林野面積

(1) 林野面積

　林野面積は 2,477 万 ha で、これを国有・民有別にみると、国有は 715 万 ha（林野面積に占める割合は 28.9%）、民有は 1,762 万 ha（同 71.1%）となった。

　また、総土地面積に占める林野面積の割合（林野率）は 66.4% となった。

表3　林野面積及び林野率（全国）

区　分	林野面積			現況森林面積			林野率
	計	国　有	民　有	計	国　有	民　有	
	万ha	万ha	万ha	万ha	万ha	万ha	%
平成　22　年	2,485	722	1,763	2,446	708	1,738	66.6
27	2,480	718	1,763	2,443	705	1,738	66.5
令和　2	2,477	715	1,762	2,444	703	1,740	66.4
構成比(%)							
平成　22　年	100.0	29.1	70.9	100.0	28.9	71.1	－
27	100.0	28.9	71.1	100.0	28.9	71.1	－
令和　2	100.0	28.9	71.1	100.0	28.8	71.2	－

注：林野率算出の際には、北方領土及び竹島の面積を差し引いた総土地面積を使用した。

(2) 所有形態別林野面積

　林野面積を所有形態別にみると、私有が最も多く 1,356 万 ha（林野面積に占める割合 54.7%）で、次いで国有が 715 万 ha（同 28.9%）となった。

図5　所有形態別林野面積（全国）

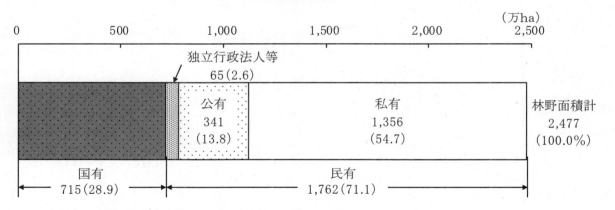

注：（　）内の数値は、林野面積計に占める構成割合である。

◎　調査結果の利活用
・　食料・農業・農村基本計画、森林・林業基本計画等、各農林業施策の企画・立案・効果の検証のための資料として活用
・　各種統計調査（農業経営統計調査、作物統計調査、畜産統計調査等）の母集団として活用
・　地方交付税交付金の算定資料として活用

《 統 計 表 》

《 走信游 》

第Ⅰ部　農山村地域調査
（市区町村用調査票関係）

［全国農業地域・都道府県別］

1　総土地面積及び林野面積

全国農業地域・都道府県		総土地面積	林野面積					
			合計			現況森林面積		
			計	国有	民有	計	国有	民有
		ha	ha	ha	ha	ha	ha	ha
全国	(1)	37,797,524	24,770,201	7,153,338	17,616,863	24,436,267	7,032,440	17,403,827
（全国農業地域）								
北海道	(2)	8,342,439	5,503,768	2,915,580	2,588,188	5,313,034	2,839,086	2,473,948
都府県	(3)	29,455,085	19,266,433	4,237,758	15,028,675	19,123,233	4,193,354	14,929,879
東北	(4)	6,694,751	4,605,832	1,940,228	2,665,604	4,556,051	1,922,228	2,633,823
北陸	(5)	2,520,840	1,631,912	348,899	1,283,013	1,626,631	346,936	1,279,695
関東・東山	(6)	5,046,031	2,776,425	707,383	2,069,042	2,756,640	700,304	2,056,336
北関東	(7)	1,886,776	946,893	341,201	605,692	943,732	339,334	604,398
南関東	(8)	1,356,572	451,006	34,851	416,155	443,990	33,778	410,212
東山	(9)	1,802,683	1,378,526	331,331	1,047,195	1,368,918	327,192	1,041,726
東海	(10)	2,934,615	1,922,952	273,730	1,649,222	1,915,322	271,799	1,643,523
近畿	(11)	2,735,140	1,810,867	86,271	1,724,596	1,808,743	84,626	1,724,117
中国	(12)	3,192,191	2,332,707	157,545	2,175,162	2,312,194	155,832	2,156,362
山陰	(13)	1,021,541	786,271	61,780	724,491	780,880	61,247	719,633
山陽	(14)	2,170,650	1,546,436	95,765	1,450,671	1,531,314	94,585	1,436,729
四国	(15)	1,880,334	1,395,506	187,319	1,208,187	1,391,761	185,662	1,206,099
九州	(16)	4,223,083	2,674,630	504,616	2,170,014	2,649,482	494,417	2,155,065
北九州	(17)	2,530,842	1,500,039	177,569	1,322,470	1,480,264	169,825	1,310,439
南九州	(18)	1,692,241	1,174,591	327,047	847,544	1,169,218	324,592	844,626
沖縄	(19)	228,100	115,602	31,767	83,835	106,409	31,550	74,859
（都道府県）								
北海道	(20)	8,342,439	5,503,768	2,915,580	2,588,188	5,313,034	2,839,086	2,473,948
青森	(21)	964,564	625,842	380,463	245,379	613,319	374,841	238,478
岩手	(22)	1,527,501	1,152,364	364,916	787,448	1,140,190	356,898	783,292
宮城	(23)	728,229	407,710	121,700	286,010	403,665	119,734	283,931
秋田	(24)	1,163,752	832,517	371,837	460,680	817,659	371,368	446,291
山形	(25)	932,315	644,986	328,051	316,935	643,605	327,551	316,054
福島	(26)	1,378,390	942,413	373,261	569,152	937,613	371,836	565,777
茨城	(27)	609,739	198,682	44,001	154,681	197,837	43,922	153,915
栃木	(28)	640,809	339,113	118,663	220,450	338,814	118,415	220,399
群馬	(29)	636,228	409,098	178,537	230,561	407,081	176,997	230,084
埼玉	(30)	379,775	119,466	11,884	107,582	119,259	11,884	107,375
千葉	(31)	515,760	160,891	7,589	153,302	155,129	7,554	147,575
東京	(32)	219,407	77,125	5,924	71,201	76,160	4,968	71,192
神奈川	(33)	241,630	93,524	9,454	84,070	93,442	9,372	84,070
新潟	(34)	1,258,424	802,757	224,780	577,977	798,655	223,058	575,597
富山	(35)	424,759	240,531	60,761	179,770	240,531	60,761	179,770
石川	(36)	418,605	278,429	26,111	252,318	277,598	26,105	251,493
福井	(37)	419,052	310,195	37,247	272,948	309,847	37,012	272,835
山梨	(38)	446,527	349,331	6,474	342,857	347,359	4,502	342,857
長野	(39)	1,356,156	1,029,195	324,857	704,338	1,021,559	322,690	698,869
岐阜	(40)	1,062,129	841,066	155,314	685,752	838,589	154,773	683,816
静岡	(41)	777,735	493,121	85,325	407,796	488,352	84,002	404,350
愛知	(42)	517,306	217,731	10,920	206,811	217,531	10,920	206,611
三重	(43)	577,445	371,034	22,171	348,863	370,850	22,104	348,746
滋賀	(44)	401,738	204,464	19,327	185,137	203,570	18,473	185,097
京都	(45)	461,220	342,293	7,037	335,256	342,114	6,858	335,256
大阪	(46)	190,529	57,127	1,243	55,884	56,961	1,077	55,884
兵庫	(47)	840,094	563,148	29,563	533,585	562,314	29,161	533,153
奈良	(48)	369,094	283,705	12,631	271,074	283,671	12,604	271,067
和歌山	(49)	472,465	360,130	16,470	343,660	360,113	16,453	343,660
鳥取	(50)	350,714	258,432	30,011	228,421	257,355	29,833	227,522
島根	(51)	670,827	527,839	31,769	496,070	523,525	31,414	492,111
岡山	(52)	711,433	488,606	37,036	451,570	484,721	36,380	448,341
広島	(53)	847,964	618,092	47,322	570,770	610,059	47,093	562,966
山口	(54)	611,253	439,738	11,407	428,331	436,534	11,112	425,422
徳島	(55)	414,675	313,071	16,607	296,464	312,858	16,590	296,268
香川	(56)	187,679	87,183	8,005	79,178	87,076	7,962	79,114
愛媛	(57)	567,616	401,018	38,586	362,432	399,954	38,348	361,606
高知	(58)	710,364	594,234	124,121	470,113	591,873	122,762	469,111
福岡	(59)	498,651	222,313	24,798	197,515	221,842	24,617	197,225
佐賀	(60)	244,070	110,610	15,241	95,369	110,501	15,169	95,332
長崎	(61)	413,100	246,301	24,096	222,205	241,657	23,312	218,345
熊本	(62)	740,945	466,250	62,968	403,282	457,635	61,399	396,236
大分	(63)	634,076	454,565	50,466	404,099	448,629	45,328	403,301
宮崎	(64)	773,533	585,908	176,561	409,347	584,379	175,975	408,404
鹿児島	(65)	918,708	588,683	150,486	438,197	584,839	148,617	436,222
沖縄	(66)	228,100	115,602	31,767	83,835	106,409	31,550	74,859
関東農政局	(67)	5,823,766	3,269,546	792,708	2,476,838	3,244,992	784,306	2,460,686
東海農政局	(68)	2,156,880	1,429,831	188,405	1,241,426	1,426,970	187,797	1,239,173
中国四国農政局	(69)	5,072,525	3,728,213	344,864	3,383,349	3,703,955	341,494	3,362,461

2 所有形態別林野面積
(1) 森林計画による森林面積
ア 計

単位：ha

森林以外の草生地 計	国有	民有	林野率	合計	国有（林野庁）	民有 計	独立行政法人等	公有 小計	都道府県	
ha	ha	ha	%							
333,934	120,898	213,036	66.4	24,345,260	6,987,753	17,357,507	643,543	3,356,513	1,309,097	(1)
190,734	76,494	114,240	70.2	5,296,130	2,818,973	2,477,157	143,634	944,331	620,433	(2)
143,200	44,404	98,796	65.4	19,049,130	4,168,780	14,880,350	499,909	2,412,182	688,664	(3)
49,781	18,000	31,781	68.8	4,550,199	1,916,507	2,633,692	78,632	507,367	140,310	(4)
5,281	1,963	3,318	64.7	1,623,660	343,951	1,279,709	43,159	190,571	58,446	(5)
19,785	7,079	12,706	55.0	2,726,287	700,755	2,025,532	62,532	532,922	274,358	(6)
3,161	1,867	1,294	50.2	931,813	338,019	593,794	14,338	52,052	21,204	(7)
7,016	1,073	5,943	33.2	436,261	33,117	403,144	7,955	87,079	57,872	(8)
9,608	4,139	5,469	76.5	1,358,213	329,619	1,028,594	40,239	393,791	195,282	(9)
7,630	1,931	5,699	65.5	1,907,636	269,177	1,638,459	52,095	211,612	41,991	(10)
2,124	1,645	479	66.2	1,796,803	79,969	1,716,834	68,022	188,248	35,947	(11)
20,513	1,713	18,800	73.1	2,306,641	152,562	2,154,079	83,117	311,105	42,341	(12)
5,391	533	4,858	77.0	780,419	60,885	719,534	46,272	93,381	7,935	(13)
15,122	1,180	13,942	71.2	1,526,222	91,677	1,434,545	36,845	217,724	34,406	(14)
3,745	1,657	2,088	74.2	1,389,246	184,629	1,204,617	37,467	122,453	26,284	(15)
25,148	10,199	14,949	63.3	2,642,546	489,906	2,152,640	74,815	301,619	63,368	(16)
19,775	7,744	12,031	59.3	1,471,594	165,958	1,305,636	38,791	177,381	42,271	(17)
5,373	2,455	2,918	69.4	1,170,952	323,948	847,004	36,024	124,238	21,097	(18)
9,193	217	8,976	50.7	106,112	31,324	74,788	70	46,285	5,619	(19)
190,734	76,494	114,240	70.2	5,296,130	2,818,973	2,477,157	143,634	944,331	620,433	(20)
12,523	5,622	6,901	64.9	612,557	373,828	238,729	12,382	42,269	15,621	(21)
12,174	8,018	4,156	75.4	1,139,515	356,430	783,085	20,998	155,479	85,522	(22)
4,045	1,966	2,079	56.0	401,153	116,902	284,251	11,503	59,797	13,552	(23)
14,858	469	14,389	71.5	817,080	371,282	445,798	14,101	103,661	12,477	(24)
1,381	500	881	69.2	643,463	327,413	316,050	7,138	50,623	2,757	(25)
4,800	1,425	3,375	68.4	936,431	370,652	565,779	12,510	95,538	10,381	(26)
845	79	766	32.6	187,458	43,558	143,900	262	6,151	1,504	(27)
299	248	51	52.9	338,872	118,329	220,543	5,692	22,546	12,732	(28)
2,017	1,540	477	64.3	405,483	176,132	229,351	8,384	23,355	6,968	(29)
207	–	207	31.5	118,164	11,550	106,614	6,321	18,275	9,291	(30)
5,762	35	5,727	31.2	153,358	7,465	145,893	496	9,793	8,186	(31)
965	956	9	35.2	75,668	4,811	70,857	86	22,956	12,622	(32)
82	82	–	38.7	89,071	9,291	79,780	1,052	36,055	27,773	(33)
4,102	1,722	2,380	63.8	798,137	222,554	575,583	8,362	77,512	6,471	(34)
–	–	–	56.6	239,546	59,821	179,725	13,548	39,011	14,105	(35)
831	6	825	66.5	276,865	25,406	251,459	7,109	35,581	11,807	(36)
348	235	113	74.0	309,112	36,170	272,942	14,140	38,467	26,063	(37)
1,972	1,972	–	78.2	347,287	4,438	342,849	10,250	198,974	176,588	(38)
7,636	2,167	5,469	75.9	1,010,926	325,181	685,745	29,989	194,817	18,694	(39)
2,477	541	1,936	79.2	837,579	154,949	682,630	22,956	113,819	19,799	(40)
4,769	1,323	3,446	63.4	482,423	81,842	400,581	13,891	41,235	6,562	(41)
200	–	200	42.1	216,891	10,487	206,404	2,228	25,039	11,691	(42)
184	67	117	64.3	370,743	21,899	348,844	13,020	31,519	3,939	(43)
894	854	40	50.9	200,870	16,847	184,023	1,163	39,483	6,011	(44)
179	179	–	74.2	340,000	5,942	334,058	16,357	27,119	9,400	(45)
166	166	–	30.0	55,859	1,049	54,810	36	4,404	965	(46)
834	402	432	67.0	558,834	28,050	530,784	27,242	74,260	6,731	(47)
34	27	7	76.9	281,545	11,632	269,913	11,464	22,631	7,549	(48)
17	17	–	76.2	359,695	16,449	343,246	11,760	20,351	5,291	(49)
1,077	178	899	73.7	256,578	29,486	227,092	13,881	40,494	4,874	(50)
4,314	355	3,959	78.7	523,841	31,399	492,442	32,391	52,887	3,061	(51)
3,885	656	3,229	68.7	482,282	34,870	447,412	9,003	78,662	6,952	(52)
8,033	229	7,804	72.9	608,629	45,830	562,799	15,843	68,507	26,128	(53)
3,204	295	2,909	71.9	435,311	10,977	424,334	11,999	70,555	1,326	(54)
213	17	196	75.5	311,621	16,392	295,229	11,974	25,959	6,951	(55)
107	43	64	46.5	86,502	7,494	79,008	309	14,118	2,855	(56)
1,064	238	826	70.6	400,105	38,313	361,792	8,448	35,306	6,874	(57)
2,361	1,359	1,002	83.7	591,018	122,430	468,588	16,736	47,070	9,604	(58)
471	181	290	44.6	217,494	23,433	194,061	3,430	24,932	6,294	(59)
109	72	37	45.3	109,287	15,162	94,125	3,370	12,513	3,032	(60)
4,644	784	3,860	59.6	240,891	22,549	218,342	2,455	42,805	6,586	(61)
8,615	1,569	7,046	62.9	458,748	61,201	397,547	14,366	61,052	11,383	(62)
5,936	5,138	798	71.7	445,174	43,613	401,561	15,170	36,079	14,976	(63)
1,529	586	943	75.7	583,339	174,602	408,737	26,346	50,715	13,969	(64)
3,844	1,869	1,975	64.1	587,613	149,346	438,267	9,678	73,523	7,128	(65)
9,193	217	8,976	50.7	106,112	31,324	74,788	70	46,285	5,619	(66)
24,554	8,402	16,152	56.1	3,208,710	782,597	2,426,113	76,423	574,157	280,920	(67)
2,861	608	2,253	66.3	1,425,213	187,335	1,237,878	38,204	170,377	35,429	(68)
24,258	3,370	20,888	73.5	3,695,887	337,191	3,358,696	120,584	433,558	68,625	(69)

2 所有形態別林野面積（続き）
(1) 森林計画による森林面積（続き）
ア 計（続き）　　　　　　　　　　イ 人工林

単位：ha

| 全国農業地域 都道府県 | | 民有（続き） | | | イ 人工林 | | |
| | | 公有（続き） | | | | | |
		森林整備法人（林業・造林公社）	市区町村	財産区	私有	合計	国有（林野庁）	計
全　　　　　　国	(1)	352,234	1,392,403	302,779	13,357,451	10,133,111	2,273,086	7,860,025
（全国農業地域）								
北　海　道	(2)	57	323,841	–	1,389,192	1,473,108	643,734	829,374
都　府　県	(3)	352,177	1,068,562	302,779	11,968,259	8,660,003	1,629,352	7,030,651
東　北	(4)	69,688	217,593	79,776	2,047,693	1,879,166	676,407	1,202,759
北　陸	(5)	34,797	86,149	11,179	1,045,979	441,154	32,092	409,062
関東・東山	(6)	24,258	163,551	70,755	1,430,078	1,228,568	256,195	972,373
北関東	(7)	1,995	22,437	6,416	527,404	442,800	132,031	310,769
南関東	(8)	4,407	18,315	6,485	308,110	190,980	12,581	178,399
東山	(9)	17,856	122,799	57,854	594,564	594,788	111,583	483,205
東　海	(10)	26,545	99,957	43,119	1,374,752	1,022,261	126,918	895,343
近　畿	(11)	51,966	63,664	36,671	1,460,564	855,674	40,151	815,523
中　国	(12)	77,832	156,310	34,622	1,759,857	941,467	95,939	845,528
山陰	(13)	39,612	32,377	13,457	579,881	344,967	36,622	308,345
山陽	(14)	38,220	123,933	21,165	1,179,976	596,500	59,317	537,183
四　国	(15)	24,538	57,174	14,457	1,044,697	846,516	125,563	720,953
九　州	(16)	42,553	183,498	12,200	1,776,206	1,432,964	274,233	1,158,731
北九州	(17)	23,239	99,759	12,112	1,089,464	825,344	98,527	726,817
南九州	(18)	19,314	83,739	88	686,742	607,620	175,706	431,914
沖　縄	(19)	–	40,666		28,433	12,233	1,854	10,379
（都道府県）								
北　海　道	(20)	57	323,841	–	1,389,192	1,473,108	643,734	829,374
青　森	(21)	–	13,829	12,819	184,078	267,324	133,165	134,159
岩　手	(22)	–	61,204	8,753	606,608	484,203	155,752	328,451
宮　城	(23)	10,019	35,335	891	212,951	196,101	43,749	152,352
秋　田	(24)	27,549	48,353	15,282	328,036	405,970	150,323	255,647
山　形	(25)	16,359	14,299	17,208	258,289	185,512	60,741	124,771
福　島	(26)	15,761	44,573	24,823	457,731	340,056	132,677	207,379
茨　城	(27)	–	4,383	264	137,487	111,833	33,828	78,005
栃　木	(28)	10	3,809	5,995	192,305	154,151	31,541	122,610
群　馬	(29)	1,985	14,245	157	197,612	176,816	66,662	110,154
埼　玉	(30)	3,284	5,700	–	82,018	59,114	2,247	56,867
千　葉	(31)	–	1,401	206	135,604	60,365	5,151	55,214
東　京	(32)	1,123	7,672	1,539	47,815	35,735	914	34,821
神　奈　川	(33)	–	3,542	4,740	42,673	35,766	4,269	31,497
新　潟	(34)	10,576	54,344	6,121	489,709	161,634	20,910	140,724
富　山	(35)	9,295	11,764	3,847	127,166	54,448	3,259	51,189
石　川	(36)	14,926	8,585	263	208,769	101,473	2,032	99,441
福　井	(37)	–	11,456	948	220,335	123,599	5,891	117,708
山　梨	(38)	–	11,784	10,602	133,625	153,383	3,414	149,969
長　野	(39)	17,856	111,015	47,252	460,939	441,405	108,169	333,236
岐　阜	(40)	26,545	50,561	16,914	545,855	374,040	65,871	308,169
静　岡	(41)	–	21,918	12,755	345,455	278,162	40,223	237,939
愛　知	(42)	–	5,779	7,569	179,137	140,234	9,013	131,221
三　重	(43)	–	21,699	5,881	304,305	229,825	11,811	218,014
滋　賀	(44)	23,347	3,039	7,086	143,377	84,983	4,747	80,236
京　都	(45)	–	6,811	10,908	290,582	111,676	3,665	108,011
大　阪	(46)	–	887	2,552	50,370	27,636	696	26,940
兵　庫	(47)	24,526	34,184	8,819	429,282	238,805	16,631	222,174
奈　良	(48)	405	11,179	3,498	235,818	173,102	3,915	169,187
和　歌　山	(49)	3,688	7,564	3,808	311,135	219,472	10,497	208,975
鳥　取	(50)	15,288	8,882	11,450	172,717	140,048	16,125	123,923
島　根	(51)	24,324	23,495	2,007	407,164	204,919	20,497	184,422
岡　山	(52)	24,078	35,520	12,112	359,747	205,764	24,651	181,113
広　島	(53)	–	34,141	8,238	478,449	200,885	26,804	174,081
山　口	(54)	14,142	54,272	815	341,780	189,851	7,862	181,989
徳　島	(55)	9,668	8,148	1,192	257,296	189,848	7,035	182,813
香　川	(56)	–	5,954	5,309	64,581	23,135	5,051	18,084
愛　媛	(57)	–	20,898	7,534	318,038	245,876	23,199	222,677
高　知	(58)	14,870	22,174	422	404,782	387,657	90,278	297,379
福　岡	(59)	–	14,532	4,106	165,699	138,709	13,208	125,501
佐　賀	(60)	–	9,481	–	78,242	73,500	10,166	63,334
長　崎	(61)	14,260	20,970	989	173,082	104,583	12,998	91,585
熊　本	(62)	8,979	34,919	5,771	322,129	278,846	37,842	241,004
大　分	(63)	–	19,857	1,246	350,312	229,706	24,313	205,393
宮　崎	(64)	9,686	26,972	88	331,676	333,086	100,325	232,761
鹿　児　島	(65)	9,628	56,767	–	355,066	274,534	75,381	199,153
沖　縄	(66)	–	40,666	–	28,433	12,233	1,854	10,379
関　東　農　政　局	(67)	24,258	185,469	83,510	1,775,533	1,506,730	296,418	1,210,312
東　海　農　政　局	(68)	26,545	78,039	30,364	1,029,297	744,099	86,695	657,404
中国四国農政局	(69)	102,370	213,484	49,079	2,804,554	1,787,983	221,502	1,566,481

(2) 林野面積

単位：ha　　　　　　単位：ha

| 独立行政法人等 | 民有 | | | | | | 合計 | 国有 | |
| | 小計 | 公有 | | | | 私有 | | 計 | |
		都道府県	森林整備法人（林業・造林公社）	市区町村	財産区				
444,528	1,642,320	541,430	313,462	659,531	127,897	5,773,177	24,770,201	7,153,338	(1)
42,583	280,920	135,394	57	145,469	–	505,871	5,503,768	2,915,580	(2)
401,945	1,361,400	406,036	313,405	514,062	127,897	5,267,306	19,266,433	4,237,758	(3)
66,451	315,141	115,050	63,175	111,516	25,400	821,167	4,605,832	1,940,228	(4)
30,304	80,244	26,858	31,264	20,582	1,540	298,514	1,631,912	348,899	(5)
45,626	261,873	122,985	20,103	82,975	35,810	664,874	2,776,425	707,383	(6)
11,080	29,834	11,880	1,969	13,270	2,715	269,855	946,893	341,201	(7)
2,068	39,231	26,228	3,910	7,063	2,030	137,100	451,006	34,851	(8)
32,478	192,808	84,877	14,224	62,642	31,065	257,919	1,378,526	331,331	(9)
41,700	114,282	20,766	24,169	46,478	22,869	739,361	1,922,952	273,730	(10)
49,911	101,975	18,592	41,086	27,925	14,372	663,637	1,810,867	86,271	(11)
72,737	203,617	31,455	74,482	84,854	12,826	569,174	2,332,707	157,545	(12)
40,761	70,094	4,876	37,500	22,066	5,652	197,490	786,271	61,780	(13)
31,976	133,523	26,579	36,982	62,788	7,174	371,684	1,546,436	95,765	(14)
34,563	87,032	19,970	21,337	37,657	8,068	599,358	1,395,506	187,319	(15)
60,649	189,403	48,637	37,789	95,965	7,012	908,679	2,674,630	504,616	(16)
35,673	117,917	34,124	19,838	56,987	6,968	573,227	1,500,039	177,569	(17)
24,976	71,486	14,513	17,951	38,978	44	335,452	1,174,591	327,047	(18)
4	7,833	1,723	–	6,110	–	2,542	115,602	31,767	(19)
42,583	280,920	135,394	57	145,469	–	505,871	5,503,768	2,915,580	(20)
11,862	29,415	14,668	–	8,098	6,649	92,882	625,842	380,463	(21)
17,540	106,745	72,097	–	32,684	1,964	204,166	1,152,364	364,916	(22)
9,695	41,917	10,825	9,377	21,160	555	100,740	407,710	121,700	(23)
11,587	67,611	8,019	24,012	29,884	5,696	176,449	832,517	371,837	(24)
5,715	25,653	1,745	15,503	5,377	3,028	93,403	644,986	328,051	(25)
10,052	43,800	7,696	14,283	14,313	7,508	153,527	942,413	373,261	(26)
223	3,814	1,256		2,363	195	73,968	198,682	44,001	(27)
3,915	12,781	8,001	4	2,370	2,406	105,914	339,113	118,663	(28)
6,942	13,239	2,623	1,965	8,537	114	89,973	409,098	178,537	(29)
1,033	11,368	5,649	3,046	2,673	–	44,466	119,466	11,884	(30)
221	5,519	4,787	–	573	159	49,474	160,891	7,589	(31)
60	8,105	4,719	864	2,187	335	26,656	77,125	5,924	(32)
754	14,239	11,073		1,630	1,536	16,504	93,524	9,454	(33)
6,614	22,894	2,965	10,207	8,771	951	111,216	802,757	224,780	(34)
8,743	12,424	2,438	8,074	1,620	292	30,022	240,531	60,761	(35)
5,727	22,234	4,544	12,983	4,482	225	71,480	278,429	26,111	(36)
9,220	22,692	16,911	–	5,709	72	85,796	310,195	37,247	(37)
9,893	81,755	70,570		5,562	5,623	58,321	349,331	6,474	(38)
22,585	111,053	14,307	14,224	57,080	25,442	199,598	1,029,195	324,857	(39)
20,176	58,562	5,272	24,169	20,581	8,540	229,431	841,066	155,314	(40)
10,165	24,234	4,495	–	13,427	6,312	203,540	493,121	85,325	(41)
1,078	17,543	8,153	–	3,436	5,954	112,600	217,731	10,920	(42)
10,281	13,943	2,846	–	9,034	2,063	193,790	371,034	22,171	(43)
681	26,453	4,021	17,933	1,067	3,432	53,102	204,464	19,327	(44)
9,374	14,387	6,817	–	4,011	3,559	84,250	342,293	7,037	(45)
36	1,859	404	–	408	1,047	25,045	57,127	1,243	(46)
21,865	39,021	1,397	19,584	13,920	4,120	161,288	563,148	29,563	(47)
8,378	9,126	3,089	275	4,921	841	151,683	283,705	12,631	(48)
9,577	11,129	2,864	3,294	3,598	1,373	188,269	360,130	16,470	(49)
12,490	29,165	3,546	14,379	6,270	4,970	82,268	258,432	30,011	(50)
28,271	40,929	1,330	23,121	15,796	682	115,222	527,839	31,769	(51)
7,489	50,154	5,134	23,895	16,765	4,360	123,470	488,606	37,036	(52)
13,620	38,859	20,569	–	15,842	2,448	121,602	618,092	47,322	(53)
10,867	44,510	876	13,087	30,181	366	126,612	439,738	11,407	(54)
11,170	17,970	4,849	7,294	5,247	580	153,673	313,071	16,607	(55)
217	5,464	1,430	–	2,297	1,737	12,403	87,183	8,005	(56)
7,126	24,404	5,472	–	13,382	5,550	191,147	401,018	38,586	(57)
16,050	39,194	8,219	14,043	16,731	201	242,135	594,234	124,121	(58)
3,061	19,233	5,634	–	10,231	3,368	103,207	222,313	24,798	(59)
3,239	9,841	2,587	–	7,254	–	50,254	110,610	15,241	(60)
2,322	26,870	4,963	11,383	9,790	734	62,393	246,301	24,096	(61)
13,059	39,561	7,929	8,455	20,842	2,335	188,384	466,250	62,968	(62)
13,992	22,412	13,011	–	8,870	531	168,989	454,565	50,466	(63)
19,034	37,307	9,970	8,825	18,468	44	176,420	585,908	176,561	(64)
5,942	34,179	4,543	9,126	20,510	–	159,032	588,683	150,486	(65)
4	7,833	1,723	–	6,110	–	2,542	115,602	31,767	(66)
55,791	286,107	127,480	20,103	96,402	42,122	868,414	3,269,546	792,708	(67)
31,535	90,048	16,271	24,169	33,051	16,557	535,821	1,429,831	188,405	(68)
107,300	290,649	51,425	95,819	122,511	20,894	1,168,532	3,728,213	344,864	(69)

2 所有形態別林野面積（続き）
(2) 林野面積（続き）

全国農業地域・都道府県		国有（続き）			民有		公有	
		林野庁	林野庁以外の官庁	計	独立行政法人等	小計	都道府県	森林整備法人（林業・造林公社）
全　　　国	(1)	7,013,170	140,168	17,616,863	648,269	3,407,898	1,310,110	351,519
（全国農業地域）								
北　海　道	(2)	2,826,275	89,305	2,588,188	143,888	964,267	620,601	57
都　府　県	(3)	4,186,895	50,863	15,028,675	504,381	2,443,631	689,509	351,462
東　　北	(4)	1,927,896	12,332	2,665,604	79,121	519,845	140,449	69,606
北　　陸	(5)	344,252	4,647	1,283,013	43,502	190,671	58,275	34,965
関東・東山	(6)	702,432	4,951	2,069,042	62,951	536,016	274,884	24,021
北　関　東	(7)	339,452	1,749	605,692	14,557	51,966	20,283	1,995
南　関　東	(8)	33,942	909	416,155	8,030	88,329	59,120	4,161
東　　山	(9)	329,038	2,293	1,047,195	40,364	395,721	195,481	17,865
東　　海	(10)	269,779	3,951	1,649,222	52,473	215,988	41,967	26,597
近　　畿	(11)	80,244	6,027	1,724,596	68,563	189,763	37,480	51,165
中　　国	(12)	153,215	4,330	2,175,162	84,934	314,032	42,155	77,797
山　　陰	(13)	61,328	452	724,491	47,285	94,171	7,747	39,626
山　　陽	(14)	91,887	3,878	1,450,671	37,649	219,861	34,408	38,171
四　　国	(15)	186,067	1,252	1,208,187	37,678	123,130	25,943	24,776
九　　州	(16)	491,551	13,065	2,170,014	75,089	306,050	62,737	42,535
北　九　州	(17)	167,153	10,416	1,322,470	39,059	181,106	41,838	23,221
南　九　州	(18)	324,398	2,649	847,544	36,030	124,944	20,899	19,314
沖　　縄	(19)	31,459	308	83,835	70	48,136	5,619	－
（都道府県）								
北　海　道	(20)	2,826,275	89,305	2,588,188	143,888	964,267	620,601	57
青　　森	(21)	377,791	2,672	245,379	12,474	45,058	15,472	－
岩　　手	(22)	362,529	2,387	787,448	20,998	157,421	85,613	－
宮　　城	(23)	117,094	4,606	286,010	11,808	60,704	13,773	9,906
秋　　田	(24)	371,656	181	460,680	14,192	109,838	12,322	27,578
山　　形	(25)	327,851	200	316,935	7,138	50,888	2,758	16,359
福　　島	(26)	370,975	2,286	569,152	12,511	95,936	10,511	15,763
茨　　城	(27)	43,622	379	154,681	295	6,263	1,698	－
栃　　木	(28)	118,520	143	220,450	5,690	22,186	11,561	10
群　　馬	(29)	177,310	1,227	230,561	8,572	23,517	7,024	1,985
埼　　玉	(30)	11,550	334	107,582	6,321	18,546	9,501	3,280
千　　葉	(31)	7,467	122	153,302	518	9,749	8,072	－
東　　京	(32)	5,552	372	71,201	139	23,880	13,769	881
神　奈　川	(33)	9,373	81	84,070	1,052	36,154	27,778	－
新　　潟	(34)	222,620	2,160	577,977	8,412	77,628	6,471	10,576
富　　山	(35)	59,821	940	179,770	13,604	39,007	14,100	9,286
石　　川	(36)	25,408	703	252,318	7,296	35,108	11,653	15,103
福　　井	(37)	36,403	844	272,948	14,190	38,928	26,051	－
山　　梨	(38)	4,438	2,036	342,857	10,258	199,144	176,758	－
長　　野	(39)	324,600	257	704,338	30,106	196,577	18,723	17,865
岐　　阜	(40)	155,230	84	685,752	23,275	114,753	19,942	26,597
静　　岡	(41)	82,102	3,223	407,796	13,926	44,671	6,614	－
愛　　知	(42)	10,482	438	206,811	2,227	25,130	11,555	－
三　　重	(43)	21,965	206	348,863	13,045	31,434	3,856	－
滋　　賀	(44)	17,103	2,224	185,137	1,211	39,081	6,017	22,915
京　　都	(45)	6,004	1,033	335,256	16,399	27,664	9,927	－
大　　阪	(46)	1,017	226	55,884	36	4,670	982	－
兵　　庫	(47)	28,161	1,402	533,585	27,434	74,547	6,869	24,533
奈　　良	(48)	11,493	1,138	271,074	11,462	23,277	8,380	－
和　歌　山	(49)	16,466	4	343,660	12,021	20,524	5,305	3,717
鳥　　取	(50)	29,637	374	228,421	14,148	41,128	4,874	15,288
島　　根	(51)	31,691	78	496,070	33,137	53,043	2,873	24,338
岡　　山	(52)	34,988	2,048	451,570	9,170	78,830	6,917	24,027
広　　島	(53)	45,924	1,398	570,770	16,480	68,887	26,132	－
山　　口	(54)	10,975	432	428,331	11,999	72,144	1,359	14,144
徳　　島	(55)	16,405	202	296,464	11,997	26,116	6,992	9,766
香　　川	(56)	7,488	517	79,178	309	13,870	2,445	－
愛　　媛	(57)	38,495	91	362,432	8,448	35,612	6,876	50
高　　知	(58)	123,679	442	470,113	16,924	47,532	9,630	14,960
福　　岡	(59)	23,500	1,298	197,515	3,433	25,070	6,297	－
佐　　賀	(60)	15,176	65	95,369	3,369	12,346	2,805	－
長　　崎	(61)	22,812	1,284	222,205	2,472	43,267	6,587	14,260
熊　　本	(62)	61,167	1,801	403,282	14,396	63,960	11,173	8,961
大　　分	(63)	44,498	5,968	404,099	15,389	36,463	14,976	－
宮　　崎	(64)	175,036	1,525	409,347	26,352	50,600	13,770	9,686
鹿　児　島	(65)	149,362	1,124	438,197	9,678	74,344	7,129	9,628
沖　　縄	(66)	31,459	308	83,835	70	48,136	5,619	－
関 東 農 政 局	(67)	784,534	8,174	2,476,838	76,877	580,687	281,498	24,021
東 海 農 政 局	(68)	187,677	728	1,241,426	38,547	171,317	35,353	26,597
中国四国農政局	(69)	339,282	5,582	3,383,349	122,612	437,162	68,098	102,573

(3)　現況森林面積

単位：ha　　　　　　　　　　　　　　　　　　　　　　　　　　　　　　　　単位：ha

市区町村	財産区	私有	合計	国有			民有		
				計	林野庁	林野庁以外の官庁	計	独立行政法人等	
1,434,838	311,431	13,560,696	24,436,267	7,032,440	6,981,464	50,976	17,403,827	647,446	(1)
343,609	–	1,480,033	5,313,034	2,839,086	2,816,893	22,193	2,473,948	143,426	(2)
1,091,229	311,431	12,080,663	19,123,233	4,193,354	4,164,571	28,783	14,929,879	504,020	(3)
228,519	81,271	2,066,638	4,556,051	1,922,228	1,916,353	5,875	2,633,823	78,934	(4)
86,252	11,179	1,048,840	1,626,631	346,936	343,936	3,000	1,279,695	43,452	(5)
164,174	72,937	1,470,075	2,756,640	700,304	698,306	1,998	2,056,336	62,906	(6)
22,317	7,371	539,169	943,732	339,334	338,314	1,020	604,398	14,556	(7)
18,622	6,426	319,796	443,990	33,778	33,117	661	410,212	8,029	(8)
123,235	59,140	611,110	1,368,918	327,192	326,875	317	1,041,726	40,321	(9)
101,198	46,226	1,380,761	1,915,322	271,799	268,912	2,887	1,643,523	52,441	(10)
64,148	36,970	1,466,270	1,808,743	84,626	79,800	4,826	1,724,117	68,556	(11)
158,804	35,276	1,776,196	2,312,194	155,832	152,480	3,352	2,156,362	84,897	(12)
32,747	14,051	583,035	780,880	61,247	60,884	363	719,633	47,248	(13)
126,057	21,225	1,193,161	1,531,314	94,585	91,596	2,989	1,436,729	37,649	(14)
57,827	14,584	1,047,379	1,391,761	185,662	184,489	1,173	1,206,099	37,678	(15)
187,790	12,988	1,788,875	2,649,482	494,417	488,907	5,510	2,155,065	75,086	(16)
103,147	12,900	1,102,305	1,480,264	169,825	165,801	4,024	1,310,439	39,056	(17)
84,643	88	686,570	1,169,218	324,592	323,106	1,486	844,626	36,030	(18)
42,517	–	35,629	106,409	31,550	31,388	162	74,859	70	(19)
343,609	–	1,480,033	5,313,034	2,839,086	2,816,893	22,193	2,473,948	143,426	(20)
16,455	13,131	187,847	613,319	374,841	373,674	1,167	238,478	12,474	(21)
63,055	8,753	609,029	1,140,190	356,898	356,430	468	783,292	20,998	(22)
36,147	878	213,498	403,665	119,734	116,902	2,832	283,931	11,622	(23)
53,527	16,411	336,650	817,659	371,368	371,282	86	446,291	14,192	(24)
14,563	17,208	258,909	643,605	327,551	327,413	138	316,054	7,138	(25)
44,772	24,890	460,705	937,613	371,836	370,652	1,184	565,777	12,510	(26)
4,029	536	148,123	197,837	43,922	43,558	364	153,915	294	(27)
3,947	6,668	192,574	338,814	118,415	118,293	122	220,399	5,690	(28)
14,341	167	198,472	407,081	176,997	176,463	534	230,084	8,572	(29)
5,765	–	82,715	119,259	11,884	11,550	334	107,375	6,321	(30)
1,470	207	143,035	155,129	7,554	7,465	89	147,575	517	(31)
7,751	1,479	47,182	76,160	4,968	4,811	157	71,192	139	(32)
3,636	4,740	46,864	93,442	9,372	9,291	81	84,070	1,052	(33)
54,460	6,121	491,937	798,655	223,058	222,540	518	575,597	8,362	(34)
11,774	3,847	127,159	240,531	60,761	59,821	940	179,770	13,604	(35)
8,089	263	209,914	277,598	26,105	25,406	699	251,493	7,296	(36)
11,929	948	219,830	309,847	37,012	36,169	843	272,835	14,190	(37)
11,784	10,602	133,455	347,359	4,502	4,438	64	342,857	10,258	(38)
111,451	48,538	477,655	1,021,559	322,690	322,437	253	698,869	30,063	(39)
51,347	16,867	547,724	838,589	154,773	154,689	84	683,816	23,275	(40)
22,185	15,872	349,199	488,352	84,002	81,842	2,160	404,350	13,894	(41)
5,969	7,606	179,454	217,531	10,920	10,482	438	206,611	2,227	(42)
21,697	5,881	304,384	370,850	22,104	21,899	205	348,746	13,045	(43)
3,066	7,083	144,845	203,570	18,473	16,904	1,569	185,097	1,211	(44)
6,784	10,953	291,193	342,114	6,858	5,941	917	335,256	16,399	(45)
932	2,756	51,178	56,961	1,077	1,016	61	55,884	36	(46)
34,324	8,821	431,604	562,314	29,161	28,024	1,137	533,153	27,427	(47)
11,386	3,511	236,335	283,671	12,604	11,466	1,138	271,067	11,462	(48)
7,656	3,846	311,115	360,113	16,453	16,449	4	343,660	12,021	(49)
8,907	12,059	173,145	257,355	29,833	29,485	348	227,522	14,111	(50)
23,840	1,992	409,890	523,525	31,414	31,399	15	492,111	33,137	(51)
35,695	12,191	363,570	484,721	36,380	34,850	1,530	448,341	9,170	(52)
34,536	8,219	485,403	610,059	47,093	45,781	1,312	562,966	16,480	(53)
55,826	815	344,188	436,534	11,112	10,965	147	425,422	11,999	(54)
8,166	1,192	258,351	312,858	16,590	16,388	202	296,268	11,997	(55)
6,037	5,388	64,999	87,076	7,962	7,488	474	79,114	309	(56)
21,104	7,582	318,372	399,954	38,348	38,265	83	361,606	8,448	(57)
22,520	422	405,657	591,873	122,762	122,348	414	469,111	16,924	(58)
14,666	4,107	169,012	221,842	24,617	23,437	1,180	197,225	3,430	(59)
9,541	–	79,654	110,501	15,169	15,162	7	95,332	3,369	(60)
21,431	989	176,466	241,657	23,312	22,549	763	218,345	2,472	(61)
37,268	6,558	324,926	457,635	61,399	61,131	268	396,236	14,396	(62)
20,241	1,246	352,247	448,629	45,328	43,522	1,806	403,301	15,389	(63)
27,056	88	332,395	584,379	175,975	174,952	1,023	408,404	26,352	(64)
57,587	–	354,175	584,839	148,617	148,154	463	436,222	9,678	(65)
42,517	–	35,629	106,409	31,550	31,388	162	74,859	70	(66)
186,359	88,809	1,819,274	3,244,992	784,306	780,148	4,158	2,460,686	76,800	(67)
79,013	30,354	1,031,562	1,426,970	187,797	187,070	727	1,239,173	38,547	(68)
216,631	49,860	2,823,575	3,703,955	341,494	336,969	4,525	3,362,461	122,575	(69)

2 所有形態別林野面積（続き）
(3) 現況森林面積（続き）

(4) 現

単位：ha

全国農業地域 ・ 都 道 府 県		民有（続き）					私有	合計
		公有						
		小計	都道府県	森林整備法人 （林業・造林公社）	市区町村	財産区		
全 国	(1)	3,361,908	1,307,911	351,497	1,397,122	305,378	13,394,473	24,312,632
（全 国 農 業 地 域）								
北 海 道	(2)	947,138	620,340	57	326,741	-	1,383,384	5,289,720
都 府 県	(3)	2,414,770	687,571	351,440	1,070,381	305,378	12,011,089	19,022,912
東 北	(4)	507,196	139,781	69,604	218,482	79,329	2,047,693	4,549,236
北 陸	(5)	190,484	58,252	34,963	86,090	11,179	1,045,759	1,623,617
関 東 ・ 東 山	(6)	533,219	274,414	24,010	162,880	71,915	1,460,211	2,721,240
北 関 東	(7)	51,467	20,177	1,995	22,141	7,154	538,375	929,777
南 関 東	(8)	88,085	58,895	4,161	18,603	6,426	314,098	434,985
東 山	(9)	393,667	195,342	17,854	122,136	58,335	607,738	1,356,478
東 海	(10)	212,886	41,501	26,594	100,329	44,462	1,378,196	1,906,898
近 畿	(11)	189,636	37,396	51,164	64,120	36,956	1,465,925	1,795,583
中 国	(12)	311,358	42,038	77,795	156,722	34,803	1,760,107	2,296,788
山 陰	(13)	93,630	7,741	39,626	32,494	13,769	578,755	770,140
山 陽	(14)	217,728	34,297	38,169	124,228	21,034	1,181,352	1,526,648
四 国	(15)	122,655	25,902	24,775	57,442	14,536	1,045,766	1,386,623
九 州	(16)	301,052	62,668	42,535	183,651	12,198	1,778,927	2,636,873
北 九 州	(17)	177,089	41,775	23,221	99,983	12,110	1,094,294	1,470,007
南 九 州	(18)	123,963	20,893	19,314	83,668	88	684,633	1,166,866
沖 縄	(19)	46,284	5,619	-	40,665		28,505	106,054
（ 都 道 府 県 ）								
北 海 道	(20)	947,138	620,340	57	326,741	-	1,383,384	5,289,720
青 森	(21)	42,285	15,464	-	14,078	12,743	183,719	612,028
岩 手	(22)	155,207	85,489	-	60,973	8,745	607,087	1,139,714
宮 城	(23)	59,591	13,415	9,906	35,392	878	212,718	400,032
秋 田	(24)	103,953	12,275	27,578	49,168	14,932	328,146	817,566
山 形	(25)	50,622	2,757	16,359	14,298	17,208	258,294	643,467
福 島	(26)	95,538	10,381	15,761	44,573	24,823	457,729	936,429
茨 城	(27)	5,829	1,598	-	3,912	319	147,792	185,868
栃 木	(28)	22,135	11,560	10	3,897	6,668	192,574	338,594
群 馬	(29)	23,503	7,019	1,985	14,332	167	198,009	405,315
埼 玉	(30)	18,339	9,294	3,280	5,765	-	82,715	118,032
千 葉	(31)	9,718	8,054	-	1,457	207	137,340	152,196
東 京	(32)	23,874	13,769	881	7,745	1,479	47,179	75,668
神 奈 川	(33)	36,154	27,778	-	3,636	4,740	46,864	89,089
新 潟	(34)	77,512	6,471	10,576	54,344	6,121	489,723	798,137
富 山	(35)	39,007	14,100	9,286	11,774	3,847	127,159	239,588
石 川	(36)	35,099	11,648	15,101	8,087	263	209,098	276,888
福 井	(37)	38,866	26,033	-	11,885	948	219,779	309,004
山 梨	(38)	199,144	176,758	-	11,784	10,602	133,455	347,287
長 野	(39)	194,523	18,584	17,854	110,352	47,733	474,283	1,009,191
岐 阜	(40)	113,744	19,724	26,594	50,563	16,863	546,797	837,519
静 岡	(41)	42,778	6,566	-	22,100	14,112	347,678	482,426
愛 知	(42)	24,930	11,355	-	5,969	7,606	179,454	216,323
三 重	(43)	31,434	3,856	-	21,697	5,881	304,267	370,630
滋 賀	(44)	39,081	6,017	22,915	3,066	7,083	144,805	200,832
京 都	(45)	27,664	9,927	-	6,784	10,953	291,193	339,938
大 阪	(46)	4,670	982	-	932	2,756	51,178	55,158
兵 庫	(47)	74,420	6,785	24,532	34,296	8,807	431,306	558,597
奈 良	(48)	23,277	8,380	-	11,386	3,511	236,328	281,483
和 歌 山	(49)	20,524	5,305	3,717	7,656	3,846	311,115	359,575
鳥 取	(50)	40,821	4,874	15,288	8,882	11,777	172,590	256,759
島 根	(51)	52,809	2,867	24,338	23,612	1,992	406,165	513,381
岡 山	(52)	78,364	6,899	24,027	35,429	12,009	360,807	482,585
広 島	(53)	68,717	26,040	-	34,467	8,210	477,769	608,747
山 口	(54)	70,647	1,358	14,142	54,332	815	342,776	435,316
徳 島	(55)	26,037	6,967	9,766	8,112	1,192	258,234	312,621
香 川	(56)	13,870	2,445	-	6,037	5,388	64,935	86,601
愛 媛	(57)	35,310	6,862	50	20,864	7,534	317,848	397,969
高 知	(58)	47,438	9,628	14,959	22,429	422	404,749	589,432
福 岡	(59)	24,954	6,296	-	14,551	4,107	168,841	217,489
佐 賀	(60)	12,338	2,805	-	9,533	-	79,625	109,615
長 崎	(61)	42,805	6,586	14,260	20,970	989	173,068	240,879
熊 本	(62)	60,702	11,112	8,961	34,861	5,768	321,138	456,857
大 分	(63)	36,290	14,976	-	20,068	1,246	351,622	445,167
宮 崎	(64)	50,529	13,768	9,686	26,987	88	331,523	582,637
鹿 児 島	(65)	73,434	7,125	9,628	56,681	-	353,110	584,229
沖 縄	(66)	46,284	5,619	-	40,665		28,505	106,054
関 東 農 政 局	(67)	575,997	280,980	24,010	184,980	86,027	1,807,889	3,203,666
東 海 農 政 局	(68)	170,108	34,935	26,594	78,229	30,350	1,030,518	1,424,472
中 国 四 国 農 政 局	(69)	434,013	67,940	102,570	214,164	49,339	2,805,873	3,683,411

況森林面積のうち、森林計画対象

単位：ha

| 国有（林野庁） | 民有 | | | | | | | | | |
| | 計 | 独立行政法人等 | 公有 | | | | | 私有 | |
			小計	都道府県	森林整備法人（林業・造林公社）	市区町村	財産区		
6,979,839	17,332,793	646,802	3,355,584	1,306,520	351,406	1,394,197	303,461	13,330,407	(1)
2,816,824	2,472,896	143,401	946,701	620,327	57	326,317	–	1,382,794	(2)
4,163,015	14,859,897	503,401	2,408,883	686,193	351,349	1,067,880	303,461	11,947,613	(3)
1,916,353	2,632,883	78,934	507,021	139,628	69,604	218,460	79,329	2,046,928	(4)
343,936	1,279,681	43,451	190,482	58,252	34,962	86,089	11,179	1,045,748	(5)
697,975	2,023,265	62,483	531,758	274,273	24,010	161,662	71,813	1,429,024	(6)
337,983	591,794	14,177	50,252	20,089	1,995	21,115	7,053	527,365	(7)
33,117	401,868	8,021	87,847	58,842	4,161	18,419	6,425	306,000	(8)
326,875	1,029,603	40,285	393,659	195,342	17,854	122,128	58,335	595,659	(9)
268,912	1,637,986	52,436	211,100	41,488	26,594	99,923	43,095	1,374,450	(10)
79,742	1,715,841	68,459	188,219	36,651	51,164	63,652	36,752	1,459,163	(11)
152,480	2,144,308	84,897	310,885	41,868	77,795	156,662	34,560	1,748,526	(12)
60,884	709,256	47,248	93,249	7,603	39,626	32,494	13,526	568,759	(13)
91,596	1,435,052	37,649	217,636	34,265	38,169	124,168	21,034	1,179,767	(14)
183,813	1,202,810	37,621	122,315	25,866	24,685	57,228	14,536	1,042,874	(15)
488,480	2,148,393	75,050	300,820	62,548	42,535	183,540	12,197	1,772,523	(16)
165,758	1,304,249	39,041	176,922	41,656	23,221	99,936	12,109	1,088,286	(17)
322,722	844,144	36,009	123,898	20,892	19,314	83,604	88	684,237	(18)
31,324	74,730	70	46,283	5,619	–	40,664	–	28,377	(19)
2,816,824	2,472,896	143,401	946,701	620,327	57	326,317	–	1,382,794	(20)
373,674	238,354	12,474	42,277	15,460	–	14,074	12,743	183,603	(21)
356,430	783,284	20,998	155,207	85,489	–	60,973	8,745	607,079	(22)
116,902	283,130	11,622	59,424	13,266	9,906	35,374	878	212,084	(23)
371,282	446,284	14,192	103,953	12,275	27,578	49,168	14,932	328,139	(24)
327,413	316,054	7,138	50,622	2,757	16,359	14,298	17,208	258,294	(25)
370,652	565,777	12,510	95,538	10,381	15,761	44,573	24,823	457,729	(26)
43,558	142,310	103	4,793	1,561	–	3,014	218	137,414	(27)
118,293	220,301	5,690	22,118	11,560	10	3,880	6,668	192,493	(28)
176,132	229,183	8,384	23,341	6,968	1,985	14,221	167	197,458	(29)
11,550	106,482	6,321	18,301	9,288	3,280	5,733	–	81,860	(30)
7,465	144,731	516	9,654	8,052	–	1,396	206	134,561	(31)
4,811	70,857	132	23,819	13,729	881	7,730	1,479	46,906	(32)
9,291	79,798	1,052	36,073	27,773	–	3,560	4,740	42,673	(33)
222,540	575,597	8,362	77,512	6,471	10,576	54,344	6,121	489,723	(34)
59,821	179,767	13,603	39,006	14,100	9,285	11,774	3,847	127,158	(35)
25,406	251,482	7,296	35,098	11,648	15,101	8,086	263	209,088	(36)
36,169	272,835	14,190	38,866	26,033	–	11,885	948	219,779	(37)
4,438	342,849	10,250	199,144	176,758	–	11,784	10,602	133,455	(38)
322,437	686,754	30,035	194,515	18,584	17,854	110,344	47,733	462,204	(39)
154,689	682,830	23,275	113,606	19,723	26,594	50,428	16,861	545,949	(40)
81,842	400,584	13,894	41,234	6,562	–	21,917	12,755	345,456	(41)
10,482	205,841	2,222	24,826	11,347	–	5,881	7,598	178,793	(42)
21,899	348,731	13,045	31,434	3,856	–	21,697	5,881	304,252	(43)
16,846	183,986	1,163	39,054	6,017	22,915	3,039	7,083	143,769	(44)
5,941	333,997	16,399	27,106	9,394	–	6,759	10,953	290,492	(45)
1,016	54,142	36	4,404	965	–	887	2,552	49,702	(46)
28,024	530,573	27,400	74,256	6,783	24,532	34,134	8,807	428,917	(47)
11,466	270,017	11,440	22,882	8,187	–	11,184	3,511	235,695	(48)
16,449	343,126	12,021	20,517	5,305	3,717	7,649	3,846	310,588	(49)
29,485	227,274	14,111	40,578	4,874	15,288	8,882	11,534	172,585	(50)
31,399	481,982	33,137	52,671	2,729	24,338	23,612	1,992	396,174	(51)
34,850	447,735	9,170	78,364	6,899	24,027	35,429	12,009	360,201	(52)
45,781	562,966	16,480	68,717	26,040	–	34,467	8,210	477,769	(53)
10,965	424,351	11,999	70,555	1,326	14,142	54,272	815	341,797	(54)
16,388	296,233	11,997	26,037	6,967	9,766	8,112	1,192	258,199	(55)
7,488	79,113	309	13,869	2,444	–	6,037	5,388	64,935	(56)
38,265	359,704	8,448	35,303	6,862	50	20,857	7,534	315,953	(57)
121,819	467,760	16,867	47,106	9,593	14,869	22,222	422	403,787	(58)
23,437	194,052	3,430	24,929	6,294	–	14,529	4,106	165,693	(59)
15,162	94,453	3,369	12,323	2,805	–	9,518	–	78,761	(60)
22,549	218,330	2,457	42,805	6,586	14,260	20,970	989	173,068	(61)
61,088	395,769	14,396	60,575	10,995	8,961	34,851	5,768	320,798	(62)
43,522	401,645	15,389	36,290	14,976	–	20,068	1,246	349,966	(63)
174,568	408,069	26,331	50,482	13,767	9,686	26,941	88	331,256	(64)
148,154	436,075	9,678	73,416	7,125	9,628	56,663	–	352,981	(65)
31,324	74,730	70	46,283	5,619	–	40,664	–	28,377	(66)
779,817	2,423,849	76,377	572,992	280,835	24,010	183,579	84,568	1,774,480	(67)
187,070	1,237,402	38,542	169,866	34,926	26,594	78,006	30,340	1,028,994	(68)
336,293	3,347,118	122,518	433,200	67,734	102,480	213,890	49,096	2,791,400	(69)

2 所有形態別林野面積（続き）
(5) 現況森林面積のうち、森林計画対象の人工林

全国農業地域・都道府県		合計	国有（林野庁）	計	独立行政法人等	民有 公有 小計	都道府県	森林整備法人（林業・造林公社）
全 国	(1)	10,146,323	2,266,625	7,879,698	445,340	1,636,751	537,660	312,731
（全国農業地域）								
北 海 道	(2)	1,466,052	641,557	824,495	42,504	281,369	135,660	57
都 府 県	(3)	8,680,271	1,625,068	7,055,203	402,836	1,355,382	402,000	312,674
東 北	(4)	1,876,788	676,159	1,200,629	66,587	314,616	114,396	63,147
北 陸	(5)	441,219	32,078	409,141	30,365	79,822	26,705	31,298
関 東 ・ 東 山	(6)	1,225,647	253,750	971,897	45,557	261,212	122,626	19,934
北 関 東	(7)	442,270	132,284	309,986	10,949	29,197	11,264	1,969
南 関 東	(8)	189,893	12,581	177,312	2,094	39,257	26,478	3,742
東 山	(9)	593,484	108,885	484,599	32,514	192,758	84,884	14,223
東 海	(10)	1,022,234	126,662	895,572	41,867	113,945	20,200	24,169
近 畿	(11)	883,360	40,497	842,863	48,614	98,412	17,299	40,499
中 国	(12)	942,443	95,475	846,968	74,095	203,579	31,205	74,394
山 陰	(13)	345,725	36,622	309,103	41,670	70,065	4,692	37,461
山 陽	(14)	596,718	58,853	537,865	32,425	133,514	26,513	36,933
四 国	(15)	844,766	125,216	719,550	34,786	87,081	19,732	21,462
九 州	(16)	1,431,580	273,377	1,158,203	60,961	188,881	48,114	37,771
北 九 州	(17)	825,390	98,350	727,040	35,980	118,057	33,739	19,820
南 九 州	(18)	606,190	175,027	431,163	24,981	70,824	14,375	17,951
沖 縄	(19)	12,234	1,854	10,380	4	7,834	1,723	－
（都道府県）								
北 海 道	(20)	1,466,052	641,557	824,495	42,504	281,369	135,660	57
青 森	(21)	266,055	132,919	133,136	11,933	29,447	14,531	－
岩 手	(22)	484,262	155,752	328,510	17,540	106,587	72,065	－
宮 城	(23)	194,989	43,749	151,240	9,715	41,684	10,566	9,312
秋 田	(24)	405,984	150,321	255,663	11,632	67,459	7,796	24,049
山 形	(25)	185,536	60,741	124,795	5,715	25,651	1,745	15,503
福 島	(26)	339,962	132,677	207,285	10,052	43,788	7,693	14,283
茨 城	(27)	111,207	33,828	77,379	94	3,553	1,336	－
栃 木	(28)	154,317	31,794	122,523	3,913	12,413	7,305	4
群 馬	(29)	176,746	66,662	110,084	6,942	13,231	2,623	1,965
埼 玉	(30)	59,275	2,247	57,028	1,033	11,397	5,654	3,045
千 葉	(31)	59,950	5,151	54,799	238	5,460	4,730	－
東 京	(32)	34,890	914	33,976	69	8,149	5,021	697
神 奈 川	(33)	35,778	4,269	31,509	754	14,251	11,073	
新 潟	(34)	161,634	20,896	140,738	6,614	22,894	2,965	10,207
富 山	(35)	54,476	3,259	51,217	8,742	12,417	2,434	8,066
石 川	(36)	101,440	2,032	99,408	5,704	21,712	4,420	13,025
福 井	(37)	123,669	5,891	117,778	9,305	22,799	16,886	
山 梨	(38)	153,383	3,414	149,969	9,893	81,857	70,672	－
長 野	(39)	440,101	105,471	334,630	22,621	110,901	14,212	14,223
岐 阜	(40)	374,244	65,631	308,613	20,353	58,592	5,184	24,169
静 岡	(41)	278,162	40,223	237,939	10,165	24,234	4,495	－
愛 知	(42)	140,053	8,997	131,056	1,069	17,240	7,737	－
三 重	(43)	229,775	11,811	217,964	10,280	13,879	2,784	－
滋 賀	(44)	84,970	4,746	80,224	681	26,123	4,021	17,599
京 都	(45)	139,383	3,704	135,679	7,828	10,861	4,949	－
大 阪	(46)	27,547	663	26,884	36	1,866	406	－
兵 庫	(47)	238,675	16,621	222,054	21,949	38,985	1,474	19,575
奈 良	(48)	173,385	4,266	169,119	8,376	9,357	3,583	－
和 歌 山	(49)	219,400	10,497	208,903	9,744	11,220	2,866	3,325
鳥 取	(50)	140,312	16,125	124,187	12,695	29,259	3,546	14,385
島 根	(51)	205,413	20,497	184,916	28,975	40,806	1,146	23,076
岡 山	(52)	205,999	24,652	181,347	7,610	49,996	5,096	23,846
広 島	(53)	200,879	26,350	174,529	13,948	39,008	20,541	－
山 口	(54)	189,840	7,851	181,989	10,867	44,510	876	13,087
徳 島	(55)	189,910	7,013	182,897	11,206	18,083	4,849	7,419
香 川	(56)	23,270	5,018	18,252	217	5,359	1,210	－
愛 媛	(57)	244,133	23,126	221,007	7,126	24,403	5,462	－
高 知	(58)	387,453	90,059	297,394	16,237	39,236	8,211	14,043
福 岡	(59)	138,705	13,208	125,497	3,061	19,234	5,634	－
佐 賀	(60)	73,537	10,166	63,371	3,238	9,692	2,428	－
長 崎	(61)	104,590	12,998	91,592	2,329	26,870	4,963	11,383
熊 本	(62)	279,001	37,683	241,318	13,085	39,758	7,703	8,437
大 分	(63)	229,557	24,295	205,262	14,267	22,503	13,011	－
宮 崎	(64)	332,219	100,155	232,064	19,040	36,649	9,832	8,825
鹿 児 島	(65)	273,971	74,872	199,099	5,941	34,175	4,543	9,126
沖 縄	(66)	12,234	1,854	10,380	4	7,834	1,723	－
関 東 農 政 局	(67)	1,503,809	293,973	1,209,836	55,722	285,446	127,121	19,934
東 海 農 政 局	(68)	744,072	86,439	657,633	31,702	89,711	15,705	24,169
中国四国農政局	(69)	1,787,209	220,691	1,566,518	108,881	290,660	50,937	95,856

(6) 森林以外の草生地

単位：ha　　　　　　　　　　　　　　　　　　　　　　　　　　　　　単位：ha

市区町村	財産区	私有	合計	国有 計	林野庁	林野庁以外の官庁	民有 計	独立行政法人等	
657,965	128,395	5,797,607	333,934	120,898	31,706	89,192	213,036	823	(1)
145,652	–	500,622	190,734	76,494	9,382	67,112	114,240	462	(2)
512,313	128,395	5,296,985	143,200	44,404	22,324	22,080	98,796	361	(3)
111,912	25,161	819,426	49,781	18,000	11,543	6,457	31,781	187	(4)
20,279	1,540	298,954	5,281	1,963	316	1,647	3,318	50	(5)
82,246	36,406	665,128	19,785	7,079	4,126	2,953	12,706	45	(6)
12,998	2,966	269,840	3,161	1,867	1,138	729	1,294	1	(7)
7,048	1,989	135,961	7,016	1,073	825	248	5,943	1	(8)
62,200	31,451	259,327	9,608	4,139	2,163	1,976	5,469	43	(9)
46,644	22,932	739,760	7,630	1,931	867	1,064	5,699	32	(10)
26,450	14,164	695,837	2,124	1,645	444	1,201	479	7	(11)
84,961	13,019	569,294	20,513	1,713	735	978	18,800	37	(12)
22,178	5,734	197,368	5,391	533	444	89	4,858	37	(13)
62,783	7,285	371,926	15,122	1,180	291	889	13,942	–	(14)
37,745	8,142	597,683	3,745	1,657	1,578	79	2,088	–	(15)
95,965	7,031	908,361	25,148	10,199	2,644	7,555	14,949	3	(16)
57,511	6,987	573,003	19,775	7,744	1,352	6,392	12,031	3	(17)
38,454	44	335,358	5,373	2,455	1,292	1,163	2,918	–	(18)
6,111	–	2,542	9,193	217	71	146	8,976	–	(19)
145,652	–	500,622	190,734	76,494	9,382	67,112	114,240	462	(20)
8,227	6,689	91,756	12,523	5,622	4,117	1,505	6,901	–	(21)
32,565	1,957	204,383	12,174	8,018	6,099	1,919	4,156	–	(22)
21,262	544	99,841	4,045	1,966	192	1,774	2,079	186	(23)
30,179	5,435	176,572	14,858	469	374	95	14,389	–	(24)
5,375	3,028	93,429	1,381	500	438	62	881	–	(25)
14,304	7,508	153,445	4,800	1,425	323	1,102	3,375	1	(26)
2,065	152	73,732	845	79	64	15	766	1	(27)
2,408	2,696	106,197	299	248	227	21	51	–	(28)
8,525	118	89,911	2,017	1,540	847	693	477	–	(29)
2,698	–	44,598	207	–	–	–	207	–	(30)
571	159	49,101	5,762	35	2	33	5,727	1	(31)
2,137	294	25,758	965	956	741	215	9	–	(32)
1,642	1,536	16,504	82	82	82	–	–	–	(33)
8,771	951	111,230	4,102	1,722	80	1,642	2,380	50	(34)
1,625	292	30,058	–	–	–	–	–	–	(35)
4,042	225	71,992	831	6	2	4	825	–	(36)
5,841	72	85,674	348	235	234	1	113	–	(37)
5,562	5,623	58,219	1,972	1,972	–	1,972	–	–	(38)
56,638	25,828	201,108	7,636	2,167	2,163	4	5,469	43	(39)
20,666	8,573	229,668	2,477	541	541	–	1,936	–	(40)
13,427	6,312	203,540	4,769	1,323	260	1,063	3,446	32	(41)
3,519	5,984	112,747	200	–	–	–	200	–	(42)
9,032	2,063	193,805	184	67	66	1	117	–	(43)
1,069	3,434	53,420	894	854	199	655	40	–	(44)
2,600	3,312	116,990	179	179	63	116	–	–	(45)
408	1,052	24,982	166	166	1	165	–	–	(46)
13,823	4,113	161,120	834	402	137	265	432	7	(47)
4,923	851	151,386	34	27	27	–	7	–	(48)
3,627	1,402	187,939	17	17	17	–	–	–	(49)
6,270	5,058	82,233	1,077	178	152	26	899	37	(50)
15,908	676	115,135	4,314	355	292	63	3,959	–	(51)
16,706	4,348	123,741	3,885	656	138	518	3,229	–	(52)
15,896	2,571	121,573	8,033	229	143	86	7,804	–	(53)
30,181	366	126,612	3,204	295	10	285	2,909	–	(54)
5,236	579	153,608	213	17	17	–	196	–	(55)
2,337	1,812	12,676	107	43	–	43	64	–	(56)
13,391	5,550	189,478	1,064	238	230	8	826	–	(57)
16,781	201	241,921	2,361	1,359	1,331	28	1,002	–	(58)
10,232	3,368	103,202	471	181	63	118	290	3	(59)
7,264	–	50,441	109	72	14	58	37	–	(60)
9,790	734	62,393	4,644	784	263	521	3,860	–	(61)
21,264	2,354	188,475	8,615	1,569	36	1,533	7,046	–	(62)
8,961	531	168,492	5,936	5,138	976	4,162	798	–	(63)
17,948	44	176,375	1,529	586	84	502	943	–	(64)
20,506	–	158,983	3,844	1,869	1,208	661	1,975	–	(65)
6,111	–	2,542	9,193	217	71	146	8,976	–	(66)
95,673	42,718	868,668	24,554	8,402	4,386	4,016	16,152	77	(67)
33,217	16,620	536,220	2,861	608	607	1	2,253	–	(68)
122,706	21,161	1,166,977	24,258	3,370	2,313	1,057	20,888	37	(69)

2 所有形態別林野面積（続き）
(6) 森林以外の草生地（続き）　　　　　　　　　　　　　　　　(7) 林

単位：ha

全国農業地域 都道府県		民有（続き）					私有	計
		公有						
		小計	都道府県	森林整備法人（林業・造林公社）	市区町村	財産区		
全　　　　　　　国	(1)	45,990	2,199	22	37,716	6,053	166,223	1,749
（全国農業地域）								
北　海　　　　道	(2)	17,129	261	-	16,868	-	96,649	188
都　府　　　　県	(3)	28,861	1,938	22	20,848	6,053	69,574	1,561
東　　　　　　北	(4)	12,649	668	2	10,037	1,942	18,945	226
北　　　　　　陸	(5)	187	23	2	162	-	3,081	83
関　東・東　山	(6)	2,797	470	11	1,294	1,022	9,864	419
北　関　　　東	(7)	499	106	-	176	217	794	103
南　関　　　東	(8)	244	225	-	19	-	5,698	213
東　　　　　山	(9)	2,054	139	11	1,099	805	3,372	103
東　　　　　　海	(10)	3,102	466	3	869	1,764	2,565	145
近　　　　　　畿	(11)	127	84	1	28	14	345	194
中　　　　　　国	(12)	2,674	117	2	2,082	473	16,089	117
山　　　　　陰	(13)	541	6	-	253	282	4,280	38
山　　　　　陽	(14)	2,133	111	2	1,829	191	11,809	79
四　　　　　　国	(15)	475	41	1	385	48	1,613	92
九　　　　　　州	(16)	4,998	69	-	4,139	790	9,948	244
北　　九　　州	(17)	4,017	63	-	3,164	790	8,011	175
南　　九　　州	(18)	981	6	-	975	-	1,937	69
沖　　　　　　縄	(19)	1,852	-	-	1,852	-	7,124	41
（都道府県）								
北　海　　　　道	(20)	17,129	261	-	16,868	-	96,649	188
青　　　　　　森	(21)	2,773	8	-	2,377	388	4,128	37
岩　　　　　　手	(22)	2,214	124	-	2,082	8	1,942	33
宮　　　　　　城	(23)	1,113	358	-	755	-	780	39
秋　　　　　　田	(24)	5,885	47	-	4,359	1,479	8,504	25
山　　　　　　形	(25)	266	1	-	265	-	615	34
福　　　　　　島	(26)	398	130	2	199	67	2,976	58
茨　　　　　　城	(27)	434	100	-	117	217	331	43
栃　　　　　　木	(28)	51	1	-	50	-	-	25
群　　　　　　馬	(29)	14	5	-	9	-	463	35
埼　　　　　　玉	(30)	207	207	-	-	-	-	64
千　　　　　　葉	(31)	31	18	-	13	-	5,695	57
東　　　　　　京	(32)	6	-	-	6	-	3	37
神　奈　　　川	(33)	-	-	-	-	-	-	55
新　　　　　　潟	(34)	116	-	-	116	-	2,214	35
富　　　　　　山	(35)	-	-	-	-	-	-	14
石　　　　　　川	(36)	9	5	2	2	-	816	17
福　　　　　　井	(37)	62	18	-	44	-	51	17
山　　　　　　梨	(38)	-	-	-	-	-	-	26
長　　　　　　野	(39)	2,054	139	11	1,099	805	3,372	77
岐　　　　　　阜	(40)	1,009	218	3	784	4	927	34
静　　　　　　岡	(41)	1,893	48	-	85	1,760	1,521	43
愛　　　　　　知	(42)	200	200	-	-	-	-	41
三　　　　　　重	(43)	-	-	-	-	-	117	27
滋　　　　　　賀	(44)	-	-	-	-	-	40	18
京　　　　　　都	(45)	-	-	-	-	-	-	32
大　　　　　　阪	(46)	-	-	-	-	-	-	34
兵　　　　　　庫	(47)	127	84	1	28	14	298	46
奈　　　　　　良	(48)	-	-	-	-	-	7	34
和　歌　　　山	(49)	-	-	-	-	-	-	30
鳥　　　　　　取	(50)	307	-	-	25	282	555	19
島　　　　　　根	(51)	234	6	-	228	-	3,725	19
岡　　　　　　山	(52)	466	18	-	266	182	2,763	30
広　　　　　　島	(53)	170	92	-	69	9	7,634	30
山　　　　　　口	(54)	1,497	1	2	1,494	-	1,412	19
徳　　　　　　島	(55)	79	25	-	54	-	117	22
香　　　　　　川	(56)	-	-	-	-	-	64	17
愛　　　　　　媛	(57)	302	14	-	240	48	524	19
高　　　　　　知	(58)	94	2	1	91	-	908	34
福　　　　　　岡	(59)	116	1	-	115	-	171	68
佐　　　　　　賀	(60)	8	-	-	8	-	29	20
長　　　　　　崎	(61)	462	1	-	461	-	3,398	21
熊　　　　　　本	(62)	3,258	61	-	2,407	790	3,788	48
大　　　　　　分	(63)	173	-	-	173	-	625	18
宮　　　　　　崎	(64)	71	2	-	69	-	872	26
鹿　児　　　島	(65)	910	4	-	906	-	1,065	43
沖　　　　　　縄	(66)	1,852	-	-	1,852	-	7,124	41
関　東　農　政　局	(67)	4,690	518	11	1,379	2,782	11,385	462
東　海　農　政　局	(68)	1,209	418	3	784	4	1,044	102
中国四国農政局	(69)	3,149	158	3	2,467	521	17,702	209

野面積規模別市区町村数

林野のある市区町村数								林野がない市区町村数	
1,000ha未満	1,000〜5,000	5,000〜10,000	10,000〜15,000	15,000〜20,000	20,000〜30,000	30,000〜50,000	50,000ha以上		
386	390	250	167	130	174	138	114	147	(1)
8	23	14	19	21	29	35	39	−	(2)
378	367	236	148	109	145	103	75	147	(3)
12	43	31	33	28	34	22	23	5	(4)
11	13	11	9	10	12	7	10	5	(5)
176	101	51	34	19	21	11	6	40	(6)
34	25	12	10	8	7	5	2	1	(7)
140	49	13	6	2	2	1	−	38	(8)
2	27	26	18	9	12	5	4	1	(9)
37	35	28	14	2	10	10	9	38	(10)
53	60	25	15	9	17	10	5	51	(11)
12	16	26	8	9	14	20	12	−	(12)
2	5	6	3	3	8	8	3	−	(13)
10	11	20	5	6	6	12	9	−	(14)
9	17	20	11	11	12	7	5	3	(15)
47	67	43	22	20	24	16	5	5	(16)
41	59	26	17	10	12	7	3	5	(17)
6	8	17	5	10	12	9	2	−	(18)
21	15	1	2	1	1	−	−	−	(19)
8	23	14	19	21	29	35	39	−	(20)
1	5	7	10	3	7	2	2	3	(21)
−	2	4	3	3	7	5	9	−	(22)
7	13	5	1	4	5	4	−	−	(23)
2	2	1	2	6	3	2	7	−	(24)
−	5	5	11	2	5	4	2	1	(25)
2	16	9	6	10	7	5	3	1	(26)
17	15	4	3	1	3	−	−	1	(27)
7	4	5	3	1	2	2	1	−	(28)
10	6	3	4	6	2	3	1	−	(29)
49	12	−	2	−	−	1	−	8	(30)
26	21	5	4	−	1	−	−	2	(31)
24	8	4	−	−	1	−	−	25	(32)
41	8	4	−	2	−	−	−	3	(33)
8	6	3	1	2	5	4	6	2	(34)
2	2	2	3	2	1	−	2	1	(35)
1	3	3	1	2	5	1	1	2	(36)
−	2	3	4	4	1	2	1	−	(37)
1	6	5	6	2	4	2	−	1	(38)
1	21	21	12	7	8	3	4	−	(39)
3	11	5	3	1	2	3	6	8	(40)
7	12	13	5	−	3	1	2	−	(41)
24	8	3	2	−	2	1	1	28	(42)
3	4	7	4	1	3	5	−	2	(43)
4	6	1	1	1	2	3	−	1	(44)
8	11	3	1	1	5	2	1	4	(45)
17	15	2	−	−	−	−	−	38	(46)
11	7	10	7	1	3	5	2	3	(47)
9	12	3	3	3	3	−	1	5	(48)
4	9	6	3	3	4	−	1	−	(49)
2	3	4	3	3	2	1	1	−	(50)
−	2	2	−	−	6	7	2	−	(51)
3	4	9	3	3	2	4	2	−	(52)
6	3	5	1	3	3	6	3	−	(53)
1	4	6	1	−	1	2	4	−	(54)
3	5	5	4	1	2	−	2	2	(55)
5	5	4	3	−	−	−	−	−	(56)
−	2	3	1	4	3	5	1	1	(57)
1	5	8	3	6	7	2	2	−	(58)
23	30	11	3	−	−	1	−	4	(59)
6	7	3	2	1	1	−	−	−	(60)
2	6	4	4	1	3	−	1	−	(61)
9	14	7	7	6	2	3	−	1	(62)
1	2	1	1	2	6	3	2	−	(63)
1	3	5	1	3	5	6	2	−	(64)
5	5	12	4	7	7	3	−	−	(65)
21	15	1	2	1	1	−	−	−	(66)
183	113	64	39	19	24	12	8	40	(67)
30	23	15	9	2	7	9	7	38	(68)
21	33	46	19	20	26	27	17	3	(69)

2　所有形態別林野面積（続き）
(8)　林野率別市区町村数

全国農業地域・都道府県		計	75%以上	81%以上	10%未満	10～20	20～30	30～40
					林野のある市区町村数			
全　　国	(1)	1,749	500	325	232	134	95	122
（全国農業地域）								
北海道	(2)	188	83	48	8	4	4	11
都府県	(3)	1,561	417	277	224	130	91	111
東北	(4)	226	80	48	6	10	7	15
北陸	(5)	83	17	11	6	6	1	10
関東・東山	(6)	419	85	62	138	48	20	19
北関東	(7)	103	16	8	33	17	5	3
南関東	(8)	213	12	8	105	29	15	15
東山	(9)	103	57	46	-	2	-	1
東海	(10)	145	38	27	27	15	14	9
近畿	(11)	194	55	34	18	15	17	25
中国	(12)	117	51	31	3	5	3	4
山陰	(13)	38	25	18	2	-	2	-
山陽	(14)	79	26	13	1	5	1	4
四国	(15)	92	43	33	1	3	6	4
九州	(16)	244	43	28	18	20	16	23
北九州	(17)	175	18	12	16	15	15	21
南九州	(18)	69	25	16	2	5	1	2
沖縄	(19)	41	5	3	7	8	7	2
（都道府県）								
北海道	(20)	188	83	48	8	4	4	11
青森	(21)	37	15	7	1	3	-	2
岩手	(22)	33	20	14	-	1	1	1
宮城	(23)	39	4	1	4	3	5	3
秋田	(24)	25	12	7	1	1	-	1
山形	(25)	34	10	7	-	-	1	2
福島	(26)	58	19	12	-	3	-	6
茨城	(27)	43	3	-	17	13	3	-
栃木	(28)	25	1	1	7	3	1	1
群馬	(29)	35	12	7	9	1	1	2
埼玉	(30)	64	5	3	44	1	4	3
千葉	(31)	57	-	-	17	15	8	6
東京	(32)	37	4	3	18	4	-	-
神奈川	(33)	55	3	2	26	9	3	6
新潟	(34)	35	6	5	6	2	-	4
富山	(35)	14	1	-	-	3	1	1
石川	(36)	17	2	-	-	1	-	2
福井	(37)	17	8	6	-	-	-	3
山梨	(38)	26	16	13	-	1	-	-
長野	(39)	77	41	33	-	1	-	1
岐阜	(40)	34	17	10	-	1	4	4
静岡	(41)	43	9	6	6	3	6	2
愛知	(42)	41	4	4	19	8	3	2
三重	(43)	27	8	7	2	3	1	1
滋賀	(44)	18	1	1	2	4	1	1
京都	(45)	32	14	6	2	1	4	3
大阪	(46)	34	2	-	8	4	4	6
兵庫	(47)	46	14	7	2	4	5	6
奈良	(48)	34	12	11	4	1	3	4
和歌山	(49)	30	12	9	-	1	-	5
鳥取	(50)	19	9	7	2	-	2	-
島根	(51)	19	16	11	-	-	-	-
岡山	(52)	30	9	5	-	3	1	3
広島	(53)	30	10	5	1	2	-	1
山口	(54)	19	7	3	-	-	-	-
徳島	(55)	22	10	8	1	2	1	1
香川	(56)	17	-	-	-	1	5	3
愛媛	(57)	19	8	3	-	-	-	-
高知	(58)	34	25	22	-	-	-	-
福岡	(59)	68	2	2	11	7	10	13
佐賀	(60)	20	-	-	-	4	3	1
長崎	(61)	21	2	2	-	-	-	2
熊本	(62)	48	9	5	5	4	2	4
大分	(63)	18	5	3	-	-	-	1
宮崎	(64)	26	15	10	-	2	-	1
鹿児島	(65)	43	10	6	2	3	1	1
沖縄	(66)	41	5	3	7	8	7	2
関東農政局	(67)	462	94	68	144	51	26	21
東海農政局	(68)	102	29	21	21	12	8	7
中国四国農政局	(69)	209	94	64	4	8	9	8

3　法制上の地域指定に該当している市区町村数

単位：市区町村　　　　単位：市区町村

40〜50	50〜60	60〜70	70〜80	80〜90	90%以上	林野がない市区町村数	過疎地域	半島振興対策実施地域	
131	219	207	259	274	76	147	817	194	(1)
14	24	27	38	50	8	–	149	25	(2)
117	195	180	221	224	68	147	668	169	(3)
19	39	32	46	45	7	5	138	21	(4)
7	9	16	17	9	2	5	34	13	(5)
21	27	42	39	52	13	40	93	9	(6)
9	6	11	11	6	2	1	23	–	(7)
8	11	12	10	6	2	38	18	9	(8)
4	10	19	18	40	9	1	52	–	(9)
11	15	13	12	18	11	38	37	24	(10)
15	22	17	27	25	13	51	59	45	(11)
8	19	17	27	25	6	–	79	8	(12)
–	4	3	9	14	4	–	31	2	(13)
8	15	14	18	11	2	–	48	6	(14)
7	12	8	18	26	7	3	66	9	(15)
26	46	33	32	21	9	5	144	40	(16)
21	33	23	18	11	2	5	86	22	(17)
5	13	10	14	10	7	–	58	18	(18)
3	6	2	3	3	–	–	18	–	(19)
14	24	27	38	50	8	–	149	25	(20)
2	5	7	8	7	2	3	29	17	(21)
2	3	2	10	12	2	–	24	–	(22)
6	7	3	7	1	–	–	10	–	(23)
1	6	3	5	6	1	–	23	4	(24)
2	10	7	4	8	–	1	21	–	(25)
6	8	10	12	11	2	1	31	–	(26)
3	–	4	3	–	–	1	5	–	(27)
4	2	6	–	1	–	–	4	–	(28)
2	4	1	8	5	2	–	14	–	(29)
2	1	2	4	3	–	8	4	–	(30)
3	4	4	–	–	–	2	7	9	(31)
2	3	5	2	1	2	25	6	–	(32)
1	3	1	4	2	–	3	1	–	(33)
3	4	6	5	5	–	2	14	–	(34)
3	1	3	2	–	–	1	4	1	(35)
1	3	5	5	–	–	2	10	12	(36)
–	1	2	5	4	2	–	6	–	(37)
1	1	5	4	10	4	1	15	–	(38)
3	9	14	14	30	5	–	37	–	(39)
2	3	2	7	8	3	8	14	–	(40)
6	4	5	4	5	2	–	9	8	(41)
2	2	1	–	1	3	28	5	–	(42)
1	6	5	1	4	3	2	9	16	(43)
1	6	2	–	1	–	1	2	–	(44)
3	1	2	10	6	–	4	10	4	(45)
4	3	2	2	1	–	38	1	–	(46)
3	7	3	7	9	–	3	10	–	(47)
2	3	3	3	3	8	5	18	12	(48)
2	2	5	5	5	5	–	18	29	(49)
–	2	3	3	5	2	–	12	–	(50)
–	2	–	6	9	2	–	19	2	(51)
3	2	6	7	3	2	–	20	–	(52)
3	6	5	7	5	–	–	16	2	(53)
2	7	3	4	3	–	–	12	4	(54)
1	4	2	2	6	2	2	13	–	(55)
2	1	4	1	–	–	–	8	–	(56)
2	4	1	9	3	–	1	17	3	(57)
2	3	1	6	17	5	–	28	6	(58)
5	9	9	2	2	–	4	21	–	(59)
5	7	–	–	–	–	–	9	3	(60)
7	7	3	–	2	–	–	13	10	(61)
3	7	6	11	4	2	1	27	5	(62)
1	3	5	5	3	–	–	16	4	(63)
1	3	1	8	6	4	–	17	2	(64)
4	10	9	6	4	3	–	41	16	(65)
3	6	2	3	3	–	–	18	–	(66)
27	31	47	43	57	15	40	102	17	(67)
5	11	8	8	13	9	38	28	16	(68)
15	31	25	45	51	13	3	145	17	(69)

［全国森林計画（広域流域）別］

1　所有形態別林野面積
(1)　総括表

全国森林計画 （広域流域）	林野面積						
	合計			現況森林面積			
	計	国有	民有	計	国有	民有	計
天　　塩　　川　(1)	936,926	504,230	432,696	910,177	493,154	417,023	26,749
石　　狩　　川　(2)	1,117,732	669,070	448,662	1,101,915	661,758	440,157	15,817
網走・湧別川　(3)	748,890	404,606	344,284	741,845	402,912	338,933	7,045
十勝・釧路川　(4)	1,285,718	693,381	592,337	1,190,788	648,756	542,032	94,930
沙　　流　　川　(5)	549,609	274,788	274,821	541,510	272,454	269,056	8,099
渡島・尻別川　(6)	864,893	369,505	495,388	826,799	360,052	466,747	38,094
岩　　木　　川　(7)	316,560	218,459	98,101	313,613	216,439	97,174	2,947
馬　　淵　　川　(8)	493,285	210,912	282,373	481,740	206,228	275,512	11,545
閉　　伊　　川　(9)	464,476	118,759	345,717	460,730	116,712	344,018	3,746
北　　上　　川　(10)	752,069	267,571	484,498	742,281	260,977	481,304	9,788
米代・雄物川　(11)	832,517	371,837	460,680	817,659	371,368	446,291	14,858
最　　上　　川　(12)	644,986	328,051	316,935	643,605	327,551	316,054	1,381
阿　武　隈　川　(13)	633,788	225,725	408,063	629,841	224,102	405,739	3,947
阿　賀　野　川　(14)	691,001	280,594	410,407	689,715	280,425	409,290	1,286
信　　濃　　川　(15)	1,106,666	301,299	805,367	1,096,629	298,092	798,537	10,037
那　　珂　　川　(16)	323,845	99,604	224,241	322,389	99,329	223,060	1,456
利　　根　　川　(17)	1,028,921	287,783	741,138	1,019,864	285,171	734,693	9,057
相　　模　　川　(18)	203,392	11,943	191,449	201,342	9,893	191,449	2,050
富　　士　　川　(19)	599,837	67,903	531,934	595,408	66,584	528,824	4,429
天　　竜　　川　(20)	450,063	86,274	363,789	448,539	85,940	362,599	1,524
神通・庄川　(21)	532,040	159,690	372,350	530,376	159,297	371,079	1,664
九　頭　竜　川　(22)	501,287	56,014	445,273	500,124	55,787	444,337	1,163
木　　曽　　川　(23)	904,017	148,307	755,710	902,618	147,938	754,680	1,399
由　　良　　川　(24)	271,688	11,798	259,890	271,569	11,681	259,888	119
淀　　　　　川　(25)	529,024	25,736	503,288	527,855	24,640	503,215	1,169
宮　　　　　川　(26)	245,593	10,403	235,190	245,537	10,377	235,160	56
熊　　野　　川　(27)	430,418	30,946	399,472	430,296	30,878	399,418	122
紀　　ノ　　川　(28)	229,367	7,340	222,027	229,343	7,323	222,020	24
加　　古　　川　(29)	386,605	23,473	363,132	386,011	23,125	362,886	594
高梁・吉井川　(30)	519,681	40,614	479,067	515,223	39,950	475,273	4,458
円山・千代川　(31)	434,975	36,101	398,874	433,658	35,869	397,789	1,317
江　　の　　川　(32)	612,841	32,640	580,201	607,565	32,357	575,208	5,276
芦田・佐波川　(33)	678,647	38,932	639,715	670,113	38,719	631,394	8,534
高　　津　　川　(34)	263,106	15,348	247,758	261,938	14,973	246,965	1,168
重信・肱川　(35)	355,868	26,067	329,801	355,185	25,965	329,220	683
吉野・仁淀川　(36)	706,754	96,230	610,524	704,031	94,682	609,349	2,723
四　万　十　川　(37)	332,884	65,022	267,862	332,545	65,015	267,530	339
遠賀・大野川　(38)	461,115	51,318	409,797	459,110	50,134	408,976	2,005
筑　　後　　川　(39)	326,373	39,187	287,186	321,862	34,980	286,882	4,511
本　　明　　川　(40)	246,301	24,096	222,205	241,657	23,312	218,345	4,644
菊池・球磨川　(41)	466,250	62,968	403,282	457,635	61,399	396,236	8,615
大　　淀　　川　(42)	585,908	176,561	409,347	584,379	175,975	408,404	1,529
川内・肝属川　(43)	588,683	150,486	438,197	584,839	148,617	436,222	3,844
沖　　　　　縄　(44)	115,602	31,767	83,835	106,409	31,550	74,859	9,193

(2) 林野面積

| 森林以外の草生地 | | 合計 | 国有 | | | 民有 | | 公有 | | |
国有	民有		計	林野庁	林野庁以外の官庁	計	独立行政法人等	小計	都道府県	
11,076	15,673	936,926	504,230	492,623	11,607	432,696	47,322	151,011	107,097	(1)
7,312	8,505	1,117,732	669,070	649,257	19,813	448,662	57,737	172,621	119,782	(2)
1,694	5,351	748,890	404,606	401,803	2,803	344,284	851	144,599	109,419	(3)
44,625	50,305	1,285,718	693,381	649,176	44,205	592,337	21,129	183,301	80,931	(4)
2,334	5,765	549,609	274,788	271,669	3,119	274,821	8,585	124,824	76,601	(5)
9,453	28,641	864,893	369,505	361,747	7,758	495,388	8,264	187,911	126,771	(6)
2,020	927	316,560	218,459	217,592	867	98,101	5,029	20,332	6,476	(7)
4,684	6,861	493,285	210,912	208,951	1,961	282,373	8,917	46,977	23,398	(8)
2,047	1,699	464,476	118,759	118,690	69	345,717	10,096	78,012	41,096	(9)
6,594	3,194	752,069	267,571	261,111	6,460	484,498	17,101	97,079	39,630	(10)
469	14,389	832,517	371,837	371,656	181	460,680	14,192	109,838	12,322	(11)
500	881	644,986	328,051	327,851	200	316,935	7,138	50,888	2,758	(12)
1,623	2,324	633,788	225,725	223,375	2,350	408,063	10,372	61,691	11,108	(13)
169	1,117	691,001	280,594	279,900	694	410,407	8,276	70,914	4,627	(14)
3,207	6,830	1,106,666	301,299	299,346	1,953	805,367	16,590	168,245	15,389	(15)
275	1,181	323,845	99,604	99,313	291	224,241	1,052	13,732	7,358	(16)
2,612	6,445	1,028,921	287,783	285,497	2,286	741,138	20,491	91,226	44,705	(17)
2,050	–	203,392	11,943	9,878	2,065	191,449	4,982	97,585	78,811	(18)
1,319	3,110	599,837	67,903	64,628	3,275	531,934	15,302	176,319	129,675	(19)
334	1,190	450,063	86,274	86,260	14	363,789	24,389	83,907	10,441	(20)
393	1,271	532,040	159,690	158,750	940	372,350	20,793	71,779	16,537	(21)
227	936	501,287	56,014	54,514	1,500	445,273	17,933	63,991	32,127	(22)
369	1,030	904,017	148,307	147,785	522	755,710	18,796	118,526	29,684	(23)
117	2	271,688	11,798	11,301	497	259,890	11,329	25,935	11,609	(24)
1,096	73	529,024	25,736	22,371	3,365	503,288	10,841	60,057	12,406	(25)
26	30	245,593	10,403	10,224	179	235,190	9,811	18,477	2,729	(26)
68	54	430,418	30,946	30,113	833	399,472	19,636	40,611	12,008	(27)
17	7	229,367	7,340	7,336	4	222,027	6,110	11,615	1,292	(28)
348	246	386,605	23,473	22,078	1,395	363,132	12,074	42,272	5,765	(29)
664	3,794	519,681	40,614	38,566	2,048	479,067	9,376	79,875	7,354	(30)
232	1,085	434,975	36,101	35,720	381	398,874	29,508	73,403	5,978	(31)
283	4,993	612,841	32,640	32,331	309	580,201	36,527	64,998	16,679	(32)
213	8,321	678,647	38,932	37,677	1,255	639,715	13,410	91,015	13,040	(33)
375	793	263,106	15,348	15,004	344	247,758	11,473	37,016	208	(34)
102	581	355,868	26,067	25,464	603	329,801	4,810	38,377	5,647	(35)
1,548	1,175	706,754	96,230	95,783	447	610,524	18,747	50,369	13,515	(36)
7	332	332,884	65,022	64,820	202	267,862	14,121	34,384	6,781	(37)
1,184	821	461,115	51,318	48,973	2,345	409,797	15,104	41,039	18,043	(38)
4,207	304	326,373	39,187	34,201	4,986	287,186	7,087	32,840	6,035	(39)
784	3,860	246,301	24,096	22,812	1,284	222,205	2,472	43,267	6,587	(40)
1,569	7,046	466,250	62,968	61,167	1,801	403,282	14,396	63,960	11,173	(41)
586	943	585,908	176,561	175,036	1,525	409,347	26,352	50,600	13,770	(42)
1,869	1,975	588,683	150,486	149,362	1,124	438,197	9,678	74,344	7,129	(43)
217	8,976	115,602	31,767	31,459	308	83,835	70	48,136	5,619	(44)

1　所有形態別林野面積（続き）
（2）　林野面積（続き）　　　　　　　　　　　　　　（3）　現況森林面積

単位：ha

| 全国森林計画
（広域流域） | | 民有（続き） | | | | 合計 | 国有 | |
| | | 公有（続き） | | | | | | |
		森林整備法人 （林業・造林公社）	市区町村	財産区	私有		計	林野庁
天　塩　川	(1)	－	43,914	－	234,363	910,177	493,154	491,416
石　狩　川	(2)	31	52,808	－	218,304	1,101,915	661,758	648,107
網走・湧別川	(3)	9	35,171	－	198,834	741,845	402,912	401,394
十勝・釧路川	(4)	－	102,370	－	387,907	1,190,788	648,756	645,781
沙　流　川	(5)	－	48,223	－	141,412	541,510	272,454	271,305
渡島・尻別川	(6)	17	61,123	－	299,213	826,799	360,052	358,890
岩　木　川	(7)	－	5,203	8,653	72,740	313,613	216,439	215,942
馬　淵　川	(8)	－	17,902	5,677	226,479	481,740	206,228	205,522
閉　伊　川	(9)	－	31,472	5,444	257,609	460,730	116,712	116,644
北　上　川	(10)	4,388	50,568	2,493	370,318	742,281	260,977	257,988
米代・雄物川	(11)	27,578	53,527	16,411	336,650	817,659	371,368	371,282
最　上　川	(12)	16,359	14,563	17,208	258,909	643,605	327,551	327,413
阿　武　隈　川	(13)	9,932	28,193	12,458	336,000	629,841	224,102	222,952
阿　賀　野　川	(14)	15,509	36,062	14,716	331,217	689,715	280,425	279,810
信　濃　川	(15)	13,712	110,595	28,549	620,532	1,096,629	298,092	297,708
那　珂　川	(16)	90	5,135	1,149	209,457	322,389	99,329	99,050
利　根　川	(17)	6,146	32,466	7,909	629,421	1,019,864	285,171	283,850
相　模　川	(18)	－	9,145	9,629	88,882	201,342	9,893	9,796
富　士　川	(19)	－	26,896	19,748	340,313	595,408	66,584	64,376
天　竜　川	(20)	8,293	39,016	26,157	255,493	448,539	85,940	85,927
神通・庄川	(21)	18,717	32,677	3,848	279,778	530,376	159,297	158,357
九　頭　竜　川	(22)	15,103	15,598	1,163	363,349	500,124	55,787	54,291
木　曽　川	(23)	19,362	45,008	24,472	618,388	902,618	147,938	147,416
由　良　川	(24)	－	9,045	5,281	222,626	271,569	11,681	11,226
淀　川	(25)	22,915	6,975	17,761	432,390	527,855	24,640	22,170
宮　川	(26)	－	10,875	4,873	206,902	245,537	10,377	10,199
熊　野　川	(27)	962	24,966	2,675	339,225	430,296	30,878	30,045
紀　ノ　川	(28)	2,755	4,080	3,488	204,302	229,343	7,323	7,319
加　古　川	(29)	9,183	20,883	6,441	308,786	386,011	23,125	21,995
高梁・吉井川	(30)	24,027	36,176	12,318	389,816	515,223	39,950	38,420
円山・千代川	(31)	30,638	22,348	14,439	295,963	433,658	35,869	35,514
江　の　川	(32)	21,233	25,530	1,556	478,676	607,565	32,357	32,111
芦田・佐波川	(33)	7,799	61,603	8,573	535,290	670,113	38,719	37,569
高　津　川	(34)	9,450	26,588	770	199,269	261,938	14,973	14,895
重信・肱川	(35)	－	21,014	11,716	286,614	355,185	25,965	25,413
吉野・仁淀川	(36)	15,328	19,912	1,614	541,408	704,031	94,682	94,263
四　万　十　川	(37)	9,448	16,901	1,254	219,357	332,545	65,015	64,813
遠賀・大野川	(38)	－	21,808	1,188	353,654	459,110	50,134	48,401
筑　後　川	(39)	－	22,640	4,165	247,259	321,862	34,980	33,720
本　明　川	(40)	14,260	21,431	989	176,466	241,657	23,312	22,549
菊池・球磨川	(41)	8,961	37,268	6,558	324,926	457,635	61,399	61,131
大　淀　川	(42)	9,686	27,056	88	332,395	584,379	175,975	174,952
川内・肝属川	(43)	9,628	57,587	－	354,175	584,839	148,617	148,154
沖　縄	(44)	－	42,517	－	35,629	106,409	31,550	31,388

単位：ha

林野庁以外の官庁	計	独立行政法人等	民有						
			公有					私有	
			小計	都道府県	森林整備法人（林業・造林公社）	市区町村	財産区		
1,738	417,023	47,322	149,495	107,093	–	42,402	–	220,206	(1)
13,651	440,157	57,730	171,666	119,663	31	51,972	–	210,761	(2)
1,518	338,933	851	143,982	109,400	9	34,573	–	194,100	(3)
2,975	542,032	20,674	173,943	80,886	–	93,057	–	347,415	(4)
1,149	269,056	8,585	123,708	76,569	–	47,139	–	136,763	(5)
1,162	466,747	8,264	184,344	126,729	17	57,598	–	274,139	(6)
497	97,174	5,029	19,855	6,476	–	4,922	8,457	72,290	(7)
706	275,512	8,917	43,891	23,390	–	15,016	5,485	222,704	(8)
68	344,018	10,096	77,839	41,004	–	31,391	5,444	256,083	(9)
2,989	481,304	16,915	95,066	39,527	4,388	48,666	2,485	369,323	(10)
86	446,291	14,192	103,953	12,275	27,578	49,168	14,932	328,146	(11)
138	316,054	7,138	50,622	2,757	16,359	14,298	17,208	258,294	(12)
1,150	405,739	10,372	61,158	10,808	9,932	28,027	12,391	334,209	(13)
615	409,290	8,275	70,725	4,510	15,507	35,992	14,716	330,290	(14)
384	798,537	16,505	166,506	15,265	13,712	109,755	27,774	615,526	(15)
279	223,060	1,052	13,220	7,257	90	4,941	932	208,788	(16)
1,321	734,693	20,489	90,968	44,475	6,146	32,438	7,909	623,236	(17)
97	191,449	4,982	97,585	78,811	–	9,145	9,629	88,882	(18)
2,208	528,824	15,270	174,505	129,671	–	26,829	18,005	339,049	(19)
13	362,599	24,381	83,480	10,382	8,282	38,706	26,110	254,738	(20)
940	371,079	20,793	71,099	16,537	18,716	31,998	3,848	279,187	(21)
1,496	444,337	17,933	63,920	32,104	15,101	15,552	1,163	362,484	(22)
522	754,680	18,796	117,914	29,266	19,360	44,820	24,468	617,970	(23)
455	259,888	11,329	25,935	11,609	–	9,045	5,281	222,624	(24)
2,470	503,215	10,841	60,057	12,406	22,915	6,975	17,761	432,317	(25)
178	235,160	9,811	18,477	2,729	–	10,875	4,873	206,872	(26)
833	399,418	19,636	40,611	12,008	962	24,966	2,675	339,171	(27)
4	222,020	6,110	11,615	1,292	2,755	4,080	3,488	204,295	(28)
1,130	362,886	12,067	42,148	5,682	9,182	20,857	6,427	308,671	(29)
1,530	475,273	9,376	79,409	7,336	24,027	35,910	12,136	386,488	(30)
355	397,789	29,471	73,093	5,977	30,638	22,321	14,157	295,225	(31)
246	575,208	36,527	64,759	16,673	21,233	25,302	1,551	473,922	(32)
1,150	631,394	13,410	89,393	12,948	7,799	60,077	8,569	528,591	(33)
78	246,965	11,473	36,976	207	9,448	26,551	770	198,516	(34)
552	329,220	4,810	38,208	5,647	–	20,893	11,668	286,202	(35)
419	609,349	18,747	50,154	13,474	15,327	19,739	1,614	540,448	(36)
202	267,530	14,121	34,293	6,781	9,448	16,810	1,254	219,116	(37)
1,733	408,976	15,104	40,853	18,042	–	21,623	1,188	353,019	(38)
1,260	286,882	7,084	32,729	6,035	–	22,529	4,165	247,069	(39)
763	218,345	2,472	42,805	6,586	14,260	20,970	989	173,068	(40)
268	396,236	14,396	60,702	11,112	8,961	34,861	5,768	321,138	(41)
1,023	408,404	26,352	50,529	13,768	9,686	26,987	88	331,523	(42)
463	436,222	9,678	73,434	7,125	9,628	56,681	–	353,110	(43)
162	74,859	70	46,284	5,619	–	40,665	–	28,505	(44)

1 所有形態別林野面積（続き）
(4) 現況森林面積のうち、森林計画対象

全国森林計画 （広域流域）	合計	国有 （林野庁）	計	独立行政 法人等	民有 公有 小計	都道府県	森林整備法人 （林業・造林公社）
天　塩　川　(1)	908,405	491,382	417,023	47,322	149,495	107,093	－
石　狩　川　(2)	1,087,859	648,102	439,757	57,730	171,520	119,663	31
網走・湧別川　(3)	739,987	401,393	338,594	826	143,936	109,400	9
十勝・釧路川　(4)	1,187,616	645,779	541,837	20,674	173,767	80,886	－
沙　流　川　(5)	540,254	271,304	268,950	8,585	123,648	76,556	－
渡島・尻別川　(6)	825,599	358,864	466,735	8,264	184,335	126,729	17
岩　木　川　(7)	313,116	215,942	97,174	5,029	19,855	6,476	－
馬　淵　川　(8)	480,910	205,522	275,388	8,917	43,883	23,386	－
閉　伊　川　(9)	460,657	116,644	344,013	10,096	77,839	41,004	－
北　上　川　(10)	738,745	257,988	480,757	16,915	94,916	39,378	4,388
米代・雄物川　(11)	817,566	371,282	446,284	14,192	103,953	12,275	27,578
最　上　川　(12)	643,467	327,413	316,054	7,138	50,622	2,757	16,359
阿　武　隈　川　(13)	628,434	222,952	405,482	10,372	61,141	10,808	9,932
阿　賀　野　川　(14)	689,100	279,810	409,290	8,275	70,725	4,510	15,507
信　濃　川　(15)	1,087,349	297,708	789,641	16,490	166,498	15,265	13,712
那　珂　川　(16)	316,235	99,050	217,185	908	12,586	7,224	90
利　根　川　(17)	1,007,411	283,519	723,892	20,246	90,230	44,372	6,146
相　模　川　(18)	196,965	9,796	187,169	4,974	97,504	78,806	－
富　士　川　(19)	589,868	64,376	525,492	15,270	173,005	129,670	－
天　竜　川　(20)	445,160	85,927	359,233	24,368	83,436	10,379	8,282
神通・庄川　(21)	529,106	158,357	370,749	20,792	71,071	16,536	18,715
九　頭　竜　川　(22)	498,617	54,291	444,326	17,933	63,919	32,104	15,101
木　曽　川　(23)	900,380	147,416	752,964	18,791	117,699	29,258	19,360
由　良　川　(24)	270,824	11,226	259,598	11,329	25,906	11,602	－
淀　川　(25)	520,619	22,112	498,507	10,793	58,840	11,670	22,915
宮　川　(26)	245,344	10,199	235,145	9,811	18,477	2,729	－
熊　野　川　(27)	429,027	30,045	398,982	19,636	40,604	12,008	962
紀　ノ　川　(28)	229,077	7,319	221,758	6,088	11,615	1,292	2,755
加　古　川　(29)	382,301	21,995	360,306	12,040	41,984	5,680	9,182
高梁・吉井川　(30)	513,087	38,420	474,667	9,376	79,409	7,336	24,027
円山・千代川　(31)	433,055	35,514	397,541	29,471	72,850	5,977	30,638
江　の　川　(32)	597,190	32,111	565,079	36,527	64,621	16,535	21,233
芦田・佐波川　(33)	668,278	37,569	630,709	13,410	89,337	12,932	7,799
高　津　川　(34)	261,474	14,895	246,579	11,473	36,940	191	9,448
重信・肱川　(35)	352,902	25,413	327,489	4,810	38,200	5,646	－
吉野・仁淀川　(36)	702,251	93,590	608,661	18,706	50,060	13,471	15,318
四　万　十　川　(37)	331,470	64,810	266,660	14,105	34,055	6,749	9,367
遠賀・大野川　(38)	454,047	48,401	405,646	15,104	40,845	18,041	－
筑　後　川　(39)	318,224	33,720	284,504	7,084	32,697	6,034	－
本　明　川　(40)	240,879	22,549	218,330	2,457	42,805	6,586	14,260
菊池・球磨川　(41)	456,857	61,088	395,769	14,396	60,575	10,995	8,961
大　淀　川　(42)	582,637	174,568	408,069	26,331	50,482	13,767	9,686
川内・肝属川　(43)	584,229	148,154	436,075	9,678	73,416	7,125	9,628
沖　縄　(44)	106,054	31,324	74,730	70	46,283	5,619	－

（5）　現況森林面積のうち、森林計画対象の人工林

単位：ha　　　　　　　　　　　　　　　　　　　　　　　　　　　　　　単位：ha

市区町村	財産区	私有	合計	国有(林野庁)	民有 計	独立行政法人等	公有 小計	都道府県	
42,402	–	220,206	237,387	107,371	130,016	5,813	44,303	23,076	(1)
51,826	–	210,507	285,085	144,271	140,814	12,316	54,343	31,174	(2)
34,527	–	193,832	279,460	125,111	154,349	489	52,066	30,335	(3)
92,881	–	347,396	333,855	137,818	196,037	12,913	65,750	19,408	(4)
47,092	–	136,717	118,164	45,381	72,783	3,856	24,980	11,518	(5)
57,589	–	274,136	212,101	81,605	130,496	7,117	39,927	20,149	(6)
4,922	8,457	72,290	123,133	73,009	50,124	4,820	13,323	6,143	(7)
15,012	5,485	222,588	219,891	80,482	139,409	8,456	32,534	21,226	(8)
31,391	5,444	256,078	183,924	52,731	131,193	8,930	49,933	35,091	(9)
48,665	2,485	368,926	351,450	108,076	243,374	13,672	67,404	31,804	(10)
49,168	14,932	328,139	405,984	150,321	255,663	11,632	67,459	7,796	(11)
14,298	17,208	258,294	185,536	60,741	124,795	5,715	25,651	1,745	(12)
28,010	12,391	333,969	293,224	109,153	184,071	8,389	41,262	8,905	(13)
35,992	14,716	330,290	144,459	40,491	103,968	6,722	24,229	2,429	(14)
109,747	27,774	606,653	329,675	57,490	272,185	13,008	74,312	9,355	(15)
4,441	831	203,691	179,683	59,035	120,648	743	8,394	4,762	(16)
31,804	7,908	613,416	446,473	95,676	350,797	11,554	46,427	22,317	(17)
9,069	9,629	84,691	91,107	4,747	86,360	4,513	42,377	33,513	(18)
26,662	16,673	337,217	286,051	32,634	253,417	12,431	74,254	50,947	(19)
38,690	26,085	251,429	239,105	30,482	208,623	17,958	47,839	7,953	(20)
31,972	3,848	278,886	153,263	38,686	114,577	15,312	27,085	3,869	(21)
15,551	1,163	362,474	192,526	5,867	186,659	12,075	37,097	16,977	(22)
44,623	24,458	616,474	478,046	75,161	402,885	15,232	68,722	11,982	(23)
9,023	5,281	222,363	100,419	4,537	95,882	7,084	13,955	7,550	(24)
6,698	17,557	428,874	253,322	7,839	245,483	5,325	34,693	7,105	(25)
10,875	4,873	206,857	148,176	5,773	142,403	7,901	8,180	2,045	(26)
24,959	2,675	338,742	259,785	14,423	245,362	14,710	17,492	5,381	(27)
4,080	3,488	204,055	145,341	5,171	140,170	4,859	6,400	857	(28)
20,695	6,427	306,282	145,925	13,172	132,753	10,269	18,717	1,146	(29)
35,910	12,136	385,882	216,948	26,856	190,092	7,788	50,765	5,482	(30)
22,321	13,914	295,220	233,062	19,574	213,488	24,375	49,527	3,874	(31)
25,302	1,551	463,931	242,843	22,020	220,823	31,865	49,628	12,365	(32)
60,037	8,569	527,962	241,544	21,441	220,103	12,012	49,665	9,711	(33)
26,531	770	198,166	100,796	9,033	91,763	9,735	24,262	101	(34)
20,886	11,668	284,479	181,682	15,201	166,481	3,847	21,332	3,546	(35)
19,657	1,614	539,895	454,119	56,405	397,714	17,297	37,728	10,434	(36)
16,685	1,254	218,500	208,965	53,610	155,355	13,642	28,021	5,752	(37)
21,617	1,187	349,697	225,178	26,609	198,569	14,029	27,269	15,895	(38)
22,498	4,165	244,723	216,621	21,060	195,561	6,537	24,160	5,178	(39)
20,970	989	173,068	104,590	12,998	91,592	2,329	26,870	4,963	(40)
34,851	5,768	320,798	279,001	37,683	241,318	13,085	39,758	7,703	(41)
26,941	88	331,256	332,219	100,155	232,064	19,040	36,649	9,832	(42)
56,663	–	352,981	273,971	74,872	199,099	5,941	34,175	4,543	(43)
40,664	–	28,377	12,234	1,854	10,380	4	7,834	1,723	(44)

1 所有形態別林野面積（続き）
(5) 現況森林面積のうち、森林計画対象の人工林（続き）　　　　　(6) 森林以外の草生地

単位：ha

全国森林計画 （広域流域）	民有（続き）				合計	国有	
	公有（続き）			私有		計	林野庁
	森林整備法人 （林業・造林公社）	市区町村	財産区				
天　　塩　　川　(1)	-	21,227	-	79,900	26,749	11,076	1,207
石　　狩　　川　(2)	31	23,138	-	74,155	15,817	7,312	1,150
網走・湧別川　(3)	9	21,722	-	101,794	7,045	1,694	409
十勝・釧路川　(4)	-	46,342	-	117,374	94,930	44,625	3,395
沙　　流　　川　(5)	-	13,462	-	43,947	8,099	2,334	364
渡島・尻別川　(6)	17	19,761	-	83,452	38,094	9,453	2,857
岩　　木　　川　(7)	-	2,935	4,245	31,981	2,947	2,020	1,650
馬　　淵　　川　(8)	-	8,399	2,909	98,419	11,545	4,684	3,429
閉　　伊　　川　(9)	-	14,135	707	72,330	3,746	2,047	2,046
北　　上　　川　(10)	4,146	30,518	936	162,298	9,788	6,594	3,123
米代・雄物川　(11)	24,049	30,179	5,435	176,572	14,858	469	374
最　　上　　川　(12)	15,503	5,375	3,028	93,429	1,381	500	438
阿　武　隈　川　(13)	9,409	17,023	5,925	134,420	3,947	1,623	423
阿　賀　野　川　(14)	14,143	5,350	2,307	73,017	1,286	169	90
信　　濃　　川　(15)	11,788	38,814	14,355	184,865	10,037	3,207	1,638
那　　珂　　川　(16)	84	3,061	487	111,511	1,456	275	263
利　　根　　川　(17)	5,707	15,470	2,933	292,816	9,057	2,612	1,647
相　　模　　川　(18)	-	4,389	4,475	39,470	2,050	2,050	82
富　　士　　川　(19)	-	15,373	7,934	166,732	4,429	1,319	252
天　　竜　　川　(20)	6,496	20,236	13,154	142,826	1,524	334	333
神通・庄　川　(21)	16,869	6,055	292	72,180	1,664	393	393
九　頭　竜　川　(22)	13,025	6,825	270	137,487	1,163	227	223
木　　曽　　川　(23)	17,329	24,854	14,557	318,931	1,399	369	369
由　　良　　川　(24)	-	4,868	1,537	74,843	119	117	75
淀　　　　　川　(25)	17,599	2,562	7,427	205,465	1,169	1,096	201
宮　　　　　川　(26)	-	4,812	1,323	126,322	56	26	25
熊　　野　　川　(27)	858	10,911	342	213,160	122	68	68
紀　　ノ　　川　(28)	2,467	1,564	1,512	128,911	24	17	17
加　　古　　川　(29)	7,380	7,310	2,881	103,767	594	348	83
高梁・吉井川　(30)	23,846	17,040	4,397	131,539	4,458	664	146
円山・千代川　(31)	26,580	12,783	6,290	139,586	1,317	232	206
江　　の　　川　(32)	20,057	16,522	684	139,330	5,276	283	220
芦田・佐波川　(33)	7,304	29,922	2,728	158,426	8,534	213	108
高　　津　　川　(34)	8,802	15,207	152	57,766	1,168	375	109
重信・肱　川　(35)	-	11,207	6,579	141,302	683	102	51
吉野・仁淀川　(36)	12,509	14,005	780	342,689	2,723	1,548	1,520
四　万　十　川　(37)	8,953	12,533	783	113,692	339	7	7
遠賀・大野川　(38)	-	10,585	789	157,271	2,005	1,184	572
筑　　後　　川　(39)	-	15,872	3,110	164,864	4,511	4,207	481
本　　明　　川　(40)	11,383	9,790	734	62,393	4,644	784	263
菊池・球磨川　(41)	8,437	21,264	2,354	188,475	8,615	1,569	36
大　　淀　　川　(42)	8,825	17,948	44	176,375	1,529	586	84
川内・肝属川　(43)	9,126	20,506	-	158,983	3,844	1,869	1,208
沖　　　　　縄　(44)	-	6,111	-	2,542	9,193	217	71

単位：ha

林野庁 以外の官庁	計	独立行政 法人等	民有						
			公有					私有	
			小計	都道府県	森林整備法人 （林業・造林公社）	市区町村	財産区		
9,869	15,673	−	1,516	4	−	1,512	−	14,157	(1)
6,162	8,505	7	955	119	−	836	−	7,543	(2)
1,285	5,351		617	19	−	598	−	4,734	(3)
41,230	50,305	455	9,358	45	−	9,313	−	40,492	(4)
1,970	5,765	−	1,116	32	−	1,084	−	4,649	(5)
6,596	28,641	−	3,567	42	−	3,525	−	25,074	(6)
370	927	−	477	−	−	281	196	450	(7)
1,255	6,861	−	3,086	8	−	2,886	192	3,775	(8)
1	1,699	−	173	92	−	81	−	1,526	(9)
3,471	3,194	186	2,013	103	−	1,902	8	995	(10)
95	14,389	−	5,885	47	−	4,359	1,479	8,504	(11)
62	881	−	266	1	−	265	−	615	(12)
1,200	2,324	−	533	300	−	166	67	1,791	(13)
79	1,117	1	189	117	2	70	−	927	(14)
1,569	6,830	85	1,739	124	−	840	775	5,006	(15)
12	1,181	−	512	101	−	194	217	669	(16)
965	6,445	2	258	230	−	28	−	6,185	(17)
1,968	−	−	−	−	−	−	−	−	(18)
1,067	3,110	32	1,814	4	−	67	1,743	1,264	(19)
1	1,190	8	427	59	11	310	47	755	(20)
−	1,271	−	680	−	1	679	−	591	(21)
4	936	−	71	23	2	46	−	865	(22)
−	1,030	−	612	418	2	188	4	418	(23)
42	2	−	−	−	−	−	−	2	(24)
895	73	−	−	−	−	−	−	73	(25)
1	30	−	−	−	−	−	−	30	(26)
−	54	−	−	−	−	−	−	54	(27)
−	7	−	−	−	−	−	−	7	(28)
265	246	7	124	83	1	26	14	115	(29)
518	3,794	−	466	18	−	266	182	3,328	(30)
26	1,085	37	310	1	−	27	282	738	(31)
63	4,993	−	239	6	−	228	5	4,754	(32)
105	8,321	−	1,622	92	−	1,526	4	6,699	(33)
266	793	−	40	1	2	37	−	753	(34)
51	581	−	169	−	−	121	48	412	(35)
28	1,175	−	215	41	1	173	−	960	(36)
−	332	−	91	−	−	91	−	241	(37)
612	821	−	186	1	−	185	−	635	(38)
3,726	304	3	111	−	−	111	−	190	(39)
521	3,860	−	462	1	−	461	−	3,398	(40)
1,533	7,046	−	3,258	61	−	2,407	790	3,788	(41)
502	943	−	71	2	−	69	−	872	(42)
661	1,975	−	910	4	−	906	−	1,065	(43)
146	8,976	−	1,852	−	−	1,852	−	7,124	(44)

［森林計画区別］

1 所有形態別林野面積
(1) 総括表

森林計画区			林野面積							
			合計			現況森林面積			森林以外の	
			計	国有	民有	計	国有	民有	計	国有
渡 島 檜 山	(1)		534,467	246,134	288,333	515,768	242,761	273,007	18,699	3,373
後 志 胆 振	(2)		330,426	123,371	207,055	311,031	117,291	193,740	19,395	6,080
胆 振 東 部	(3)		164,128	61,160	102,968	159,057	60,118	98,939	5,071	1,042
日 高	(4)		385,481	213,628	171,853	382,453	212,336	170,117	3,028	1,292
石 狩 空 知	(5)		725,198	422,524	302,674	710,891	416,514	294,377	14,307	6,010
上 川 南 部	(6)		392,534	246,546	145,988	391,024	245,244	145,780	1,510	1,302
上 川 北 部	(7)		322,896	158,721	164,175	319,832	157,696	162,136	3,064	1,025
留 萌	(8)		279,558	179,364	100,194	275,038	176,858	98,180	4,520	2,506
宗 谷	(9)		334,472	166,145	168,327	315,307	158,600	156,707	19,165	7,545
網 走 西 部	(10)		375,145	181,812	193,333	371,752	180,732	191,020	3,393	1,080
網 走 東 部	(11)		373,745	222,794	150,951	370,093	222,180	147,913	3,652	614
釧 路 根 室	(12)		606,752	300,143	306,609	527,565	259,912	267,653	79,187	40,231
十 勝	(13)		678,966	393,238	285,728	663,223	388,844	274,379	15,743	4,394
津 軽	(14)		206,453	152,670	53,783	204,370	151,166	53,204	2,083	1,504
東 青	(15)		110,107	65,789	44,318	109,243	65,273	43,970	864	516
下 北	(16)		117,212	85,137	32,075	115,062	83,376	31,686	2,150	1,761
三 八 上 北	(17)		192,070	76,867	115,203	184,644	75,026	109,618	7,426	1,841
馬 淵 川 上 流	(18)		184,003	48,908	135,095	182,034	47,826	134,208	1,969	1,082
久 慈・閉 伊 川	(19)		332,729	90,692	242,037	329,847	88,775	241,072	2,882	1,917
大 槌・気 仙 川	(20)		131,747	28,067	103,680	130,883	27,937	102,946	864	130
北 上 川 上 流	(21)		163,557	61,318	102,239	159,526	57,387	102,139	4,031	3,931
北 上 川 中 流	(22)		340,328	135,931	204,397	337,900	134,973	202,927	2,428	958
宮 城 北 部	(23)		248,184	70,322	177,862	244,855	68,617	176,238	3,329	1,705
宮 城 南 部	(24)		159,526	51,378	108,148	158,810	51,117	107,693	716	261
米 代 川	(25)		381,685	201,832	179,853	375,946	201,521	174,425	5,739	311
雄 物 川	(26)		343,931	147,648	196,283	337,800	147,492	190,308	6,131	156
子 吉 川	(27)		106,901	22,357	84,544	103,913	22,355	81,558	2,988	2
庄 内	(28)		152,182	82,587	69,595	152,081	82,531	69,550	101	56
最 上 村 山	(29)		306,227	173,596	132,631	305,370	173,385	131,985	857	211
置 賜	(30)		186,577	71,868	114,709	186,154	71,635	114,519	423	233
磐 城	(31)		202,469	84,025	118,444	201,982	83,886	118,096	487	139
阿 武 隈 川	(32)		271,793	90,322	181,471	269,049	89,099	179,950	2,744	1,223
会 津	(33)		419,760	178,125	241,635	418,609	178,091	240,518	1,151	34
奥 久 慈	(34)		48,391	20,789	27,602	47,973	20,760	27,213	418	29
八 溝 多 賀	(35)		117,393	34,776	82,617	116,801	34,730	82,071	592	46
水 戸 那 珂	(36)		29,358	5,293	24,065	29,146	5,276	23,870	212	17
霞 ヶ 浦	(37)		51,931	3,932	47,999	51,890	3,916	47,974	41	16
那 珂 川	(38)		128,703	38,746	89,957	128,469	38,563	89,906	234	183
鬼 怒 川	(39)		137,284	76,867	60,417	137,224	76,807	60,417	60	60
渡 良 瀬 川	(40)		73,126	3,050	70,076	73,121	3,045	70,076	5	5
利 根 上 流	(41)		141,485	86,583	54,902	141,295	86,393	54,902	190	190
吾 妻	(42)		97,640	53,332	44,308	96,981	52,696	44,285	659	636
利 根 下 流	(43)		59,604	10,519	49,085	59,118	10,180	48,938	486	339
西 毛	(44)		110,369	28,103	82,266	109,687	27,728	81,959	682	375
埼 玉	(45)		119,466	11,884	107,582	119,259	11,884	107,375	207	―
千 葉 北 部	(46)		66,183	67	66,116	62,644	54	62,590	3,539	13
千 葉 南 部	(47)		94,708	7,522	87,186	92,485	7,500	84,985	2,223	22
多 摩	(48)		53,416	1,386	52,030	53,275	1,254	52,021	141	132
伊 豆 諸 島	(49)		23,709	4,538	19,171	22,885	3,714	19,171	824	824
神 奈 川	(50)		93,524	9,454	84,070	93,442	9,372	84,070	82	82
下 越	(51)		271,241	102,469	168,772	271,106	102,334	168,772	135	135
中 越	(52)		323,510	89,859	233,651	322,401	89,845	232,556	1,109	14
上 越	(53)		147,159	30,690	116,469	144,317	29,133	115,184	2,842	1,557
佐 渡	(54)		60,847	1,762	59,085	60,831	1,746	59,085	16	16
神 通 川	(55)		158,370	52,654	105,716	158,370	52,654	105,716	―	―
庄 川	(56)		82,161	8,107	74,054	82,161	8,107	74,054	―	―
能 登	(57)		144,795	366	144,429	143,979	362	143,617	816	4
加 賀	(58)		133,634	25,745	107,889	133,619	25,743	107,876	15	2

(2) 林野面積

単位：ha   単位：ha

草生地		国有			民有		公有		
民有	合計	計	林野庁	林野庁以外の官庁	計	独立行政法人等	小計	都道府県	
15,326	534,467	246,134	242,985	3,149	288,333	5,012	125,406	85,791	(1)
13,315	330,426	123,371	118,762	4,609	207,055	3,252	62,505	40,980	(2)
4,029	164,128	61,160	59,065	2,095	102,968	4,399	39,917	28,197	(3)
1,736	385,481	213,628	212,604	1,024	171,853	4,186	84,907	48,404	(4)
8,297	725,198	422,524	408,058	14,466	302,674	33,635	116,969	82,618	(5)
208	392,534	246,546	241,199	5,347	145,988	24,102	55,652	37,164	(6)
2,039	322,896	158,721	158,174	547	164,175	20,722	96,540	81,593	(7)
2,014	279,558	179,364	177,116	2,248	100,194	148	35,954	25,468	(8)
11,620	334,472	166,145	157,333	8,812	168,327	26,452	18,517	36	(9)
2,313	375,145	181,812	180,736	1,076	193,333	493	84,732	66,268	(10)
3,038	373,745	222,794	221,067	1,727	150,951	358	59,867	43,151	(11)
38,956	606,752	300,143	260,401	39,742	306,609	7,981	88,201	34,759	(12)
11,349	678,966	393,238	388,775	4,463	285,728	13,148	95,100	46,172	(13)
579	206,453	152,670	152,168	502	53,783	2,364	12,369	4,350	(14)
348	110,107	65,789	65,424	365	44,318	2,665	7,963	2,126	(15)
389	117,212	85,137	83,441	1,696	32,075	615	5,115	2,162	(16)
5,585	192,070	76,867	76,758	109	115,203	6,830	19,611	6,834	(17)
887	184,003	48,908	48,752	156	135,095	1,472	22,251	14,402	(18)
965	332,729	90,692	90,678	14	242,037	7,380	45,207	30,847	(19)
734	131,747	28,067	28,012	55	103,680	2,716	32,805	10,249	(20)
100	163,557	61,318	59,165	2,153	102,239	5,142	19,116	10,331	(21)
1,470	340,328	135,931	135,922	9	204,397	4,288	38,042	19,784	(22)
1,624	248,184	70,322	66,024	4,298	177,862	7,671	39,921	9,515	(23)
455	159,526	51,378	51,070	308	108,148	4,137	20,783	4,258	(24)
5,428	381,685	201,832	201,785	47	179,853	6,323	45,297	5,103	(25)
5,975	343,931	147,648	147,516	132	196,283	4,837	43,546	5,956	(26)
2,986	106,901	22,357	22,355	2	84,544	3,032	20,995	1,263	(27)
45	152,182	82,587	82,581	6	69,595	690	8,575	667	(28)
646	306,227	173,596	173,473	123	132,631	1,765	16,599	1,098	(29)
190	186,577	71,868	71,797	71	114,709	4,683	25,714	993	(30)
348	202,469	84,025	83,992	33	118,444	1,818	19,636	4,058	(31)
1,521	271,793	90,322	88,313	2,009	181,471	4,417	21,272	2,792	(32)
1,117	419,760	178,125	177,881	244	241,635	6,268	54,211	3,223	(33)
389	48,391	20,789	20,789	–	27,602	8	817	438	(34)
546	117,393	34,776	34,531	245	82,617	8	4,360	1,183	(35)
195	29,358	5,293	5,293	–	24,065	239	857	241	(36)
25	51,931	3,932	3,798	134	47,999	48	1,046	274	(37)
51	128,703	38,746	38,700	46	89,957	797	7,698	5,496	(38)
–	137,284	76,867	76,780	87	60,417	3,338	8,928	3,318	(39)
–	73,126	3,050	3,040	10	70,076	1,555	5,560	2,747	(40)
–	141,485	86,583	86,532	51	54,902	1,615	2,426	431	(41)
23	97,640	53,332	53,233	99	44,308	1,714	6,474	814	(42)
147	59,604	10,519	9,976	543	49,085	1,513	7,104	2,893	(43)
307	110,369	28,103	27,569	534	82,266	3,730	7,513	2,886	(44)
207	119,466	11,884	11,550	334	107,582	6,321	18,546	9,501	(45)
3,526	66,183	67	42	25	66,116	88	2,066	1,364	(46)
2,201	94,708	7,522	7,425	97	87,186	430	7,683	6,708	(47)
9	53,416	1,386	1,120	266	52,030	139	15,611	12,788	(48)
–	23,709	4,538	4,432	106	19,171	–	8,269	981	(49)
–	93,524	9,454	9,373	81	84,070	1,052	36,154	27,778	(50)
–	271,241	102,469	102,019	450	168,772	2,008	16,703	1,404	(51)
1,095	323,510	89,859	89,755	104	233,651	2,868	37,337	1,202	(52)
1,285	147,159	30,690	29,099	1,591	116,469	1,081	13,466	572	(53)
–	60,847	1,762	1,747	15	59,085	2,455	10,122	3,293	(54)
–	158,370	52,654	51,956	698	105,716	6,223	26,593	11,717	(55)
–	82,161	8,107	7,865	242	74,054	7,381	12,414	2,383	(56)
812	144,795	366	40	326	144,429	3,318	19,824	4,663	(57)
13	133,634	25,745	25,368	377	107,889	3,978	15,284	6,990	(58)

1 所有形態別林野面積
(1) 総括表

森林計画区	林野面積							森林以外の
	合計			現況森林面積				
	計	国有	民有	計	国有	民有	計	国有
越　　　　　前　(59)	222,858	29,903	192,955	222,526	29,682	192,844	332	221
若　　　　　狭　(60)	87,337	7,344	79,993	87,321	7,330	79,991	16	14
山　梨　東　部　(61)	109,868	2,489	107,379	107,900	521	107,379	1,968	1,968
富　士　川　上　流　(62)	148,423	1,380	147,043	148,422	1,379	147,043	1	1
富　士　川　中　流　(63)	91,040	2,605	88,435	91,037	2,602	88,435	3	3
千　曲　川　下　流　(64)	178,714	43,584	135,130	176,220	43,095	133,125	2,494	489
中　部　山　岳　(65)	219,034	81,082	137,952	217,746	80,850	136,896	1,288	232
千　曲　川　上　流　(66)	177,402	54,322	123,080	175,114	53,423	121,691	2,288	899
伊　　那　　谷　(67)	317,316	64,867	252,449	316,136	64,541	251,595	1,180	326
木　　曽　　谷　(68)	136,729	81,002	55,727	136,343	80,781	55,562	386	221
宮・　　庄　川　(69)	291,509	98,929	192,580	289,845	98,536	191,309	1,664	393
飛　　驒　　川　(70)	130,642	22,970	107,672	130,589	22,969	107,620	53	1
長　　良　　川　(71)	166,003	3,800	162,203	165,909	3,706	162,203	94	94
揖　　斐　　川　(72)	129,867	9,595	120,272	129,867	9,595	120,272	-	-
木　　曽　　川　(73)	123,045	20,020	103,025	122,379	19,967	102,412	666	53
静　　　　　岡　(74)	185,531	29,853	155,678	185,400	29,840	155,560	131	13
富　　　　　士　(75)	79,160	17,555	61,605	75,052	16,439	58,613	4,108	1,116
伊　　　　　豆　(76)	95,683	16,510	79,173	95,497	16,324	79,173	186	186
天　　　　　竜　(77)	132,747	21,407	111,340	132,403	21,399	111,004	344	8
尾　張　西　三　河　(78)	108,924	3,459	105,465	108,792	3,459	105,333	132	-
東　　三　　河　(79)	108,807	7,461	101,346	108,739	7,461	101,278	68	-
伊　　　　　賀　(80)	40,783	1,353	39,430	40,750	1,353	39,397	33	-
北　　伊　　勢　(81)	81,227	2,617	78,610	81,203	2,613	78,590	24	4
南　　伊　　勢　(82)	164,366	7,786	156,580	164,334	7,764	156,570	32	22
尾　鷲　熊　野　(83)	84,658	10,415	74,243	84,563	10,374	74,189	95	41
湖　　　　　北　(84)	107,695	12,446	95,249	106,845	11,636	95,209	850	810
湖　　　　　南　(85)	96,769	6,881	89,888	96,725	6,837	89,888	44	44
由　　良　　川　(86)	184,351	4,454	179,897	184,248	4,351	179,897	103	103
淀　　川　　上　流　(87)	157,942	2,583	155,359	157,866	2,507	155,359	76	76
大　　　　　阪　(88)	57,127	1,243	55,884	56,961	1,077	55,884	166	166
加　　古　　川　(89)	204,916	7,305	197,611	204,574	6,997	197,577	342	308
揖　　保　　川　(90)	181,689	16,168	165,521	181,437	16,128	165,309	252	40
円　　山　　川　(91)	176,543	6,090	170,453	176,303	6,036	170,267	240	54
大　和・木　津　川　(92)	68,708	1,230	67,478	68,708	1,230	67,478	-	-
北　山・十　津　川　(93)	135,740	9,344	126,396	135,724	9,328	126,396	16	16
吉　　　　　野　(94)	79,257	2,057	77,200	79,239	2,046	77,193	18	11
紀　　　　　南　(95)	210,020	11,187	198,833	210,009	11,176	198,833	11	11
紀　　　　　北　(96)	65,390	2,829	62,561	65,387	2,826	62,561	3	3
紀　　　　　中　(97)	84,720	2,454	82,266	84,717	2,451	82,266	3	3
日　　野　　川　(98)	84,894	5,860	79,034	84,512	5,835	78,677	382	25
天　　神　　川　(99)	53,145	8,706	44,439	52,724	8,628	44,096	421	78
千　　代　　川　(100)	120,393	15,445	104,948	120,119	15,370	104,749	274	75
江　の　川　下　流　(101)	182,545	11,022	171,523	180,627	10,803	169,824	1,918	219
斐　　伊　　川　(102)	193,132	7,651	185,481	191,333	7,620	183,713	1,799	31
隠　　　　　岐　(103)	29,724	221	29,503	29,724	221	29,503	-	-
高　　津　　川　(104)	122,438	12,875	109,563	121,841	12,770	109,071	597	105
高　梁　川　下　流　(105)	165,403	10,357	155,046	164,517	10,356	154,161	886	1
旭　　　　　川　(106)	137,348	10,647	126,701	136,499	10,552	125,947	849	95
吉　　井　　川　(107)	185,855	16,032	169,823	183,705	15,472	168,233	2,150	560
高　梁　川　上　流　(108)	31,075	3,578	27,497	30,502	3,570	26,932	573	8
江　の　川　上　流　(109)	207,440	13,746	193,694	205,881	13,713	192,168	1,559	33
太　　田　　川　(110)	197,111	15,282	181,829	195,299	15,147	180,152	1,812	135
瀬　　戸　　内　(111)	182,466	14,716	167,750	178,377	14,663	163,714	4,089	53
山　　　口　　(112)	144,353	5,360	138,993	142,559	5,351	137,208	1,794	9
岩　　　　　徳　(113)	154,717	3,574	151,143	153,878	3,558	150,320	839	16
豊　　　　　田　(114)	74,204	849	73,355	73,909	699	73,210	295	150
萩　　(115)	66,464	1,624	64,840	66,188	1,504	64,684	276	120
吉　　野　　川　(116)	185,131	11,184	173,947	184,918	11,167	173,751	213	17

(2) 林野面積

単位：ha　　　単位：ha

草生地 民有	合計	国有 計	国有 林野庁	国有 林野庁以外の官庁	民有 計	独立行政法人等	公有 小計	公有 都道府県	
111	222,858	29,903	29,106	797	192,955	10,637	28,883	20,474	(59)
2	87,337	7,344	7,297	47	79,993	3,553	10,045	5,577	(60)
-	109,868	2,489	505	1,984	107,379	3,930	61,431	51,033	(61)
-	148,423	1,380	1,335	45	147,043	2,964	98,738	91,674	(62)
-	91,040	2,605	2,598	7	88,435	3,364	38,975	34,051	(63)
2,005	178,714	43,584	43,580	4	135,130	2,689	24,411	2,863	(64)
1,056	219,034	81,082	80,847	235	137,952	5,306	40,066	4,918	(65)
1,389	177,402	54,322	54,318	4	123,080	2,191	42,843	2,541	(66)
854	317,316	64,867	64,853	14	252,449	19,437	77,842	7,777	(67)
165	136,729	81,002	81,002	-	55,727	483	11,415	624	(68)
1,271	291,509	98,929	98,929	-	192,580	7,189	32,772	2,437	(69)
52	130,642	22,970	22,970	-	107,672	1,643	9,118	1,476	(70)
-	166,003	3,800	3,733	67	162,203	5,405	16,688	802	(71)
-	129,867	9,595	9,580	15	120,272	8,199	33,653	14,290	(72)
613	123,045	20,020	20,018	2	103,025	839	22,522	937	(73)
118	185,531	29,853	29,844	9	155,678	6,342	9,857	2,613	(74)
2,992	79,160	17,555	14,341	3,214	61,605	590	14,349	461	(75)
-	95,683	16,510	16,510	-	79,173	2,042	14,400	876	(76)
336	132,747	21,407	21,407	-	111,340	4,952	6,065	2,664	(77)
132	108,924	3,459	3,163	296	105,465	1,863	14,863	7,887	(78)
68	108,807	7,461	7,319	142	101,346	364	10,267	3,668	(79)
33	40,783	1,353	1,326	27	39,430	277	1,620	478	(80)
20	81,227	2,617	2,478	139	78,610	2,540	7,106	1,377	(81)
10	164,366	7,786	7,746	40	156,580	7,271	11,371	1,352	(82)
54	84,658	10,415	10,415	-	74,243	2,957	11,337	649	(83)
40	107,695	12,446	10,222	2,224	95,249	793	24,385	3,371	(84)
-	96,769	6,881	6,881	-	89,888	418	14,696	2,646	(85)
-	184,351	4,454	4,004	450	179,897	7,776	15,890	6,032	(86)
-	157,942	2,583	2,000	583	155,359	8,623	11,774	3,895	(87)
-	57,127	1,243	1,017	226	55,884	36	4,670	982	(88)
34	204,916	7,305	5,917	1,388	197,611	3,524	21,943	2,801	(89)
212	181,689	16,168	16,161	7	165,521	8,550	20,329	2,964	(90)
186	176,543	6,090	6,083	7	170,453	15,360	32,275	1,104	(91)
-	68,708	1,230	925	305	67,478	694	2,912	1,034	(92)
-	135,740	9,344	8,511	833	126,396	9,801	17,793	6,656	(93)
7	79,257	2,057	2,057	-	77,200	967	2,572	690	(94)
-	210,020	11,187	11,187	-	198,833	6,878	11,481	4,703	(95)
-	65,390	2,829	2,825	4	62,561	267	3,499	362	(96)
-	84,720	2,454	2,454	-	82,266	4,876	5,544	240	(97)
357	84,894	5,860	5,499	361	79,034	4,782	15,823	1,940	(98)
343	53,145	8,706	8,705	1	44,439	4,443	6,804	690	(99)
199	120,393	15,445	15,433	12	104,948	4,923	18,501	2,244	(100)
1,699	182,545	11,022	10,958	64	171,523	9,939	18,139	355	(101)
1,768	193,132	7,651	7,637	14	185,481	14,399	24,090	2,350	(102)
-	29,724	221	221	-	29,503	18	3,317	99	(103)
492	122,438	12,875	12,875	-	109,563	8,781	7,497	69	(104)
885	165,403	10,357	10,212	145	155,046	2,468	22,130	765	(105)
754	137,348	10,647	10,455	192	126,701	2,087	24,504	1,741	(106)
1,590	185,855	16,032	14,321	1,711	169,823	4,615	32,196	4,411	(107)
565	31,075	3,578	3,578	-	27,497	206	1,045	437	(108)
1,526	207,440	13,746	13,515	231	193,694	12,171	19,452	13,875	(109)
1,677	197,111	15,282	14,656	626	181,829	3,616	33,709	10,271	(110)
4,036	182,466	14,716	14,175	541	167,750	487	14,681	1,549	(111)
1,785	144,353	5,360	5,350	10	138,993	5,443	26,814	979	(112)
823	154,717	3,574	3,496	78	151,143	3,864	15,811	241	(113)
145	74,204	849	662	187	73,355	1,605	13,834	99	(114)
156	66,464	1,624	1,467	157	64,840	1,087	15,685	40	(115)
196	185,131	11,184	11,032	152	173,947	4,780	13,580	4,386	(116)

1 所有形態別林野面積
(1) 総括表

森林計画区	林野面積							
	合計			現況森林面積				森林以外の
	計	国有	民有	計	国有	民有	計	国有
那 賀 ・ 海 部 川 (117)	127,940	5,423	122,517	127,940	5,423	122,517	-	-
香 川 (118)	87,183	8,005	79,178	87,076	7,962	79,114	107	43
今 治 松 山 (119)	77,366	2,593	74,773	77,359	2,586	74,773	7	7
東 予 (120)	85,223	10,175	75,048	84,782	10,175	74,607	441	-
肱 川 (121)	106,096	5,294	100,802	105,968	5,242	100,726	128	52
中 予 山 岳 (122)	52,126	8,667	43,459	51,638	8,488	43,150	488	179
南 予 (123)	80,207	11,857	68,350	80,207	11,857	68,350	-	-
嶺 北 仁 淀 (124)	163,473	26,569	136,904	162,284	25,887	136,397	1,189	682
四 万 十 川 (125)	252,677	53,165	199,512	252,338	53,158	199,180	339	7
高 知 (126)	78,455	14,905	63,550	77,682	14,235	63,447	773	670
安 芸 (127)	99,629	29,482	70,147	99,569	29,482	70,087	60	-
遠 賀 川 (128)	106,989	12,949	94,040	106,705	12,813	93,892	284	136
福 岡 (129)	48,887	7,824	41,063	48,720	7,799	40,921	167	25
筑 後 ・ 矢 部 川 (130)	66,437	4,025	62,412	66,417	4,005	62,412	20	20
佐 賀 東 部 (131)	65,992	10,153	55,839	65,913	10,082	55,831	79	71
佐 賀 西 部 (132)	44,618	5,088	39,530	44,588	5,087	39,501	30	1
長 崎 北 部 (133)	54,417	3,266	51,151	52,165	2,802	49,363	2,252	464
長 崎 南 部 (134)	77,680	11,795	65,885	76,686	11,481	65,205	994	314
五 島 壱 岐 (135)	50,906	3,976	46,930	49,583	3,970	45,613	1,323	6
対 馬 (136)	63,298	5,059	58,239	63,223	5,059	58,164	75	-
白 川 ・ 菊 池 川 (137)	131,030	10,242	120,788	123,947	10,118	113,829	7,083	124
緑 川 (138)	69,840	15,044	54,796	68,308	13,599	54,709	1,532	1,445
球 磨 川 (139)	207,416	36,545	170,871	207,416	36,545	170,871	-	-
天 草 (140)	57,964	1,137	56,827	57,964	1,137	56,827	-	-
大 分 北 部 (141)	123,733	7,420	116,313	123,166	6,865	116,301	567	555
大 分 中 部 (142)	152,133	16,999	135,134	150,988	16,515	134,473	1,145	484
大 分 南 部 (143)	78,260	13,950	64,310	78,251	13,941	64,310	9	9
大 分 西 部 (144)	100,439	12,097	88,342	96,224	8,007	88,217	4,215	4,090
五 ヶ 瀬 川 (145)	133,640	20,775	112,865	133,020	20,775	112,245	620	-
耳 川 (146)	143,038	12,036	131,002	142,951	12,036	130,915	87	-
一 ツ 瀬 川 (147)	83,338	26,148	57,190	83,338	26,148	57,190	-	-
大 淀 川 (148)	160,496	89,217	71,279	159,817	88,643	71,174	679	574
広 渡 川 (149)	65,396	28,385	37,011	65,253	28,373	36,880	143	12
北 薩 (150)	129,449	32,134	97,315	129,407	32,129	97,278	42	5
姶 良 (151)	65,808	11,348	54,460	65,345	10,885	54,460	463	463
南 薩 (152)	108,648	9,283	99,365	106,749	9,283	97,466	1,899	-
大 隅 (153)	132,157	48,246	83,911	131,873	47,999	83,874	284	247
熊 毛 (154)	72,484	41,593	30,891	71,342	40,451	30,891	1,142	1,142
奄 美 大 島 (155)	80,137	7,882	72,255	80,123	7,870	72,253	14	12
沖 縄 北 部 (156)	53,988	7,419	46,569	52,664	7,416	45,248	1,324	3
沖 縄 中 南 部 (157)	14,384	57	14,327	13,338	51	13,287	1,046	6
宮 古 八 重 山 (158)	47,230	24,291	22,939	40,407	24,083	16,324	6,823	208

(2) 林野面積

単位：ha　　　　　　　　　　　　　　　　　　　　　　　　　　　　　　　　　　　　　　単位：ha

草生地 民有	合計	国有 計	国有 林野庁	国有 林野庁以外の官庁	民有 計	民有 独立行政法人等	公有 小計	公有 都道府県	
–	127,940	5,423	5,373	50	122,517	7,217	12,536	2,606	(117)
64	87,183	8,005	7,488	517	79,178	309	13,870	2,445	(118)
–	77,366	2,593	2,512	81	74,773	1,249	7,312	1,099	(119)
441	85,223	10,175	10,175	–	75,048	2,814	11,146	1,920	(120)
76	106,096	5,294	5,289	5	100,802	438	6,049	183	(121)
309	52,126	8,667	8,667	–	43,459	2,038	3,168	541	(122)
–	80,207	11,857	11,852	5	68,350	1,909	7,937	3,133	(123)
507	163,473	26,569	26,530	39	136,904	1,124	7,534	2,200	(124)
332	252,677	53,165	52,968	197	199,512	12,212	26,447	3,648	(125)
103	78,455	14,905	14,723	182	63,550	654	3,020	491	(126)
60	99,629	29,482	29,458	24	70,147	2,934	10,531	3,291	(127)
148	106,989	12,949	12,011	938	94,040	2,599	11,754	3,841	(128)
142	48,887	7,824	7,639	185	41,063	624	9,129	1,986	(129)
–	66,437	4,025	3,850	175	62,412	210	4,187	470	(130)
8	65,992	10,153	10,091	62	55,839	2,302	8,584	1,520	(131)
29	44,618	5,088	5,085	3	39,530	1,067	3,762	1,285	(132)
1,788	54,417	3,266	2,413	853	51,151	96	7,214	641	(133)
680	77,680	11,795	11,578	217	65,885	1,538	12,462	2,884	(134)
1,317	50,906	3,976	3,946	30	46,930	838	13,756	1,636	(135)
75	63,298	5,059	4,875	184	58,239	–	9,835	1,426	(136)
6,959	131,030	10,242	10,124	118	120,788	2,561	22,525	2,804	(137)
87	69,840	15,044	13,399	1,645	54,796	800	3,378	738	(138)
–	207,416	36,545	36,545	–	170,871	10,949	29,463	6,896	(139)
–	57,964	1,137	1,099	38	56,827	86	8,594	735	(140)
12	123,733	7,420	6,780	640	116,313	1,517	10,646	4,748	(141)
661	152,133	16,999	16,245	754	135,134	3,154	12,690	6,224	(142)
–	78,260	13,950	13,937	13	64,310	7,834	5,949	3,230	(143)
125	100,439	12,097	7,536	4,561	88,342	2,884	7,178	774	(144)
620	133,640	20,775	20,774	1	112,865	7,359	14,471	3,717	(145)
87	143,038	12,036	12,036	–	131,002	12,732	16,874	4,022	(146)
–	83,338	26,148	26,127	21	57,190	5,505	8,565	2,451	(147)
105	160,496	89,217	87,736	1,481	71,279	528	8,803	3,396	(148)
131	65,396	28,385	28,363	22	37,011	228	1,887	184	(149)
37	129,449	32,134	32,004	130	97,315	2,947	16,809	1,385	(150)
–	65,808	11,348	10,894	454	54,460	1,042	7,647	1,349	(151)
1,899	108,648	9,283	9,282	1	99,365	388	16,525	436	(152)
37	132,157	48,246	47,800	446	83,911	4,065	11,114	2,536	(153)
–	72,484	41,593	41,547	46	30,891	–	6,983	1,274	(154)
2	80,137	7,882	7,835	47	72,255	1,236	15,266	149	(155)
1,321	53,988	7,419	7,384	35	46,569	62	27,437	5,215	(156)
1,040	14,384	57	2	55	14,327	5	7,279	204	(157)
6,615	47,230	24,291	24,073	218	22,939	3	13,420	200	(158)

1 所有形態別林野面積（続き）
(2) 林野面積（続き）　　　　　　　　　　　(3) 現況森林面積

単位：ha

森林計画区		民有（続き）				合計	国有	
		公有（続き）						
		森林整備法人（林業・造林公社）	市区町村	財産区	私有		計	林野庁
渡 島 檜 山	(1)	12	39,603	-	157,915	515,768	242,761	242,345
後 志 胆 振	(2)	5	21,520	-	141,298	311,031	117,291	116,545
胆 振 東 部	(3)	-	11,720	-	58,652	159,057	60,118	59,062
日 高	(4)	-	36,503	-	82,760	382,453	212,336	212,243
石 狩 空 知	(5)	18	34,333	-	152,070	710,891	416,514	407,499
上 川 南 部	(6)	13	18,475	-	66,234	391,024	245,244	240,608
上 川 北 部	(7)	-	14,947	-	46,913	319,832	157,696	157,583
留 萌	(8)	-	10,486	-	64,092	275,038	176,858	176,621
宗 谷	(9)	-	18,481	-	123,358	315,307	158,600	157,212
網 走 西 部	(10)	-	18,464	-	108,108	371,752	180,732	180,607
網 走 東 部	(11)	9	16,707	-	90,726	370,093	222,180	220,787
釧 路 根 室	(12)	-	53,442	-	210,427	527,565	259,912	258,250
十 勝	(13)	-	48,928	-	177,480	663,223	388,844	387,531
津 軽	(14)	-	3,168	4,851	39,050	204,370	151,166	151,033
東 青	(15)	-	2,035	3,802	33,690	109,243	65,273	64,909
下 北	(16)	-	2,811	142	26,345	115,062	83,376	82,759
三 八 上 北	(17)	-	8,441	4,336	88,762	184,644	75,026	74,973
馬 淵 川 上 流	(18)	-	6,650	1,199	111,372	182,034	47,826	47,790
久 慈 ・ 閉 伊 川	(19)	-	9,360	5,000	189,450	329,847	88,775	88,762
大 槌 ・ 気 仙 川	(20)	-	22,112	444	68,159	130,883	27,937	27,882
北 上 川 上 流	(21)	-	7,254	1,531	77,981	159,526	57,387	57,025
北 上 川 中 流	(22)	-	17,679	579	162,067	337,900	134,973	134,971
宮 城 北 部	(23)	4,388	25,635	383	130,270	244,855	68,617	65,992
宮 城 南 部	(24)	5,518	10,512	495	83,228	158,810	51,117	50,910
米 代 川	(25)	9,231	23,049	7,914	128,233	375,946	201,521	201,496
雄 物 川	(26)	14,303	16,079	7,208	147,900	337,800	147,492	147,431
子 吉 川	(27)	4,044	14,399	1,289	60,517	103,913	22,355	22,355
庄 内	(28)	3,144	4,473	291	60,330	152,081	82,531	82,528
最 上 村 山	(29)	6,659	4,620	4,222	114,267	305,370	173,385	173,321
置 賜	(30)	6,556	5,470	12,695	84,312	186,154	71,635	71,564
磐 城	(31)	793	12,087	2,698	96,990	201,982	83,886	83,859
阿 武 隈 川	(32)	3,621	5,594	9,265	155,782	269,049	89,099	88,183
会 津	(33)	11,269	26,793	12,926	181,156	418,609	178,091	177,850
奥 久 慈	(34)	80	298	1	26,777	47,973	20,760	20,760
八 溝 多 賀	(35)	-	2,686	491	78,249	116,801	34,730	34,485
水 戸 那 珂	(36)	-	571	45	22,969	29,146	5,276	5,276
霞 ヶ 浦	(37)	-	772	-	46,905	51,890	3,916	3,797
那 珂 川	(38)	10	1,580	612	81,462	128,469	38,563	38,529
鬼 怒 川	(39)	-	1,567	4,043	48,151	137,224	76,807	76,725
渡 良 瀬 川	(40)	-	800	2,013	62,961	73,121	3,045	3,039
利 根 上 流	(41)	52	1,875	68	50,861	141,295	86,393	86,349
吾 妻	(42)	335	5,324	1	36,120	96,981	52,696	52,597
利 根 下 流	(43)	605	3,606	-	40,468	59,118	10,180	9,955
西 毛	(44)	993	3,536	98	71,023	109,687	27,728	27,562
埼 玉	(45)	3,280	5,765	-	82,715	119,259	11,884	11,550
千 葉 北 部	(46)	-	700	2	63,962	62,644	54	42
千 葉 南 部	(47)	-	770	205	79,073	92,485	7,500	7,423
多 摩	(48)	881	1,793	149	36,280	53,275	1,254	1,120
伊 豆 諸 島	(49)	-	5,958	1,330	10,902	22,885	3,714	3,691
神 奈 川	(50)	-	3,636	4,740	46,864	93,442	9,372	9,291
下 越	(51)	4,240	9,269	1,790	150,061	271,106	102,334	101,960
中 越	(52)	3,441	30,652	2,042	193,446	322,401	89,845	89,741
上 越	(53)	2,039	10,453	402	101,922	144,317	29,133	29,099
佐 渡	(54)	856	4,086	1,887	46,508	60,831	1,746	1,740
神 通 川	(55)	5,650	5,379	3,847	72,900	158,370	52,654	51,956
庄 川	(56)	3,636	6,395	-	54,259	82,161	8,107	7,865
能 登	(57)	12,266	2,642	253	121,287	143,979	362	40
加 賀	(58)	2,837	5,447	10	88,627	133,619	25,743	25,366

単位：ha

林野庁 以外の官庁	計	独立行政 法人等	民有						
			公有					私有	
			小計	都道府県	森林整備法人 (林業・造林公社)	市区町村	財産区		
416	273,007	5,012	122,947	85,775	12	37,160	–	145,048	(1)
746	193,740	3,252	61,397	40,954	5	20,438	–	129,091	(2)
1,056	98,939	4,399	38,938	28,171	–	10,767	–	55,602	(3)
93	170,117	4,186	84,770	48,398	–	36,372	–	81,161	(4)
9,015	294,377	33,628	116,017	82,499	18	33,500	–	144,732	(5)
4,636	145,780	24,102	55,649	37,164	13	18,472	–	66,029	(6)
113	162,136	20,722	96,520	81,593	–	14,927	–	44,894	(7)
237	98,180	148	35,851	25,464	–	10,387	–	62,181	(8)
1,388	156,707	26,452	17,124	36	–	17,088	–	113,131	(9)
125	191,020	493	84,721	66,268	–	18,453	–	105,806	(10)
1,393	147,913	358	59,261	43,132	9	16,120	–	88,294	(11)
1,662	267,653	7,972	80,163	34,750	–	45,413	–	179,518	(12)
1,313	274,379	12,702	93,780	46,136	–	47,644	–	167,897	(13)
133	53,204	2,364	12,240	4,350	–	3,073	4,817	38,600	(14)
364	43,970	2,665	7,615	2,126	–	1,849	3,640	33,690	(15)
617	31,686	615	5,073	2,162	–	2,769	142	25,998	(16)
53	109,618	6,830	17,357	6,826	–	6,387	4,144	85,431	(17)
36	134,208	1,472	21,461	14,402	–	5,860	1,199	111,275	(18)
13	241,072	7,380	45,201	30,847	–	9,354	5,000	188,491	(19)
55	102,946	2,716	32,638	10,157	–	22,037	444	67,592	(20)
362	102,139	5,142	19,081	10,331	–	7,219	1,531	77,916	(21)
2	202,927	4,288	36,826	19,752	–	16,503	571	161,813	(22)
2,625	176,238	7,485	39,159	9,444	4,388	24,944	383	129,594	(23)
207	107,693	4,137	20,432	3,971	5,518	10,448	495	83,124	(24)
25	174,425	6,323	41,651	5,065	9,231	20,465	6,890	126,451	(25)
61	190,308	4,837	42,196	5,949	14,303	15,110	6,834	143,275	(26)
–	81,558	3,032	20,106	1,261	4,044	13,593	1,208	58,420	(27)
3	69,550	690	8,575	667	3,144	4,473	291	60,285	(28)
64	131,985	1,765	16,339	1,097	6,659	4,361	4,222	113,881	(29)
71	114,519	4,683	25,708	993	6,556	5,464	12,695	84,128	(30)
27	118,096	1,818	19,579	4,047	793	12,063	2,676	96,699	(31)
916	179,950	4,417	21,147	2,790	3,621	5,516	9,220	154,386	(32)
241	240,518	6,267	54,022	3,106	11,267	26,723	12,926	180,229	(33)
–	27,213	8	790	438	80	271	1	26,415	(34)
245	82,071	8	3,960	1,083	–	2,603	274	78,103	(35)
–	23,870	239	823	241	–	537	45	22,808	(36)
119	47,974	47	1,046	274	–	772	–	46,881	(37)
34	89,906	797	7,647	5,495	10	1,530	612	81,462	(38)
82	60,417	3,338	8,928	3,318	–	1,567	4,043	48,151	(39)
6	70,076	1,555	5,560	2,747	–	800	2,013	62,961	(40)
44	54,902	1,615	2,426	431	52	1,875	68	50,861	(41)
99	44,285	1,714	6,473	814	335	5,323	1	36,098	(42)
225	48,938	1,513	7,091	2,888	605	3,598	–	40,334	(43)
166	81,959	3,730	7,513	2,886	993	3,536	98	70,716	(44)
334	107,375	6,321	18,339	9,294	3,280	5,765	–	82,715	(45)
12	62,590	87	2,035	1,346	–	687	2	60,468	(46)
77	84,985	430	7,683	6,708	–	770	205	76,872	(47)
134	52,021	139	15,605	12,788	881	1,787	149	36,277	(48)
23	19,171	–	8,269	981	–	5,958	1,330	10,902	(49)
81	84,070	1,052	36,154	27,778	–	3,636	4,740	46,864	(50)
374	168,772	2,008	16,703	1,404	4,240	9,269	1,790	150,061	(51)
104	232,556	2,818	37,239	1,202	3,441	30,554	2,042	192,499	(52)
34	115,184	1,081	13,448	572	2,039	10,435	402	100,655	(53)
6	59,085	2,455	10,122	3,293	856	4,086	1,887	46,508	(54)
698	105,716	6,223	26,593	11,717	5,650	5,379	3,847	72,900	(55)
242	74,054	7,381	12,414	2,383	3,636	6,395	–	54,259	(56)
322	143,617	3,318	19,824	4,663	12,266	2,642	253	120,475	(57)
377	107,876	3,978	15,275	6,985	2,835	5,445	10	88,623	(58)

1 所有形態別林野面積（続き）
(2) 林野面積（続き）　　　　　　　　　　　　(3) 現況森林面積

単位：ha

森林計画区		民有（続き）公有（続き）		私有	合計	国有	
	森林整備法人（林業・造林公社）	市区町村	財産区	私有	合計	計	林野庁
越　　　　　前 (59)	-	7,509	900	153,435	222,526	29,682	28,885
若　　　　　狭 (60)	-	4,420	48	66,395	87,321	7,330	7,284
山　梨　東　部 (61)	-	5,509	4,889	42,018	107,900	521	505
富　士　川　上　流 (62)	-	4,285	2,779	45,341	148,422	1,379	1,335
富　士　川　中　流 (63)	-	1,990	2,934	46,096	91,037	2,602	2,598
千　曲　川　下　流 (64)	2,952	13,807	4,789	108,030	176,220	43,095	43,092
中　部　山　岳 (65)	2,538	26,712	5,898	92,580	217,746	80,850	80,615
千　曲　川　上　流 (66)	1,886	24,885	13,531	78,046	175,114	53,423	53,421
伊　　那　　谷 (67)	8,293	37,452	24,320	155,170	316,136	64,541	64,528
木　　曽　　谷 (68)	2,196	8,595	-	43,829	136,343	80,781	80,781
宮　・　庄　川 (69)	9,431	20,903	1	152,619	289,845	98,536	98,536
飛　　驒　　川 (70)	2,593	3,998	1,051	96,911	130,589	22,969	22,969
長　　良　　川 (71)	4,363	3,460	8,063	140,110	165,909	3,706	3,639
揖　　斐　　川 (72)	8,714	7,850	2,799	78,420	129,867	9,595	9,580
木　　曽　　川 (73)	1,496	15,136	4,953	79,664	122,379	19,967	19,965
静　　　　　岡 (74)	-	3,270	3,974	139,479	185,400	29,840	29,831
富　　　　　士 (75)	-	5,967	7,921	46,666	75,052	16,439	14,288
伊　　　　　豆 (76)	-	11,384	2,140	62,731	95,497	16,324	16,324
天　　　　　竜 (77)	-	1,564	1,837	100,323	132,403	21,399	21,399
尾　張　西　三　河 (78)	-	3,869	3,107	88,739	108,792	3,459	3,163
東　　三　　河 (79)	-	2,100	4,499	90,715	108,739	7,461	7,319
伊　　　　　賀 (80)	-	296	846	37,533	40,750	1,353	1,326
北　　伊　　勢 (81)	-	2,212	3,517	68,964	81,203	2,613	2,475
南　　伊　　勢 (82)	-	8,663	1,356	137,938	164,334	7,764	7,724
尾　鷲　熊　野 (83)	-	10,526	162	59,949	84,563	10,374	10,374
湖　　　　　北 (84)	13,850	1,468	5,696	70,071	106,845	11,636	10,067
湖　　　　　南 (85)	9,065	1,598	1,387	74,774	96,725	6,837	6,837
由　　良　　川 (86)	-	4,625	5,233	156,231	184,248	4,351	3,942
淀　川　上　流 (87)	-	2,159	5,720	134,962	157,866	2,507	1,999
大　　　　　阪 (88)	-	932	2,756	51,178	56,961	1,077	1,016
加　　古　　川 (89)	3,057	13,778	2,307	172,144	204,574	6,997	5,874
揖　　保　　川 (90)	6,126	7,105	4,134	136,642	181,437	16,128	16,121
円　　山　　川 (91)	15,350	13,441	2,380	122,818	176,303	6,036	6,029
大　和　・　木　津　川 (92)	-	522	1,356	63,872	68,708	1,230	925
北　山　・　十　津　川 (93)	-	9,432	1,705	98,802	135,724	9,328	8,495
吉　　　　　野 (94)	-	1,432	450	73,661	79,239	2,046	2,046
紀　　　　　南 (95)	962	5,008	808	180,474	210,009	11,176	11,176
紀　　　　　北 (96)	483	961	1,693	58,795	65,387	2,826	2,822
紀　　　　　中 (97)	2,272	1,687	1,345	71,846	84,717	2,451	2,451
日　　野　　川 (98)	7,039	5,306	1,538	58,429	84,512	5,835	5,488
天　　神　　川 (99)	2,589	1,426	2,099	33,192	52,724	8,628	8,627
千　　代　　川 (100)	5,660	2,175	8,422	81,524	120,119	15,370	15,370
江　の　川　下　流 (101)	9,700	8,084	-	143,445	180,627	10,803	10,801
斐　　伊　　川 (102)	10,749	10,165	826	146,992	191,333	7,620	7,607
隠　　　　　岐 (103)	784	2,038	396	26,168	29,724	221	221
高　　津　　川 (104)	3,105	3,553	770	93,285	121,841	12,770	12,770
高　梁　川　下　流 (105)	9,424	6,953	4,988	130,448	164,517	10,356	10,211
旭　　　　　川 (106)	4,541	16,860	1,362	100,110	136,499	10,552	10,360
吉　　井　　川 (107)	10,062	11,882	5,841	133,012	183,705	15,472	14,279
高　梁　川　上　流 (108)	-	481	127	26,246	30,502	3,570	3,570
江　の　川　上　流 (109)	-	5,243	334	162,071	205,881	13,713	13,482
太　　田　　川 (110)	-	20,718	2,720	144,504	195,299	15,147	14,567
瀬　　戸　　内 (111)	-	8,094	5,038	152,582	178,377	14,663	14,162
山　　　　　口 (112)	4,110	20,982	743	106,736	142,559	5,351	5,350
岩　　　　　徳 (113)	3,689	11,809	72	131,468	153,878	3,558	3,490
豊　　　　　田 (114)	3,268	10,467	-	57,916	73,909	699	658
萩 (115)	3,077	12,568	-	48,068	66,188	1,504	1,467
吉　　野　　川 (116)	4,226	4,123	845	155,587	184,918	11,167	11,015

単位：ha

林野庁以外の官庁	計	独立行政法人等	民有						私有	
			公有							
			小計	都道府県	森林整備法人（林業・造林公社）	市区町村	財産区			
797	192,844	10,637	28,821	20,456	–	7,465	900		153,386	(59)
46	79,991	3,553	10,045	5,577		4,420	48		66,393	(60)
16	107,379	3,930	61,431	51,033		5,509	4,889		42,018	(61)
44	147,043	2,964	98,738	91,674		4,285	2,779		45,341	(62)
4	88,435	3,364	38,975	34,051		1,990	2,934		46,096	(63)
3	133,125	2,689	23,967	2,863	2,952	13,522	4,630		106,469	(64)
235	136,896	5,306	39,564	4,814	2,538	26,387	5,825		92,026	(65)
2	121,691	2,156	42,166	2,521	1,886	24,771	12,988		77,369	(66)
13	251,595	19,429	77,494	7,762	8,282	37,160	24,290		154,672	(67)
–	55,562	483	11,332	624	2,196	8,512	–		43,747	(68)
–	191,309	7,189	32,092	2,437	9,430	20,224	1		152,028	(69)
–	107,620	1,643	9,068	1,476	2,593	3,948	1,051		96,909	(70)
67	162,203	5,405	16,688	802	4,363	3,460	8,063		140,110	(71)
15	120,272	8,199	33,653	14,290	8,714	7,850	2,799		78,420	(72)
2	102,412	839	22,243	719	1,494	15,081	4,949		79,330	(73)
9	155,560	6,342	9,857	2,613	–	3,270	3,974		139,361	(74)
2,151	58,613	558	12,535	457	–	5,900	6,178		45,520	(75)
–	79,173	2,042	14,400	876	–	11,384	2,140		62,731	(76)
–	111,004	4,952	5,986	2,620	–	1,546	1,820		100,066	(77)
296	105,333	1,863	14,731	7,755	–	3,869	3,107		88,739	(78)
142	101,278	364	10,199	3,600	–	2,100	4,499		90,715	(79)
27	39,397	277	1,620	478	–	296	846		37,500	(80)
138	78,590	2,540	7,106	1,377	–	2,212	3,517		68,944	(81)
40	156,570	7,271	11,371	1,352	–	8,663	1,356		137,928	(82)
–	74,189	2,957	11,337	649	–	10,526	162		59,895	(83)
1,569	95,209	793	24,385	3,371	13,850	1,468	5,696		70,031	(84)
–	89,888	418	14,696	2,646	9,065	1,598	1,387		74,774	(85)
409	179,897	7,776	15,890	6,032	–	4,625	5,233		156,231	(86)
508	155,359	8,623	11,774	3,895	–	2,159	5,720		134,962	(87)
61	55,884	36	4,670	982	–	932	2,756		51,178	(88)
1,123	197,577	3,524	21,927	2,801	3,057	13,764	2,305		172,126	(89)
7	165,309	8,543	20,221	2,881	6,125	7,093	4,122		136,545	(90)
7	170,267	15,360	32,272	1,103	15,350	13,439	2,380		122,635	(91)
305	67,478	694	2,912	1,034	–	522	1,356		63,872	(92)
833	126,396	9,801	17,793	6,656	–	9,432	1,705		98,802	(93)
–	77,193	967	2,572	690	–	1,432	450		73,654	(94)
–	198,833	6,878	11,481	4,703	962	5,008	808		180,474	(95)
4	62,561	267	3,499	362	483	961	1,693		58,795	(96)
–	82,266	4,876	5,544	240	2,272	1,687	1,345		71,846	(97)
347	78,677	4,782	15,798	1,940	7,039	5,281	1,538		58,097	(98)
1	44,096	4,406	6,522	690	2,589	1,426	1,817		33,168	(99)
–	104,749	4,923	18,501	2,244	5,660	2,175	8,422		81,325	(100)
2	169,824	9,939	17,905	349	9,700	7,856	–		141,980	(101)
13	183,713	14,399	24,090	2,350	10,749	10,165	826		145,224	(102)
–	29,503	18	3,317	99	784	2,038	396		26,168	(103)
–	109,071	8,781	7,497	69	3,105	3,553	770		92,793	(104)
145	154,161	2,468	22,130	765	9,424	6,953	4,988		129,563	(105)
192	125,947	2,087	24,455	1,739	4,541	16,814	1,361		99,405	(106)
1,193	168,233	4,615	31,779	4,395	10,062	11,662	5,660		131,839	(107)
–	26,932	206	1,045	437	–	481	127		25,681	(108)
231	192,168	12,171	19,447	13,875	–	5,243	329		160,550	(109)
580	180,152	3,616	33,576	10,202	–	20,658	2,716		142,960	(110)
501	163,714	487	14,649	1,526	–	8,085	5,038		148,578	(111)
1	137,208	5,443	25,368	979	4,110	19,536	743		106,397	(112)
68	150,320	3,864	15,800	241	3,689	11,798	72		130,656	(113)
41	73,210	1,605	13,809	99	3,268	10,442	–		57,796	(114)
37	64,684	1,087	15,670	39	3,075	12,556	–		47,927	(115)
152	173,751	4,780	13,501	4,361	4,226	4,069	845		155,470	(116)

1　所有形態別林野面積（続き）
（2）　林野面積（続き）　　　　　　　　　　　　　　　（3）　現況森林面積

単位：ha

| 森林計画区 | 民有（続き） | | | | 合計 | 国有 | |
| | 公有（続き） | | | | | | |
	森林整備法人（林業・造林公社）	市区町村	財産区	私有		計	林野庁
那 賀 ・ 海 部 川 (117)	5,540	4,043	347	102,764	127,940	5,423	5,373
香 川 (118)	-	6,037	5,388	64,999	87,076	7,962	7,488
今 治 松 山 (119)	-	6,184	29	66,212	77,359	2,586	2,512
東 予 (120)	-	6,490	2,736	61,088	84,782	10,175	10,175
肱 川 (121)	-	2,303	3,563	94,315	105,968	5,242	5,238
中 予 山 岳 (122)	-	2,627	-	38,253	51,638	8,488	8,488
南 予 (123)	50	3,500	1,254	58,504	80,207	11,857	11,852
嶺 北 仁 淀 (124)	457	4,731	146	128,246	162,284	25,887	25,848
四 万 十 川 (125)	9,398	13,401	-	160,853	252,338	53,158	52,961
高 知 (126)	385	2,120	24	59,876	77,682	14,235	14,081
安 芸 (127)	4,720	2,268	252	56,682	99,569	29,482	29,458
遠 賀 川 (128)	-	6,749	1,164	79,687	106,705	12,813	11,948
福 岡 (129)	-	5,678	1,465	31,310	48,720	7,799	7,639
筑 後 ・ 矢 部 川 (130)	-	2,239	1,478	58,015	66,417	4,005	3,850
佐 賀 東 部 (131)	-	7,064	-	44,953	65,913	10,082	10,077
佐 賀 西 部 (132)	-	2,477	-	34,701	44,588	5,087	5,085
長 崎 北 部 (133)	3,114	3,459	-	43,841	52,165	2,802	2,413
長 崎 南 部 (134)	2,027	7,090	461	51,885	76,686	11,481	11,315
五 島 壱 岐 (135)	1,921	9,671	528	32,336	49,583	3,970	3,946
対 馬 (136)	7,198	1,211	-	48,404	63,223	5,059	4,875
白 川 ・ 菊 池 川 (137)	627	16,183	2,911	95,702	123,947	10,118	10,088
緑 川 (138)	417	2,221	2	50,618	68,308	13,599	13,399
球 磨 川 (139)	6,207	14,605	1,755	130,459	207,416	36,545	36,545
天 草 (140)	1,710	4,259	1,890	48,147	57,964	1,137	1,099
大 分 北 部 (141)	-	5,890	8	104,150	123,166	6,865	6,739
大 分 中 部 (142)	-	6,450	16	119,290	150,988	16,515	15,780
大 分 南 部 (143)	-	2,719	-	50,527	78,251	13,941	13,934
大 分 西 部 (144)	-	5,182	1,222	78,280	96,224	8,007	7,069
五 ヶ 瀬 川 (145)	3,181	7,573	-	91,035	133,020	20,775	20,774
耳 川 (146)	4,470	8,382	-	101,396	142,951	12,036	12,036
一 ツ 瀬 川 (147)	2,033	4,080	1	43,120	83,338	26,148	26,127
大 淀 川 (148)	2	5,318	87	61,948	159,817	88,643	87,653
広 渡 川 (149)	-	1,703	-	34,896	65,253	28,373	28,362
北 薩 (150)	3,361	12,063	-	77,559	129,407	32,129	32,000
姶 良 (151)	1,101	5,197	-	45,771	65,345	10,885	10,836
南 薩 (152)	2,237	13,852	-	82,452	106,749	9,283	9,282
大 隅 (153)	1,542	7,036	-	68,732	131,873	47,999	47,796
熊 毛 (154)	1,387	4,322	-	23,908	71,342	40,451	40,405
奄 美 大 島 (155)	-	15,117	-	55,753	80,123	7,870	7,835
沖 縄 北 部 (156)	-	22,222	-	19,070	52,664	7,416	7,384
沖 縄 中 南 部 (157)	-	7,075	-	7,043	13,338	51	2
宮 古 八 重 山 (158)	-	13,220	-	9,516	40,407	24,083	24,002

単位：ha

林野庁以外の官庁	計	独立行政法人等	民有						
			公有					私有	
			小計	都道府県	森林整備法人(林業・造林公社)	市区町村	財産区		
50	122,517	7,217	12,536	2,606	5,540	4,043	347	102,764	(117)
474	79,114	309	13,870	2,445	–	6,037	5,388	64,935	(118)
74	74,773	1,249	7,312	1,099	–	6,184	29	66,212	(119)
–	74,607	2,814	10,977	1,920	–	6,369	2,688	60,816	(120)
4	100,726	438	6,049	183	–	2,303	3,563	94,239	(121)
–	43,150	2,038	3,035	527	–	2,508	–	38,077	(122)
5	68,350	1,909	7,937	3,133	50	3,500	1,254	58,504	(123)
39	136,397	1,124	7,534	2,200	457	4,731	146	127,739	(124)
197	199,180	12,212	26,356	3,648	9,398	13,310	–	160,612	(125)
154	63,447	654	3,018	489	385	2,120	24	59,775	(126)
24	70,087	2,934	10,530	3,291	4,719	2,268	252	56,623	(127)
865	93,892	2,599	11,741	3,840	–	6,737	1,164	79,552	(128)
160	40,921	621	9,026	1,986	–	5,575	1,465	31,274	(129)
155	62,412	210	4,187	470	–	2,239	1,478	58,015	(130)
5	55,831	2,302	8,576	1,520	–	7,056	–	44,953	(131)
2	39,501	1,067	3,762	1,285	–	2,477	–	34,672	(132)
389	49,363	96	6,863	640	3,114	3,109	–	42,404	(133)
166	65,205	1,538	12,374	2,884	2,027	7,002	461	51,293	(134)
24	45,613	838	13,733	1,636	1,921	9,648	528	31,042	(135)
184	58,164	–	9,835	1,426	7,198	1,211	–	48,329	(136)
30	113,829	2,561	19,278	2,743	627	13,787	2,121	91,990	(137)
200	54,709	800	3,367	738	417	2,210	2	50,542	(138)
–	170,871	10,949	29,463	6,896	6,207	14,605	1,755	130,459	(139)
38	56,827	86	8,594	735	1,710	4,259	1,890	48,147	(140)
126	116,301	1,517	10,644	4,748	–	5,888	8	104,140	(141)
735	134,473	3,154	12,519	6,224	–	6,279	16	118,800	(142)
7	64,310	7,834	5,949	3,230	–	2,719	–	50,527	(143)
938	88,217	2,884	7,178	774	–	5,182	1,222	78,155	(144)
1	112,245	7,359	14,471	3,717	3,181	7,573	–	90,415	(145)
–	130,915	12,732	16,874	4,022	4,470	8,382	–	101,309	(146)
21	57,190	5,505	8,565	2,451	2,033	4,080	1	43,120	(147)
990	71,174	528	8,732	3,394	2	5,249	87	61,914	(148)
11	36,880	228	1,887	184	–	1,703	–	34,765	(149)
129	97,278	2,947	16,807	1,384	3,361	12,062	–	77,524	(150)
49	54,460	1,042	7,647	1,349	1,101	5,197	–	45,771	(151)
1	97,466	388	15,654	433	2,237	12,984	–	81,424	(152)
203	83,874	4,065	11,077	2,536	1,542	6,999	–	68,732	(153)
46	30,891	–	6,983	1,274	1,387	4,322	–	23,908	(154)
35	72,253	1,236	15,266	149	–	15,117	–	55,751	(155)
32	45,248	62	27,417	5,215	–	22,202	–	17,769	(156)
49	13,287	5	7,255	204	–	7,051	–	6,027	(157)
81	16,324	3	11,612	200	–	11,412	–	4,709	(158)

1 所有形態別林野面積（続き）
(4) 現況森林面積のうち、森林計画対象

森林計画区				合計	国有 （林野庁）	民有				
						計	独立行政 法人等	公有		
								小計	都道府県	森林整備法人 （林業・造林公社）
渡 島 檜 山			(1)	515,322	242,320	273,002	5,012	122,943	85,775	12
後 志 胆 振			(2)	310,277	116,544	193,733	3,252	61,392	40,954	5
胆 振 東 部			(3)	157,895	59,062	98,833	4,399	38,878	28,158	－
日 高			(4)	382,359	212,242	170,117	4,186	84,770	48,398	－
石 狩 空 知			(5)	701,545	407,496	294,049	33,628	115,936	82,499	18
上 川 南 部			(6)	386,314	240,606	145,708	24,102	55,584	37,164	13
上 川 北 部			(7)	319,686	157,550	162,136	20,722	96,520	81,593	－
留 萌			(8)	274,800	176,620	98,180	148	35,851	25,464	－
宗 谷			(9)	313,919	157,212	156,707	26,452	17,124	36	－
網 走 西 部			(10)	371,627	180,607	191,020	493	84,721	66,268	－
網 走 東 部			(11)	368,360	220,786	147,574	333	59,215	43,132	9
釧 路 根 室			(12)	525,893	258,248	267,645	7,972	80,160	34,750	－
十 勝			(13)	661,723	387,531	274,192	12,702	93,607	46,136	－
津 軽			(14)	204,237	151,033	53,204	2,364	12,240	4,350	－
東 青			(15)	108,879	64,909	43,970	2,665	7,615	2,126	－
下 北			(16)	114,445	82,759	31,686	615	5,073	2,162	－
三 八 上 北			(17)	184,467	74,973	109,494	6,830	17,349	6,822	－
馬 淵 川 上 流			(18)	181,998	47,790	134,208	1,472	21,461	14,402	－
久 慈 ・ 閉 伊 川			(19)	329,829	88,762	241,067	7,380	45,201	30,847	－
大 槌 ・ 気 仙 川			(20)	130,828	27,882	102,946	2,716	32,638	10,157	－
北 上 川 上 流			(21)	159,161	57,025	102,136	5,142	19,081	10,331	－
北 上 川 中 流			(22)	337,898	134,971	202,927	4,288	36,826	19,752	－
宮 城 北 部			(23)	241,686	65,992	175,694	7,485	39,009	9,295	4,388
宮 城 南 部			(24)	158,346	50,910	107,436	4,137	20,415	3,971	5,518
米 代 川			(25)	375,914	201,496	174,418	6,323	41,651	5,065	9,231
雄 物 川			(26)	337,739	147,431	190,308	4,837	42,196	5,949	14,303
子 吉 川			(27)	103,913	22,355	81,558	3,032	20,106	1,261	4,044
庄 内			(28)	152,078	82,528	69,550	690	8,575	667	3,144
最 上 村 山			(29)	305,306	173,321	131,985	1,765	16,339	1,097	6,659
置 賜			(30)	186,083	71,564	114,519	4,683	25,708	993	6,556
磐 城			(31)	201,955	83,859	118,096	1,818	19,579	4,047	793
阿 武 隈 川			(32)	268,133	88,183	179,950	4,417	21,147	2,790	3,621
会 津			(33)	418,368	177,850	240,518	6,267	54,022	3,106	11,267
奥 久 慈			(34)	47,973	20,760	27,213	8	790	438	80
八 溝 多 賀			(35)	112,182	34,485	77,697	8	3,488	1,083	－
水 戸 那 珂			(36)	27,652	5,276	22,376	95	668	208	－
霞 ヶ 浦			(37)	46,034	3,797	42,237	－	637	270	－
那 珂 川			(38)	128,428	38,529	89,899	797	7,640	5,495	10
鬼 怒 川			(39)	137,051	76,725	60,326	3,338	8,918	3,318	－
渡 良 瀬 川			(40)	73,115	3,039	70,076	1,555	5,560	2,747	－
利 根 上 流			(41)	140,890	86,018	54,872	1,615	2,402	428	52
吾 妻			(42)	96,717	52,597	44,120	1,549	6,473	814	335
利 根 下 流			(43)	58,386	9,955	48,431	1,490	6,988	2,840	605
西 毛			(44)	109,322	27,562	81,760	3,730	7,478	2,886	993
埼 玉			(45)	118,032	11,550	106,482	6,321	18,301	9,288	3,280
千 葉 北 部			(46)	60,057	42	60,015	86	1,971	1,344	－
千 葉 南 部			(47)	92,139	7,423	84,716	430	7,683	6,708	－
多 摩			(48)	52,806	1,120	51,686	132	15,550	12,748	881
伊 豆 諸 島			(49)	22,862	3,691	19,171	－	8,269	981	－
神 奈 川			(50)	89,089	9,291	79,798	1,052	36,073	27,773	－
下 越			(51)	270,732	101,960	168,772	2,008	16,703	1,404	4,240
中 越			(52)	322,297	89,741	232,556	2,818	37,239	1,202	3,441
上 越			(53)	144,283	29,099	115,184	1,081	13,448	572	2,039
佐 渡			(54)	60,825	1,740	59,085	2,455	10,122	3,293	856
神 通 川			(55)	157,669	51,956	105,713	6,222	26,592	11,717	5,649
庄 川			(56)	81,919	7,865	74,054	7,381	12,414	2,383	3,636
能 登			(57)	143,657	40	143,617	3,318	19,824	4,663	12,266
加 賀			(58)	133,231	25,366	107,865	3,978	15,274	6,985	2,835

(5) 現況森林面積のうち、森林計画対象の人工林

単位：ha　　　　　　　　　　　　　　　　　　　　　　　　　　　　　　単位：ha

市区町村	財産区	私有	合計	国有(林野庁)	民有 計	独立行政法人等	公有 小計	都道府県	
37,156	–	145,047	148,169	65,176	82,993	4,430	28,231	14,260	(1)
20,433	–	129,089	63,932	16,429	47,503	2,687	11,696	5,889	(2)
10,720	–	55,556	54,558	21,871	32,687	1,891	11,020	6,487	(3)
36,372	–	81,161	63,606	23,510	40,096	1,965	13,960	5,031	(4)
33,419	–	144,485	177,258	92,817	84,441	7,012	35,550	20,584	(5)
18,407	–	66,022	107,827	51,454	56,373	5,304	18,793	10,590	(6)
14,927	–	44,894	87,400	34,827	52,573	1,931	28,040	19,340	(7)
10,387	–	62,181	63,583	31,038	32,545	133	8,051	3,704	(8)
17,088	–	113,131	86,404	41,506	44,898	3,749	8,212	32	(9)
18,453	–	105,806	132,544	53,283	79,261	264	26,454	15,210	(10)
16,074	–	88,026	146,916	71,828	75,088	225	25,612	15,125	(11)
45,410	–	179,513	160,977	81,976	79,001	5,010	26,857	6,697	(12)
47,471	–	167,883	172,878	55,842	117,036	7,903	38,893	12,711	(13)
3,073	4,817	38,600	79,837	50,682	29,155	2,312	9,009	4,240	(14)
1,849	3,640	33,690	43,296	22,327	20,969	2,508	4,314	1,903	(15)
2,769	142	25,998	46,347	29,561	16,786	582	3,552	2,099	(16)
6,383	4,144	85,315	96,575	30,349	66,226	6,531	12,572	6,289	(17)
5,860	1,199	111,275	76,969	20,572	56,397	1,343	16,410	12,838	(18)
9,354	5,000	188,486	120,480	38,890	81,590	6,790	33,207	27,468	(19)
22,037	444	67,592	63,444	13,841	49,603	2,140	16,726	7,623	(20)
7,219	1,531	77,913	69,795	25,040	44,755	3,405	12,182	7,130	(21)
16,503	571	161,813	153,574	57,409	96,165	3,862	28,062	17,006	(22)
24,943	383	129,200	128,081	25,627	102,454	6,405	27,160	7,668	(23)
10,431	495	82,884	66,908	18,122	48,786	3,310	14,524	2,898	(24)
20,465	6,890	126,444	211,180	100,710	110,470	5,360	27,301	3,854	(25)
15,110	6,834	143,275	138,056	41,225	96,831	3,677	26,869	3,298	(26)
13,593	1,208	58,420	56,748	8,386	48,362	2,595	13,289	644	(27)
4,473	291	60,285	49,503	11,992	37,511	574	5,210	584	(28)
4,361	4,222	113,881	96,265	41,490	54,775	1,469	10,105	615	(29)
5,464	12,695	84,128	39,768	7,259	32,509	3,672	10,336	546	(30)
12,063	2,676	96,699	112,261	50,284	61,977	1,760	14,525	3,724	(31)
5,516	9,220	154,386	114,055	40,747	73,308	3,319	12,213	2,283	(32)
26,723	12,926	180,229	83,875	27,531	56,344	4,965	16,432	1,276	(33)
271	1	26,415	29,771	14,115	15,656	8	618	410	(34)
2,191	214	74,201	74,470	27,368	47,102	5	2,720	944	(35)
456	4	21,613	14,308	4,351	9,957	89	386	171	(36)
367	–	41,600	22,429	2,109	20,320	–	447	221	(37)
1,523	612	81,462	61,134	13,201	47,933	641	4,670	3,237	(38)
1,557	4,043	48,070	46,729	16,445	30,284	2,164	3,692	1,675	(39)
800	2,013	62,961	46,454	2,148	44,306	1,108	4,051	2,393	(40)
1,854	68	50,855	44,640	27,718	16,922	1,439	1,597	248	(41)
5,323	1	36,098	42,893	21,473	21,420	1,435	3,558	401	(42)
3,543	–	39,953	32,757	5,580	27,177	1,129	3,569	865	(43)
3,501	98	70,552	56,456	11,891	44,565	2,939	4,507	1,109	(44)
5,733	–	81,860	59,275	2,247	57,028	1,033	11,397	5,654	(45)
626	1	57,958	23,812	5	23,807	38	1,061	818	(46)
770	205	76,603	36,138	5,146	30,992	200	4,399	3,912	(47)
1,772	149	36,004	31,614	911	30,703	69	6,847	4,875	(48)
5,958	1,330	10,902	3,276	3	3,273	–	1,302	146	(49)
3,560	4,740	42,673	35,778	4,269	31,509	754	14,251	11,073	(50)
9,269	1,790	150,061	60,584	12,960	47,624	1,757	7,797	1,153	(51)
30,554	2,042	192,499	60,194	6,043	54,151	2,620	8,480	751	(52)
10,435	402	100,655	27,221	1,133	26,088	1,046	3,930	477	(53)
4,086	1,887	46,508	13,635	760	12,875	1,191	2,687	584	(54)
5,379	3,847	72,899	28,357	1,999	26,358	4,018	7,551	1,752	(55)
6,395	–	54,259	26,119	1,260	24,859	4,724	4,866	682	(56)
2,642	253	120,475	72,318	40	72,278	2,972	15,091	2,644	(57)
5,444	10	88,613	29,122	1,992	27,130	2,732	6,621	1,776	(58)

1 所有形態別林野面積（続き）
(4) 現況森林面積のうち、森林計画対象

| 森林計画区 | | 合計 | 国有
（林野庁） | 民有 | | | | |
| | | | | 計 | 独立行政
法人等 | 公有 | | |
						小計	都道府県	森林整備法人 （林業・造林公社）
越 前	(59)	221,729	28,885	192,844	10,637	28,821	20,456	-
若 狭	(60)	87,275	7,284	79,991	3,553	10,045	5,577	-
山 梨 東 部	(61)	107,876	505	107,371	3,922	61,431	51,033	-
富 士 川 上 流	(62)	148,378	1,335	147,043	2,964	98,738	91,674	-
富 士 川 中 流	(63)	91,033	2,598	88,435	3,364	38,975	34,051	-
千 曲 川 下 流	(64)	173,497	43,092	130,405	2,689	23,967	2,863	2,952
中 部 山 岳	(65)	216,463	80,615	135,848	5,306	39,556	4,814	2,538
千 曲 川 上 流	(66)	169,984	53,421	116,563	2,141	42,166	2,521	1,886
伊 那 谷	(67)	313,191	64,528	248,663	19,416	77,494	7,762	8,282
木 曽 谷	(68)	136,056	80,781	55,275	483	11,332	624	2,196
宮 ・ 庄 川	(69)	289,518	98,536	190,982	7,189	32,065	2,436	9,430
飛 驒 川	(70)	130,415	22,969	107,446	1,643	8,969	1,476	2,593
長 良 川	(71)	165,665	3,639	162,026	5,405	16,686	802	4,363
揖 斐 川	(72)	129,708	9,580	120,128	8,199	33,652	14,290	8,714
木 曽 川	(73)	122,213	19,965	102,248	839	22,234	719	1,494
静 岡	(74)	185,370	29,831	155,539	6,342	9,856	2,613	-
富 士	(75)	69,882	14,288	55,594	558	11,125	456	-
伊 豆	(76)	95,205	16,324	78,881	2,042	14,311	876	-
天 竜	(77)	131,969	21,399	110,570	4,952	5,942	2,617	-
尾 張 西 三 河	(78)	107,807	3,163	104,644	1,858	14,631	7,748	-
東 三 河	(79)	108,516	7,319	101,197	364	10,195	3,599	-
伊 賀	(80)	40,723	1,326	39,397	277	1,620	478	-
北 伊 勢	(81)	81,065	2,475	78,590	2,540	7,106	1,377	-
南 伊 勢	(82)	164,279	7,724	156,555	7,271	11,371	1,352	-
尾 鷲 熊 野	(83)	84,563	10,374	74,189	2,957	11,337	649	-
湖 北	(84)	104,876	10,067	94,809	745	24,358	3,371	13,850
湖 南	(85)	95,956	6,779	89,177	418	14,696	2,646	9,065
由 良 川	(86)	183,549	3,942	179,607	7,776	15,861	6,025	-
淀 川 上 流	(87)	156,389	1,999	154,390	8,623	11,245	3,369	-
大 阪	(88)	55,158	1,016	54,142	36	4,404	965	-
加 古 川	(89)	202,372	5,874	196,498	3,497	21,764	2,800	3,057
揖 保 川	(90)	179,929	16,121	163,808	8,543	20,220	2,880	6,125
円 山 川	(91)	176,296	6,029	170,267	15,360	32,272	1,103	15,350
大 和 ・ 木 津 川	(92)	67,517	925	66,592	694	2,517	841	-
北 山 ・ 十 津 川	(93)	134,781	8,495	126,286	9,801	17,793	6,656	-
吉 野	(94)	79,185	2,046	77,139	945	2,572	690	-
紀 南	(95)	209,683	11,176	198,507	6,878	11,474	4,703	962
紀 北	(96)	65,183	2,822	62,361	267	3,499	362	483
紀 中	(97)	84,709	2,451	82,258	4,876	5,544	240	2,272
日 野 川	(98)	84,160	5,488	78,672	4,782	15,798	1,940	7,039
天 神 川	(99)	52,480	8,627	43,853	4,406	6,279	690	2,589
千 代 川	(100)	120,119	15,370	104,749	4,923	18,501	2,244	5,660
江 の 川 下 流	(101)	170,542	10,801	159,741	9,939	17,805	249	9,700
斐 伊 川	(102)	191,312	7,607	183,705	14,399	24,090	2,350	10,749
隠 岐	(103)	29,686	221	29,465	18	3,279	61	784
高 津 川	(104)	121,841	12,770	109,071	8,781	7,497	69	3,105
高 梁 川 下 流	(105)	163,975	10,211	153,764	2,468	22,130	765	9,424
旭 川	(106)	136,219	10,360	125,859	2,087	24,455	1,739	4,541
吉 井 川	(107)	182,391	14,279	168,112	4,615	31,779	4,395	10,062
高 梁 川 上 流	(108)	30,502	3,570	26,932	206	1,045	437	-
江 の 川 上 流	(109)	205,650	13,482	192,168	12,171	19,447	13,875	-
太 田 川	(110)	194,719	14,567	180,152	3,616	33,576	10,202	-
瀬 戸 内	(111)	177,876	14,162	163,714	487	14,649	1,526	-
山 口	(112)	142,353	5,350	137,003	5,443	25,339	963	4,110
岩 徳	(113)	153,330	3,490	149,840	3,864	15,773	241	3,689
豊 田	(114)	73,486	658	72,828	1,605	13,774	83	3,268
萩	(115)	66,147	1,467	64,680	1,087	15,669	39	3,075
吉 野 川	(116)	184,736	11,015	173,721	4,780	13,501	4,361	4,226

（5）　現況森林面積のうち、森林計画対象の人工林

単位：ha　　　　　　　　　　　　　　　　　　　　　　　　　　　　単位：ha

市区町村	財産区	私有	合計	国有（林野庁）	民有 計	独立行政法人等	公有 小計	都道府県	
7,465	900	153,386	91,086	3,835	87,251	6,371	15,385	12,557	(59)
4,420	48	66,393	32,583	2,056	30,527	2,934	7,414	4,329	(60)
5,509	4,889	42,018	55,329	478	54,851	3,759	28,126	22,440	(61)
4,285	2,779	45,341	59,286	1,206	58,080	2,869	40,029	36,172	(62)
1,990	2,934	46,096	38,768	1,730	37,038	3,265	13,702	12,060	(63)
13,522	4,630	103,749	62,334	9,253	53,081	2,065	12,389	2,353	(64)
26,379	5,825	90,986	68,846	12,180	56,666	4,331	19,022	3,153	(65)
24,771	12,988	72,256	97,445	28,121	69,324	1,755	27,804	2,037	(66)
37,160	24,290	151,753	148,940	19,957	128,983	14,090	44,128	6,173	(67)
8,512	–	43,460	62,536	35,960	26,576	380	7,558	496	(68)
20,198	1	151,728	98,787	35,427	63,360	6,570	14,668	1,435	(69)
3,849	1,051	96,834	78,891	16,277	62,614	1,471	7,145	1,130	(70)
3,458	8,063	139,935	84,518	2,645	81,873	4,874	9,560	569	(71)
7,849	2,799	78,277	44,695	1,382	43,313	6,849	12,588	1,624	(72)
15,074	4,947	79,175	67,353	9,900	57,453	589	14,631	426	(73)
3,269	3,974	139,341	89,755	8,459	81,296	4,292	3,891	1,586	(74)
5,823	4,846	43,911	48,491	8,516	39,975	423	7,826	364	(75)
11,295	2,140	62,528	49,751	12,723	37,028	1,582	8,806	765	(76)
1,530	1,795	99,676	90,165	10,525	79,640	3,868	3,711	1,780	(77)
3,783	3,100	88,155	57,015	2,541	54,474	746	9,667	5,211	(78)
2,098	4,498	90,638	83,038	6,456	76,582	323	7,573	2,526	(79)
296	846	37,500	23,458	482	22,976	255	1,056	342	(80)
2,212	3,517	68,944	54,021	1,794	52,227	1,954	3,276	936	(81)
8,663	1,356	137,913	94,155	3,979	90,176	5,947	4,904	1,109	(82)
10,526	162	59,895	58,141	5,556	52,585	2,124	4,643	397	(83)
1,441	5,696	69,706	44,617	2,239	42,378	431	16,425	2,573	(84)
1,598	1,387	74,063	40,353	2,507	37,846	250	9,698	1,448	(85)
4,603	5,233	155,970	67,836	2,481	65,355	4,150	6,541	3,221	(86)
2,156	5,720	134,522	71,547	1,223	70,324	3,678	4,320	1,728	(87)
887	2,552	49,702	27,547	663	26,884	36	1,866	406	(88)
13,602	2,305	171,237	53,596	2,799	50,797	2,834	5,960	270	(89)
7,093	4,122	135,045	92,329	10,373	81,956	7,435	12,757	876	(90)
13,439	2,380	122,635	92,750	3,449	89,301	11,680	20,268	328	(91)
320	1,356	63,381	45,800	725	45,075	675	1,328	608	(92)
9,432	1,705	98,692	70,094	2,763	67,331	7,124	6,752	2,482	(93)
1,432	450	73,622	57,491	778	56,713	577	1,277	493	(94)
5,001	808	180,155	131,550	6,104	125,446	5,462	6,097	2,502	(95)
961	1,693	58,595	39,310	2,334	36,976	223	1,643	179	(96)
1,687	1,345	71,838	48,540	2,059	46,481	4,059	3,480	185	(97)
5,281	1,538	58,092	46,755	2,122	44,633	4,427	12,077	1,342	(98)
1,426	1,574	33,168	29,517	4,934	24,583	3,995	5,280	597	(99)
2,175	8,422	81,325	64,040	9,069	54,971	4,273	11,902	1,607	(100)
7,856	–	131,997	66,017	7,522	58,495	8,597	14,852	123	(101)
10,165	826	145,216	83,958	5,142	78,816	12,986	18,262	972	(102)
2,038	396	26,168	12,090	221	11,869	18	1,828	37	(103)
3,553	770	92,793	43,348	7,612	35,736	7,374	5,864	14	(104)
6,953	4,988	129,166	59,565	8,124	51,441	2,099	14,461	547	(105)
16,814	1,361	99,317	57,405	6,638	50,767	1,430	13,979	1,045	(106)
11,662	5,660	131,718	89,029	9,890	79,139	4,081	21,556	3,504	(107)
481	127	25,681	10,949	2,204	8,745	178	769	386	(108)
5,243	329	160,550	80,778	9,135	71,643	10,264	14,686	11,233	(109)
20,658	2,716	142,960	78,945	7,766	71,179	3,084	18,883	7,956	(110)
8,085	5,038	148,578	30,207	7,245	22,962	422	4,670	966	(111)
19,523	743	106,221	63,049	4,424	58,625	5,170	15,378	684	(112)
11,771	72	130,203	69,343	2,006	67,337	3,336	10,734	105	(113)
10,423	–	57,449	30,168	508	29,660	1,431	9,977	70	(114)
12,555	–	47,924	27,280	913	26,367	930	8,421	17	(115)
4,069	845	155,440	101,771	4,454	97,317	4,455	9,564	3,141	(116)

1 所有形態別林野面積（続き）
(4) 現況森林面積のうち、森林計画対象

森林計画区		合計	国有 (林野庁)	民有 計	独立行政 法人等	公有 小計	都道府県	森林整備法人 (林業・造林公社)
那 賀 ・ 海 部 川	(117)	127,885	5,373	122,512	7,217	12,536	2,606	5,540
香 川	(118)	86,601	7,488	79,113	309	13,869	2,444	–
今 治 松 山	(119)	76,898	2,512	74,386	1,249	7,312	1,099	–
東 予	(120)	84,745	10,175	74,570	2,814	10,977	1,920	–
肱 川	(121)	104,658	5,238	99,420	438	6,042	183	–
中 予 山 岳	(122)	51,605	8,488	43,117	2,038	3,035	527	–
南 予	(123)	80,063	11,852	68,211	1,909	7,937	3,133	50
嶺 北 仁 淀	(124)	162,237	25,848	136,389	1,124	7,526	2,200	449
四 万 十 川	(125)	251,407	52,958	198,449	12,196	26,118	3,616	9,317
高 知	(126)	76,366	13,408	62,958	654	3,014	486	384
安 芸	(127)	99,422	29,458	69,964	2,893	10,448	3,291	4,719
遠 賀 川	(128)	104,112	11,948	92,164	2,599	11,733	3,839	–
福 岡	(129)	47,767	7,639	40,128	621	9,011	1,985	–
筑 後 ・ 矢 部 川	(130)	65,610	3,850	61,760	210	4,185	470	–
佐 賀 東 部	(131)	65,261	10,077	55,184	2,302	8,562	1,520	–
佐 賀 西 部	(132)	44,354	5,085	39,269	1,067	3,761	1,285	–
長 崎 北 部	(133)	51,776	2,413	49,363	96	6,863	640	3,114
長 崎 南 部	(134)	76,505	11,315	65,190	1,523	12,374	2,884	2,027
五 島 壱 岐	(135)	49,559	3,946	45,613	838	13,733	1,636	1,921
対 馬	(136)	63,039	4,875	58,164	–	9,835	1,426	7,198
白 川 ・ 菊 池 川	(137)	123,565	10,088	113,477	2,561	19,232	2,706	627
緑 川	(138)	68,099	13,399	54,700	800	3,362	733	417
球 磨 川	(139)	207,270	36,502	170,768	10,949	29,390	6,823	6,207
天 草	(140)	57,923	1,099	56,824	86	8,591	733	1,710
大 分 北 部	(141)	122,817	6,739	116,078	1,517	10,644	4,748	–
大 分 中 部	(142)	148,874	15,780	133,094	3,154	12,519	6,224	–
大 分 南 部	(143)	78,244	13,934	64,310	7,834	5,949	3,230	–
大 分 西 部	(144)	95,232	7,069	88,163	2,884	7,178	774	–
五 ヶ 瀬 川	(145)	132,606	20,390	112,216	7,359	14,460	3,716	3,181
耳 川	(146)	142,922	12,036	130,886	12,732	16,874	4,022	4,470
一 ツ 瀬 川	(147)	83,168	26,127	57,041	5,505	8,529	2,451	2,033
大 淀 川	(148)	158,728	87,653	71,075	507	8,732	3,394	2
広 渡 川	(149)	65,213	28,362	36,851	228	1,887	184	–
北 薩	(150)	129,249	32,000	97,249	2,947	16,790	1,384	3,361
姶 良	(151)	65,296	10,836	54,460	1,042	7,647	1,349	1,101
南 薩	(152)	106,672	9,282	97,390	388	15,654	433	2,237
大 隅	(153)	131,634	47,796	83,838	4,065	11,076	2,536	1,542
熊 毛	(154)	71,295	40,405	30,890	–	6,983	1,274	1,387
奄 美 大 島	(155)	80,083	7,835	72,248	1,236	15,266	149	–
沖 縄 北 部	(156)	52,631	7,384	45,247	62	27,416	5,215	–
沖 縄 中 南 部	(157)	13,161	2	13,159	5	7,255	204	–
宮 古 八 重 山	(158)	40,262	23,938	16,324	3	11,612	200	–

(5) 現況森林面積のうち、森林計画対象の人工林

単位：ha　　　　　　　　　　　　　　　　　　　　　　　　　　　　　　　単位：ha

市区町村	財産区	私有	合計	国有 （林野庁）	民有 計	独立行政 法人等	公有 小計	都道府県	
4,043	347	102,759	88,139	2,559	85,580	6,751	8,519	1,708	(117)
6,037	5,388	64,935	23,270	5,018	18,252	217	5,359	1,210	(118)
6,184	29	65,825	39,175	1,587	37,588	944	4,462	846	(119)
6,369	2,688	60,779	53,357	4,871	48,486	2,277	6,744	1,327	(120)
2,296	3,563	92,940	65,880	3,725	62,155	409	4,767	163	(121)
2,508	–	38,044	39,861	3,877	35,984	1,713	2,515	464	(122)
3,500	1,254	58,365	45,860	9,066	36,794	1,783	5,915	2,662	(123)
4,731	146	127,739	111,903	15,402	96,501	1,039	6,086	1,863	(124)
13,185	–	160,135	163,105	44,544	118,561	11,859	22,106	3,090	(125)
2,120	24	59,290	47,603	6,502	41,101	619	2,467	349	(126)
2,186	252	56,623	64,842	23,611	41,231	2,720	8,577	2,909	(127)
6,731	1,163	77,832	59,940	7,014	52,926	2,430	8,433	3,464	(128)
5,561	1,465	30,496	29,318	3,444	25,874	434	7,360	1,752	(129)
2,237	1,478	57,365	49,447	2,750	46,697	197	3,441	418	(130)
7,042	–	44,320	45,691	7,247	38,444	2,199	6,913	1,328	(131)
2,476	–	34,441	27,846	2,919	24,927	1,039	2,779	1,100	(132)
3,109	–	42,404	23,589	1,588	22,001	89	5,046	462	(133)
7,002	461	51,293	36,883	6,032	30,851	1,458	8,132	2,066	(134)
9,648	528	31,042	21,355	2,432	18,923	782	6,896	1,417	(135)
1,211	–	48,329	22,763	2,946	19,817	–	6,796	1,018	(136)
13,778	2,121	91,684	75,414	7,196	68,218	2,171	8,549	1,584	(137)
2,210	2	50,538	39,457	7,520	31,937	712	2,643	621	(138)
14,605	1,755	130,429	140,466	22,362	118,104	10,124	23,831	4,976	(139)
4,258	1,890	48,147	23,664	605	23,059	78	4,735	522	(140)
5,888	8	103,917	55,237	3,984	51,253	1,355	6,996	4,173	(141)
6,279	16	117,421	67,575	7,390	60,185	2,912	7,851	5,328	(142)
2,719	–	50,527	42,426	8,221	34,205	7,332	3,989	2,930	(143)
5,182	1,222	78,101	64,319	4,700	59,619	2,668	3,667	580	(144)
7,563	–	90,397	65,933	7,734	58,199	6,034	10,113	2,645	(145)
8,382	–	101,280	82,523	5,206	77,317	8,683	12,859	2,915	(146)
4,044	1	43,007	39,965	14,736	25,229	3,907	5,651	1,510	(147)
5,249	87	61,836	100,317	52,393	47,924	268	6,725	2,658	(148)
1,703	–	34,736	43,481	20,086	23,395	148	1,301	104	(149)
12,045	–	77,512	76,332	22,647	53,685	2,758	12,116	1,197	(150)
5,197	–	45,771	43,124	7,370	35,754	962	5,141	1,050	(151)
12,984	–	81,348	51,237	5,844	45,393	355	4,746	267	(152)
6,998	–	68,697	80,609	29,945	50,664	1,662	7,514	1,635	(153)
4,322	–	23,907	18,940	8,608	10,332	–	3,253	366	(154)
15,117	–	55,746	3,729	458	3,271	204	1,405	28	(155)
22,201	–	17,769	6,637	389	6,248	4	4,631	1,692	(156)
7,051	–	5,899	1,559	–	1,559	–	1,192	19	(157)
11,412	–	4,709	4,038	1,465	2,573	–	2,011	12	(158)

1 所有形態別林野面積（続き）
(5) 現況森林面積のうち、森林計画対象の人工林（続き）
(6) 森林以外の草生地

単位：ha

森林計画区		民有（続き）				合計	国有	
		公有（続き）			私有		計	林野庁
		森林整備法人（林業・造林公社）	市区町村	財産区				
渡 島 檜 山	(1)	12	13,959	–	50,332	18,699	3,373	640
後 志 胆 振	(2)	5	5,802	–	33,120	19,395	6,080	2,217
胆 振 東 部	(3)	–	4,533	–	19,776	5,071	1,042	3
日 高	(4)	–	8,929	–	24,171	3,028	1,292	361
石 狩 空 知	(5)	18	14,948	–	41,879	14,307	6,010	559
上 川 南 部	(6)	13	8,190	–	32,276	1,510	1,302	591
上 川 北 部	(7)	–	8,700	–	22,602	3,064	1,025	591
留 萌	(8)	–	4,347	–	24,361	4,520	2,506	495
宗 谷	(9)	–	8,180	–	32,937	19,165	7,545	121
網 走 西 部	(10)	–	11,244	–	52,543	3,393	1,080	129
網 走 東 部	(11)	9	10,478	–	49,251	3,652	614	280
釧 路 根 室	(12)	–	20,160	–	47,134	79,187	40,231	2,151
十 勝	(13)	–	26,182	–	70,240	15,743	4,394	1,244
津 軽	(14)	–	1,984	2,785	17,834	2,083	1,504	1,135
東 青	(15)	–	951	1,460	14,147	864	516	515
下 北	(16)	–	1,427	26	12,652	2,150	1,761	682
三 八 上 北	(17)	–	3,865	2,418	47,123	7,426	1,841	1,785
馬 淵 川 上 流	(18)	–	3,107	465	38,644	1,969	1,082	962
久 慈 ・ 閉 伊 川	(19)	–	5,175	564	41,593	2,882	1,917	1,916
大 槌 ・ 気 仙 川	(20)	–	8,960	143	30,737	864	130	130
北 上 川 上 流	(21)	–	4,738	314	29,168	4,031	3,931	2,140
北 上 川 中 流	(22)	–	10,585	471	64,241	2,428	958	951
宮 城 北 部	(23)	4,146	15,195	151	68,889	3,329	1,705	32
宮 城 南 部	(24)	5,166	6,067	393	30,952	716	261	160
米 代 川	(25)	8,351	12,122	2,974	77,809	5,739	311	289
雄 物 川	(26)	12,406	9,415	1,750	66,285	6,131	156	85
子 吉 川	(27)	3,292	8,642	711	32,478	2,988	2	–
庄 内	(28)	2,889	1,493	244	31,727	101	56	53
最 上 村 山	(29)	6,284	2,393	813	43,201	857	211	152
置 賜	(30)	6,330	1,489	1,971	18,501	423	233	233
磐 城	(31)	766	8,161	1,874	45,692	487	139	133
阿 武 隈 川	(32)	3,477	2,795	3,658	57,776	2,744	1,223	130
会 津	(33)	9,960	3,221	1,975	34,947	1,151	34	31
奥 久 慈	(34)	80	127	1	15,030	418	29	29
八 溝 多 賀	(35)	–	1,627	149	44,377	592	46	46
水 戸 那 珂	(36)	–	212	3	9,482	212	17	17
霞 ヶ 浦	(37)	–	226	–	19,873	41	16	1
那 珂 川	(38)	4	1,095	334	42,622	234	183	171
鬼 怒 川	(39)	–	878	1,139	24,428	60	60	55
渡 良 瀬 川	(40)	–	435	1,223	39,147	5	5	1
利 根 上 流	(41)	47	1,258	44	13,886	190	190	183
吾 妻	(42)	335	2,821	1	16,427	659	636	636
利 根 下 流	(43)	605	2,099	–	22,479	486	339	21
西 毛	(44)	978	2,347	73	37,119	682	375	7
埼 玉	(45)	3,045	2,698	–	44,598	207	–	–
千 葉 北 部	(46)	–	242	1	22,708	3,539	13	–
千 葉 南 部	(47)	–	329	158	26,393	2,223	22	2
多 摩	(48)	697	1,171	104	23,787	141	132	–
伊 豆 諸 島	(49)	–	966	190	1,971	824	824	741
神 奈 川	(50)	–	1,642	1,536	16,504	82	82	82
下 越	(51)	4,183	2,129	332	38,070	135	135	59
中 越	(52)	3,174	4,253	302	43,051	1,109	14	14
上 越	(53)	2,012	1,389	52	21,112	2,842	1,557	–
佐 渡	(54)	838	1,000	265	8,997	16	16	7
神 通 川	(55)	4,716	791	292	14,789	–	–	–
庄 川	(56)	3,350	834	–	15,269	–	–	–
能 登	(57)	11,008	1,224	215	54,215	816	4	–
加 賀	(58)	2,017	2,818	10	17,777	15	2	2

単位：ha

林野庁以外の官庁	計	独立行政法人等	民有 公有					私有	
			小計	都道府県	森林整備法人（林業・造林公社）	市区町村	財産区		
2,733	15,326	-	2,459	16	-	2,443	-	12,867	(1)
3,863	13,315	-	1,108	26	-	1,082	-	12,207	(2)
1,039	4,029	-	979	26	-	953	-	3,050	(3)
931	1,736	-	137	6	-	131	-	1,599	(4)
5,451	8,297	7	952	119	-	833	-	7,338	(5)
711	208	-	3	-	-	3	-	205	(6)
434	2,039	-	20	-	-	20	-	2,019	(7)
2,011	2,014	-	103	4	-	99	-	1,911	(8)
7,424	11,620	-	1,393	-	-	1,393	-	10,227	(9)
951	2,313	-	11	-	-	11	-	2,302	(10)
334	3,038	-	606	19	-	587	-	2,432	(11)
38,080	38,956	9	8,038	9	-	8,029	-	30,909	(12)
3,150	11,349	446	1,320	36	-	1,284	-	9,583	(13)
369	579	-	129	-	-	95	34	450	(14)
1	348	-	348	-	-	186	162	-	(15)
1,079	389	-	42	-	-	42	-	347	(16)
56	5,585	-	2,254	8	-	2,054	192	3,331	(17)
120	887	-	790	-	-	790	-	97	(18)
1	965	-	6	-	-	6	-	959	(19)
-	734	-	167	92	-	75	-	567	(20)
1,791	100	-	35	-	-	35	-	65	(21)
7	1,470	-	1,216	32	-	1,176	8	254	(22)
1,673	1,624	186	762	71	-	691	-	676	(23)
101	455	-	351	287	-	64	-	104	(24)
22	5,428	-	3,646	38	-	2,584	1,024	1,782	(25)
71	5,975	-	1,350	7	-	969	374	4,625	(26)
2	2,986	-	889	2	-	806	81	2,097	(27)
3	45	-	-	-	-	-	-	45	(28)
59	646	-	260	1	-	259	-	386	(29)
-	190	-	6	-	-	6	-	184	(30)
6	348	-	57	11	-	24	22	291	(31)
1,093	1,521	-	125	2	-	78	45	1,396	(32)
3	1,117	1	189	117	2	70	-	927	(33)
-	389	-	27	-	-	27	-	362	(34)
-	546	-	400	100	-	83	217	146	(35)
-	195	-	34	-	-	34	-	161	(36)
15	25	1	-	-	-	-	-	24	(37)
12	51	-	51	1	-	50	-	-	(38)
5	-	-	-	-	-	-	-	-	(39)
4	-	-	-	-	-	-	-	-	(40)
7	-	-	-	-	-	-	-	-	(41)
-	23	-	1	-	-	1	-	22	(42)
318	147	-	13	5	-	8	-	134	(43)
368	307	-	-	-	-	-	-	307	(44)
-	207	-	207	207	-	-	-	-	(45)
13	3,526	1	31	18	-	13	-	3,494	(46)
20	2,201	-	-	-	-	-	-	2,201	(47)
132	9	-	6	-	-	6	-	3	(48)
83	-	-	-	-	-	-	-	-	(49)
-	-	-	-	-	-	-	-	-	(50)
76	-	-	-	-	-	-	-	-	(51)
-	1,095	50	98	-	-	98	-	947	(52)
1,557	1,285	-	18	-	-	18	-	1,267	(53)
9	-	-	-	-	-	-	-	-	(54)
-	-	-	-	-	-	-	-	-	(55)
-	-	-	-	-	-	-	-	-	(56)
4	812	-	-	-	-	-	-	812	(57)
-	13	-	9	5	2	2	-	4	(58)

1 所有形態別林野面積（続き）
(5) 現況森林面積のうち、森林計画対象の人工林（続き）　　　　　(6) 森林以外の草生地

単位：ha

森林計画区	民有（続き）公有（続き） 森林整備法人（林業・造林公社）	市区町村	財産区	私有	合計	国有 計	林野庁
越　　　　　前　(59)	-	2,783	45	65,495	332	221	221
若　　　　　狭　(60)	-	3,058	27	20,179	16	14	13
山　梨　東　部　(61)	-	2,747	2,939	22,966	1,968	1,968	-
富　士　川　上　流　(62)	-	1,796	2,061	15,182	1	1	-
富　士　川　中　流　(63)	-	1,019	623	20,071	3	3	-
千　曲　川　下　流　(64)	2,198	5,786	2,052	38,627	2,494	489	488
中　部　山　岳　(65)	2,068	10,657	3,144	33,313	1,288	232	232
千　曲　川　上　流　(66)	1,498	15,729	8,540	39,765	2,288	899	897
伊　那　谷　(67)	6,496	19,367	12,092	70,765	1,180	326	325
木　曽　谷　(68)	1,963	5,099	-	18,638	386	221	221
宮　・　庄　川　(69)	8,803	4,430	-	42,122	1,664	393	393
飛　騨　川　(70)	2,548	2,777	690	53,998	53	1	1
長　良　川　(71)	3,418	1,776	3,797	67,439	94	94	94
揖　斐　川　(72)	8,109	1,976	879	23,876	-	-	-
木　曽　川　(73)	1,291	9,707	3,207	42,233	666	53	53
静　　　　　岡　(74)	-	1,714	591	73,113	131	13	13
富　　　　　士　(75)	-	3,971	3,491	31,726	4,108	1,116	53
伊　　　　　豆　(76)	-	6,873	1,168	26,640	186	186	186
天　　　　　竜　(77)	-	869	1,062	72,061	344	8	8
尾　張　西　三　河　(78)	-	2,033	2,423	44,061	132	-	-
東　三　河　(79)	-	1,486	3,561	68,686	68	-	-
伊　賀　(80)	-	125	589	21,665	33	-	-
北　伊　勢　(81)	-	1,317	1,023	46,997	24	4	3
南　伊　勢　(82)	-	3,495	300	79,325	32	22	22
尾　鷲　熊　野　(83)	-	4,095	151	45,818	95	41	41
湖　　　　　北　(84)	10,743	435	2,674	25,522	850	810	155
湖　　　　　南　(85)	6,856	634	760	27,898	44	44	44
由　良　川　(86)	-	1,810	1,510	54,664	103	103	62
淀　川　上　流　(87)	-	790	1,802	62,326	76	76	1
大　　　　　阪　(88)	-	408	1,052	24,982	166	166	1
加　古　川　(89)	2,035	3,116	539	42,003	342	308	43
揖　保　川　(90)	5,345	4,194	2,342	61,764	252	40	40
円　山　川　(91)	12,195	6,513	1,232	57,353	240	54	54
大　和　・　木　津　川　(92)	-	170	550	43,072	-	-	-
北　山　・　十　津　川　(93)	-	4,258	12	53,455	16	16	16
吉　　　　　野　(94)	-	495	289	54,859	18	11	11
紀　　　　　南　(95)	858	2,558	179	113,887	11	11	11
紀　　　　　北　(96)	378	330	756	35,110	3	3	3
紀　　　　　中　(97)	2,089	739	467	38,942	3	3	3
日　野　川　(98)	6,704	3,332	699	28,129	382	25	11
天　神　川　(99)	2,456	1,212	1,015	15,308	421	78	78
千　代　川　(100)	5,225	1,726	3,344	38,796	274	75	63
江　の　川　下　流　(101)	9,061	5,668	-	35,046	1,918	219	157
斐　伊　川　(102)	10,236	6,686	368	47,568	1,799	31	30
隠　　　　　岐　(103)	760	875	156	10,023	-	-	-
高　津　川　(104)	3,019	2,679	152	22,498	597	105	105
高　梁　川　下　流　(105)	9,349	3,115	1,450	34,881	886	1	1
旭　川　(106)	4,502	7,928	504	35,358	849	95	95
吉　井　川　(107)	9,995	5,663	2,394	53,502	2,150	560	42
高　梁　川　上　流　(108)	-	334	49	7,798	573	8	8
江　の　川　上　流　(109)	-	3,293	160	46,693	1,559	33	33
太　田　川　(110)	-	10,015	912	49,212	1,812	135	89
瀬　戸　内　(111)	-	2,254	1,450	17,870	4,089	53	13
山　　　　　口　(112)	3,894	10,481	319	38,077	1,794	9	-
岩　　　　　徳　(113)	3,410	7,172	47	53,267	839	16	6
豊　　　　　田　(114)	2,981	6,926	-	18,252	295	150	4
萩　(115)	2,802	5,602	-	17,016	276	120	-
吉　野　川　(116)	3,396	2,655	372	83,298	213	17	17

単位：ha

林野庁以外の官庁	計	独立行政法人等	民有					私有	
			公有						
			小計	都道府県	森林整備法人（林業・造林公社）	市区町村	財産区		
－	111	－	62	18	－	44	－	49	(59)
1	2	－	－	－	－	－	－	2	(60)
1,968	－	－	－	－	－	－	－	－	(61)
1	－	－	－	－	－	－	－	－	(62)
3	－	－	－	－	－	－	－	－	(63)
1	2,005	－	444	－	－	285	159	1,561	(64)
－	1,056	－	502	104	－	325	73	554	(65)
2	1,389	35	677	20	－	114	543	677	(66)
1	854	8	348	15	11	292	30	498	(67)
－	165	－	83	－	－	83	－	82	(68)
－	1,271	－	680	－	1	679	－	591	(69)
－	52	－	50	－	－	50	－	2	(70)
－	－	－	－	－	－	－	－	－	(71)
－	－	－	－	－	－	－	－	－	(72)
－	613	－	279	218	2	55	4	334	(73)
－	118	－	－	－	－	－	－	118	(74)
1,063	2,992	32	1,814	4	－	67	1,743	1,146	(75)
－	－	－	－	－	－	－	－	－	(76)
－	336	－	79	44	－	18	17	257	(77)
－	132	－	132	132	－	－	－	－	(78)
－	68	－	68	68	－	－	－	－	(79)
－	33	－	－	－	－	－	－	33	(80)
1	20	－	－	－	－	－	－	20	(81)
－	10	－	－	－	－	－	－	10	(82)
－	54	－	－	－	－	－	－	54	(83)
655	40	－	－	－	－	－	－	40	(84)
－	－	－	－	－	－	－	－	－	(85)
41	－	－	－	－	－	－	－	－	(86)
75	－	－	－	－	－	－	－	－	(87)
165	－	－	－	－	－	－	－	－	(88)
265	34	－	16	－	－	14	2	18	(89)
－	212	7	108	83	1	12	12	97	(90)
－	186	－	3	1	－	2	－	183	(91)
－	－	－	－	－	－	－	－	－	(92)
－	－	－	－	－	－	－	－	－	(93)
－	7	－	－	－	－	－	－	7	(94)
－	－	－	－	－	－	－	－	－	(95)
－	－	－	－	－	－	－	－	－	(96)
－	－	－	－	－	－	－	－	－	(97)
14	357	－	25	－	－	25	－	332	(98)
－	343	37	282	－	－	－	282	24	(99)
12	199	－	－	－	－	－	－	199	(100)
62	1,699	－	234	6	－	228	－	1,465	(101)
1	1,768	－	－	－	－	－	－	1,768	(102)
									(103)
－	492	－	－	－	－	－	－	492	(104)
－	885	－	－	－	－	－	－	885	(105)
－	754	－	49	2	－	46	1	705	(106)
518	1,590	－	417	16	－	220	181	1,173	(107)
－	565	－	－	－	－	－	－	565	(108)
－	1,526	－	5	－	－	－	5	1,521	(109)
46	1,677	－	133	69	－	60	4	1,544	(110)
40	4,036	－	32	23	－	9	－	4,004	(111)
9	1,785	－	1,446	－	－	1,446	－	339	(112)
10	823	－	11	－	－	11	－	812	(113)
146	145	－	25	－	－	25	－	120	(114)
120	156	－	15	1	2	12	－	141	(115)
－	196	－	79	25	－	54	－	117	(116)

1 所有形態別林野面積（続き）

(5) 現況森林面積のうち、　　　　　　　　　　　　　　(6) 森林以外の草生地
森林計画対象の人工林（続き）

単位：ha

| 森林計画区 | 民有（続き） | | | | 合計 | 国有 | |
| | 公有（続き） | | | 私有 | | 計 | 林野庁 |
	森林整備法人（林業・造林公社）	市区町村	財産区				
那 賀 ・ 海 部 川 (117)	4,023	2,581	207	70,310	－	－	－
香 川 (118)	－	2,337	1,812	12,676	107	43	－
今 治 松 山 (119)	－	3,614	2	32,182	7	7	－
東 予 (120)	－	3,665	1,752	39,465	441	－	－
肱 川 (121)		1,591	3,013	56,979	128	52	51
中 予 山 岳 (122)	－	2,051	－	31,756	488	179	179
南 予 (123)	－	2,470	783	29,096	－	－	－
嶺 北 仁 淀 (124)	433	3,654	136	89,376	1,189	682	682
四 万 十 川 (125)	8,953	10,063	－	84,596	339	7	7
高 知 (126)	368	1,727	23	38,015	773	670	642
安 芸 (127)	4,289	1,337	42	29,934	60	－	－
遠 賀 川 (128)	－	4,185	784	42,063	284	136	63
福 岡 (129)	－	4,333	1,275	18,080	167	25	－
筑 後 ・ 矢 部 川 (130)	－	1,714	1,309	43,059	20	20	－
佐 賀 東 部 (131)	－	5,585	－	29,332	79	71	14
佐 賀 西 部 (132)	－	1,679	－	21,109	30	1	－
長 崎 北 部 (133)	2,929	1,655	－	16,866	2,252	464	－
長 崎 南 部 (134)	1,898	3,855	313	21,261	994	314	263
五 島 壱 岐 (135)	1,378	3,680	421	11,245	1,323	6	－
対 馬 (136)	5,178	600	－	13,021	75	－	－
白 川 ・ 菊 池 川 (137)	617	5,942	406	57,498	7,083	124	36
緑 川 (138)	415	1,606	1	28,582	1,532	1,445	
球 磨 川 (139)	5,798	11,812	1,245	84,149	－	－	－
天 草 (140)	1,607	1,904	702	18,246	－	－	－
大 分 北 部 (141)	－	2,818	5	42,902	567	555	41
大 分 中 部 (142)	－	2,523	－	49,422	1,145	484	465
大 分 南 部 (143)	－	1,059	－	22,884	9	9	3
大 分 西 部 (144)	－	2,561	526	53,284	4,215	4,090	467
五 ヶ 瀬 川 (145)	3,053	4,415	－	42,052	620	－	－
耳 川 (146)	3,901	6,043	－	55,775	87	－	－
一 ツ 瀬 川 (147)	1,871	2,270	－	15,671	－	－	－
大 淀 川 (148)	－	4,023	44	40,931	679	574	83
広 渡 川 (149)	－	1,197	－	21,946	143	12	1
北 薩 (150)	3,252	7,667	－	38,811	42	5	4
姶 良 (151)	1,056	3,035	－	29,651	463	463	58
南 薩 (152)	2,041	2,438	－	40,292	1,899	－	－
大 隅 (153)	1,449	4,430	－	41,488	284	247	4
熊 毛 (154)	1,328	1,559	－	7,079	1,142	1,142	1,142
奄 美 大 島 (155)	－	1,377	－	1,662	14	12	－
沖 縄 北 部 (156)	－	2,939	－	1,613	1,324	3	－
沖 縄 中 南 部 (157)	－	1,173	－	367	1,046	6	－
宮 古 八 重 山 (158)	－	1,999	－	562	6,823	208	71

単位：ha

林野庁以外の官庁	計	独立行政法人等	民有 公有 小計	都道府県	森林整備法人（林業・造林公社）	市区町村	財産区	私有	
-	-	-	-	-	-	-	-	-	(117)
43	64	-	-	-	-	-	L	64	(118)
7	-	-	-	-	-	-	-	-	(119)
-	441	-	169	-	-	121	48	272	(120)
1	76	-	-	-	-	-	-	76	(121)
-	309	-	133	14	-	119	-	176	(122)
-	-	-	-	-	-	-	-	-	(123)
-	507	-	-	-	-	-	-	507	(124)
-	332	-	91	-	-	91	-	241	(125)
28	103	-	2	2	-	-	-	101	(126)
-	60	-	1	-	1	-	-	59	(127)
73	148	-	13	1	-	12	-	135	(128)
25	142	3	103	-	-	103	-	36	(129)
20	-	-	-	-	-	-	-	-	(130)
57	8	-	8	-	-	8	-	-	(131)
1	29	-	-	-	-	-	-	29	(132)
464	1,788	-	351	1	-	350	-	1,437	(133)
51	680	-	88	-	-	88	-	592	(134)
6	1,317	-	23	-	-	23	-	1,294	(135)
-	75	-	-	-	-	-	-	75	(136)
88	6,959	-	3,247	61	-	2,396	790	3,712	(137)
1,445	87	-	11	-	-	11	-	76	(138)
-	-	-	-	-	-	-	-	-	(139)
-	-	-	-	-	-	-	-	-	(140)
514	12	-	2	-	-	2	-	10	(141)
19	661	-	171	-	-	171	-	490	(142)
6	-	-	-	-	-	-	-	-	(143)
3,623	125	-	-	-	-	-	-	125	(144)
-	620	-	-	-	-	-	-	620	(145)
-	87	-	-	-	-	-	-	87	(146)
-	-	-	-	-	-	-	-	-	(147)
491	105	-	71	2	-	69	-	34	(148)
11	131	-	-	-	-	-	-	131	(149)
1	37	-	2	1	-	1	-	35	(150)
405	-	-	-	-	-	-	-	-	(151)
-	1,899	-	871	3	-	868	-	1,028	(152)
243	37	-	37	-	-	37	-	-	(153)
-	-	-	-	-	-	-	-	-	(154)
12	2	-	-	-	-	-	-	2	(155)
3	1,321	-	20	-	-	20	-	1,301	(156)
6	1,040	-	24	-	-	24	-	1,016	(157)
137	6,615	-	1,808	-	-	1,808	-	4,807	(158)

第Ⅱ部　農山村地域調査
（農業集落用調査票関係）

［全国農業地域・都道府県別］

1　農業集落の立地条件
（1）　農業地域類型別農業集落数　　　　　　　　　　　（2）　法制上の地

単位：集落

全国農業地域・都道府県		計	都市的地域	平地農業地域	中間農業地域	山間農業地域	実農業集落数	都市線引 市街化区域
全　　　　　　国	(1)	138,243	29,616	34,712	47,291	26,624	138,229	16,646
（全国農業地域）								
北　海　道	(2)	7,066	828	2,635	2,051	1,552	7,066	445
都　府　県	(3)	131,177	28,788	32,077	45,240	25,072	131,163	16,201
東　北	(4)	17,590	1,970	6,021	6,300	3,299	17,590	1,123
北　陸	(5)	11,046	1,589	3,755	3,939	1,763	11,046	934
関東・東山	(6)	24,260	7,180	8,584	5,369	3,127	24,260	4,879
北　関　東	(7)	9,037	2,160	4,528	1,693	656	9,037	1,828
南　関　東	(8)	8,892	4,104	3,034	1,220	534	8,892	2,757
東　山	(9)	6,331	916	1,022	2,456	1,937	6,331	294
東　海	(10)	11,556	4,443	2,189	2,337	2,587	11,556	2,751
近　畿	(11)	10,795	3,275	1,656	3,399	2,465	10,794	2,545
中　国	(12)	19,616	3,778	1,429	8,763	5,646	19,607	2,078
山　陰	(13)	5,715	702	728	2,072	2,213	5,715	222
山　陽	(14)	13,901	3,076	701	6,691	3,433	13,892	1,856
四　国	(15)	11,059	2,276	2,093	3,659	3,031	11,059	439
九　州	(16)	24,515	3,920	6,132	11,356	3,107	24,511	1,383
北　九　州	(17)	15,806	3,003	4,619	6,256	1,928	15,803	1,129
南　九　州	(18)	8,709	917	1,513	5,100	1,179	8,708	254
沖　縄	(19)	740	357	218	118	47	740	69
（都道府県）								
北　海　道	(20)	7,066	828	2,635	2,051	1,552	7,066	445
青　森	(21)	1,782	271	620	636	255	1,782	159
岩　手	(22)	3,614	294	851	1,429	1,040	3,614	86
宮　城	(23)	2,636	376	1,211	769	280	2,636	219
秋　田	(24)	2,761	217	981	973	590	2,761	75
山　形	(25)	2,733	263	1,180	788	502	2,733	156
福　島	(26)	4,064	549	1,178	1,705	632	4,064	428
茨　城	(27)	3,799	830	2,469	411	89	3,799	854
栃　木	(28)	3,274	741	1,554	769	210	3,274	590
群　馬	(29)	1,964	589	505	513	357	1,964	384
埼　玉	(30)	3,977	2,109	1,257	315	296	3,977	1,226
千　葉	(31)	3,497	1,012	1,706	716	63	3,497	641
東　京	(32)	143	46	–	29	68	143	51
神　奈　川	(33)	1,275	937	71	160	107	1,275	839
新　潟	(34)	5,093	605	1,746	2,155	587	5,093	423
富　山	(35)	2,217	352	1,150	442	273	2,217	189
石　川	(36)	1,918	378	370	765	405	1,918	246
福　井	(37)	1,818	254	489	577	498	1,818	76
山　梨	(38)	1,610	306	241	536	527	1,610	56
長　野	(39)	4,721	610	781	1,920	1,410	4,721	238
岐　阜	(40)	3,039	706	451	797	1,085	3,039	317
静　岡	(41)	3,337	1,440	631	673	593	3,337	866
愛　知	(42)	3,046	1,742	552	308	444	3,046	1,242
三　重	(43)	2,134	555	555	559	465	2,134	326
滋　賀	(44)	1,545	414	595	363	173	1,545	414
京　都	(45)	1,684	534	82	566	502	1,683	437
大　阪	(46)	773	584	22	105	62	773	540
兵　庫	(47)	3,748	803	577	1,449	919	3,748	584
奈　良	(48)	1,446	570	151	425	300	1,446	493
和　歌　山	(49)	1,599	370	229	491	509	1,599	77
鳥　取	(50)	1,624	215	391	484	534	1,624	117
島　根	(51)	4,091	487	337	1,588	1,679	4,091	105
岡　山	(52)	4,530	922	488	2,105	1,015	4,529	565
広　島	(53)	5,210	1,060	86	2,607	1,457	5,202	902
山　口	(54)	4,161	1,094	127	1,979	961	4,161	389
徳　島	(55)	2,248	317	451	703	777	2,248	169
香　川	(56)	3,179	1,051	1,134	807	187	3,179	–
愛　媛	(57)	3,176	676	238	1,432	830	3,176	168
高　知	(58)	2,456	232	270	717	1,237	2,456	102
福　岡	(59)	3,430	1,223	1,287	676	244	3,429	518
佐　賀	(60)	1,931	297	871	706	57	1,931	85
長　崎	(61)	2,931	554	896	1,233	248	2,929	269
熊　本	(62)	4,202	544	1,244	1,905	509	4,202	161
大　分	(63)	3,312	385	321	1,736	870	3,312	96
宮　崎	(64)	2,653	403	461	1,047	742	2,652	208
鹿　児　島	(65)	6,056	514	1,052	4,053	437	6,056	46
沖　縄	(66)	740	357	218	118	47	740	69
関　東　農　政　局	(67)	27,597	8,620	9,215	6,042	3,720	27,597	5,745
東　海　農　政　局	(68)	8,219	3,003	1,558	1,664	1,994	8,219	1,885
中　国　四　国　農　政　局	(69)	30,675	6,054	3,522	12,422	8,677	30,666	2,517

域指定に該当している農業集落数

単位：集落

計画区域きあり 市街化調整区域	線引きなし	法制上の地域指定に該当している農業集落数 農業振興地域	農用地区域	振興山村地域	豪雪地帯	特別豪雪地帯	離島振興対策実施地域	特定農山村地域	
38,069	44,976	129,723	114,233	28,984	40,268	11,313	2,169	54,679	(1)
974	1,322	6,812	6,230	2,467	7,066	3,079	72	2,449	(2)
37,095	43,654	122,911	108,003	26,517	33,202	8,234	2,097	52,230	(3)
2,987	6,690	16,774	15,749	4,982	13,037	3,757	26	7,031	(4)
2,543	4,975	10,721	9,767	1,956	11,046	3,847	361	4,543	(5)
11,581	7,658	22,629	19,793	3,051	2,307	488	28	6,491	(6)
5,396	2,406	8,781	7,912	961	867	28	–	1,577	(7)
5,504	2,231	7,817	6,647	362	–	–	28	1,220	(8)
681	3,021	6,031	5,234	1,728	1,440	460	–	3,694	(9)
5,669	2,953	10,824	9,498	2,554	804	123	14	3,939	(10)
5,439	2,481	9,494	8,323	2,299	2,055	19	10	4,827	(11)
4,218	5,980	18,375	15,401	5,875	3,953	–	278	9,913	(12)
624	2,175	5,509	4,612	2,164	2,371	–	117	3,424	(13)
3,594	3,805	12,866	10,789	3,711	1,582	–	161	6,489	(14)
1,266	3,993	10,566	8,978	2,772	–	–	276	5,794	(15)
3,257	8,587	22,865	19,863	3,028	–	–	1,104	9,609	(16)
2,604	4,903	14,720	13,060	2,024	–	–	784	7,138	(17)
653	3,684	8,145	6,803	1,004	–	–	320	2,471	(18)
135	337	663	631	–	–	–	–	83	(19)
974	1,322	6,812	6,230	2,467	7,066	3,079	72	2,449	(20)
410	651	1,714	1,601	476	1,782	518	–	500	(21)
215	1,643	3,409	3,196	1,452	3,614	61	–	1,963	(22)
454	918	2,384	2,201	322	747	30	23	505	(23)
234	1,156	2,651	2,554	1,007	2,761	872	–	1,365	(24)
615	812	2,621	2,498	724	2,733	1,699	3	1,059	(25)
1,059	1,510	3,995	3,699	1,001	1,400	577	–	1,639	(26)
2,599	777	3,753	3,359	96	–	–	–	358	(27)
1,912	1,096	3,143	2,832	400	285	–	–	615	(28)
885	533	1,885	1,721	465	582	28	–	604	(29)
3,160	391	3,434	3,011	198	–	–	–	369	(30)
1,242	1,626	3,354	2,858	32	–	–	–	563	(31)
43	26	58	55	59	–	–	28	70	(32)
1,059	188	971	723	73	–	–	–	218	(33)
1,310	2,029	5,002	4,546	695	5,093	2,783	361	2,132	(34)
555	1,398	2,135	2,010	304	2,217	665	–	534	(35)
461	570	1,866	1,672	573	1,918	90	–	866	(36)
217	978	1,718	1,539	384	1,818	309	–	1,011	(37)
114	745	1,580	1,374	481	37	–	–	1,115	(38)
567	2,276	4,451	3,860	1,247	1,403	460	–	2,579	(39)
545	1,384	2,732	2,483	1,130	770	123	–	1,609	(40)
1,813	857	3,175	2,688	510	34	–	1	972	(41)
2,612	–	2,896	2,495	451	–	–	5	596	(42)
699	712	2,021	1,832	463	–	–	8	762	(43)
1,149	256	1,462	1,382	185	340	19	1	315	(44)
835	131	1,524	1,361	525	884	–	–	996	(45)
769	–	541	287	–	–	–	–	50	(46)
1,429	1,452	3,390	3,118	768	831	–	9	1,708	(47)
1,094	–	1,148	959	311	–	–	–	506	(48)
163	642	1,429	1,216	510	–	–	–	1,252	(49)
309	395	1,600	1,458	582	1,624	–	–	860	(50)
315	1,780	3,909	3,154	1,582	747	–	117	2,564	(51)
1,468	908	4,457	3,704	954	756	–	19	2,208	(52)
1,430	1,026	4,699	4,131	1,888	826	–	75	2,739	(53)
696	1,871	3,710	2,954	869	–	–	67	1,542	(54)
572	125	2,232	2,015	665	–	–	2	1,324	(55)
–	2,101	2,908	2,528	195	–	–	187	649	(56)
381	1,152	3,015	2,387	791	–	–	81	2,058	(57)
313	615	2,411	2,048	1,121	–	–	6	1,763	(58)
974	1,424	3,190	2,800	272	–	–	17	716	(59)
354	945	1,883	1,733	111	–	–	8	650	(60)
588	713	2,479	2,133	–	–	–	713	1,255	(61)
473	1,004	3,989	3,495	618	–	–	25	2,310	(62)
215	817	3,179	2,899	1,023	–	–	21	2,207	(63)
483	620	2,525	2,277	780	–	–	3	1,184	(64)
170	3,064	5,620	4,526	224	–	–	317	1,287	(65)
135	337	663	631	–	–	–	–	83	(66)
13,394	8,515	25,804	22,481	3,561	2,341	488	29	7,463	(67)
3,856	2,096	7,649	6,810	2,044	770	123	13	2,967	(68)
5,484	9,973	28,941	24,379	8,647	3,953	–	554	15,707	(69)

1 農業集落の立地条件（続き）
(2) 法制上の地域指定に該当している 農業集落数（続き）
(3) 農業振興地域・都市計

単位：集落

全国農業地域・都道府県		法制上の地域指定に該当している農業集落数（続き）			いずれの指定もない農業集落数	合計	計	小計
		過疎地域	半島振興対策実施地域	特認地域				
全　　　　　国	(1)	58,701	14,842	13,603	14	138,243	129,723	114,233
（全国農業地域）								
北　海　　道	(2)	5,216	706	245	-	7,066	6,812	6,230
都　府　　県	(3)	53,485	14,136	13,358	14	131,177	122,911	108,003
東　　　　北	(4)	9,736	716	2,477	-	17,590	16,774	15,749
北　　　　陸	(5)	3,770	1,240	600	-	11,046	10,721	9,767
関　東　・　東　山	(6)	3,722	722	3,503	-	24,260	22,629	19,793
北　　関　　東	(7)	1,097	-	985	-	9,037	8,781	7,912
南　　関　　東	(8)	623	722	807	-	8,892	7,817	6,647
東　　　　山	(9)	2,002	-	1,711	-	6,331	6,031	5,234
東　　　　海	(10)	2,084	1,137	1,058	-	11,556	10,824	9,498
近　　　　畿	(11)	3,295	2,142	603	1	10,795	9,494	8,323
中　　　　国	(12)	10,791	1,066	2,194	9	19,616	18,375	15,401
山　　　　陰	(13)	3,580	342	529	-	5,715	5,509	4,612
山　　　　陽	(14)	7,211	724	1,665	9	13,901	12,866	10,789
四　　　　国	(15)	5,373	486	1,343	-	11,059	10,566	8,978
九　　　　州	(16)	14,451	6,627	1,383	4	24,515	22,865	19,863
北　　九　　州	(17)	8,874	3,415	709	3	15,806	14,720	13,060
南　　九　　州	(18)	5,577	3,212	674	1	8,709	8,145	6,803
沖　　　　縄	(19)	263	-	197		740	663	631
（都道府県）								
北　海　　道	(20)	5,216	706	245	-	7,066	6,812	6,230
青　　　　森	(21)	911	594	278	-	1,782	1,714	1,601
岩　　　　手	(22)	2,138	-	447	-	3,614	3,409	3,196
宮　　　　城	(23)	1,040	-	316	-	2,636	2,384	2,201
秋　　　　田	(24)	2,547	122	99	-	2,761	2,651	2,554
山　　　　形	(25)	1,508	-	229	-	2,733	2,621	2,498
福　　　　島	(26)	1,592	-	1,108	-	4,064	3,995	3,699
茨　　　　城	(27)	318	-	328	-	3,799	3,753	3,359
栃　　　　木	(28)	306	-	320	-	3,274	3,143	2,832
群　　　　馬	(29)	473	-	337	-	1,964	1,885	1,721
埼　　　　玉	(30)	170	-	351	-	3,977	3,434	3,011
千　　　　葉	(31)	372	722	374	-	3,497	3,354	2,858
東　　　　京	(32)	79	-	-	-	143	58	55
神　奈　　川	(33)	2	-	82	-	1,275	971	723
新　　　　潟	(34)	2,098	-	140	-	5,093	5,002	4,546
富　　　　山	(35)	505	136	170	-	2,217	2,135	2,010
石　　　　川	(36)	831	1,104	83	-	1,918	1,866	1,672
福　　　　井	(37)	336	-	207	-	1,818	1,718	1,539
山　　　　梨	(38)	499	-	378	-	1,610	1,580	1,374
長　　　　野	(39)	1,503	-	1,333	-	4,721	4,451	3,860
岐　　　　阜	(40)	873	-	320	-	3,039	2,732	2,483
静　　　　岡	(41)	376	296	382	-	3,337	3,175	2,688
愛　　　　知	(42)	388	-	199	-	3,046	2,896	2,495
三　　　　重	(43)	447	841	157	-	2,134	2,021	1,832
滋　　　　賀	(44)	39	-	381	-	1,545	1,462	1,382
京　　　　都	(45)	728	335	47	1	1,684	1,524	1,361
大　　　　阪	(46)	11	-	-	-	773	541	287
兵　　　　庫	(47)	1,008	-	72	-	3,748	3,390	3,118
奈　　　　良	(48)	664	373	95	-	1,446	1,148	959
和　歌　　山	(49)	845	1,434	8	-	1,599	1,429	1,216
鳥　　　　取	(50)	652	-	218	-	1,624	1,600	1,458
島　　　　根	(51)	2,928	342	311	-	4,091	3,909	3,154
岡　　　　山	(52)	2,495	-	713	1	4,530	4,457	3,704
広　　　　島	(53)	2,887	150	600	8	5,210	4,699	4,131
山　　　　口	(54)	1,829	574	352	-	4,161	3,710	2,954
徳　　　　島	(55)	1,066	-	185	-	2,248	2,232	2,015
香　　　　川	(56)	701	-	704	-	3,179	2,908	2,528
愛　　　　媛	(57)	2,062	168	193	-	3,176	3,015	2,387
高　　　　知	(58)	1,544	318	261	-	2,456	2,411	2,048
福　　　　岡	(59)	1,087	-	287	1	3,430	3,190	2,800
佐　　　　賀	(60)	508	320	78	-	1,931	1,883	1,733
長　　　　崎	(61)	2,068	1,577	134	2	2,931	2,479	2,133
熊　　　　本	(62)	2,313	931	186	-	4,202	3,989	3,495
大　　　　分	(63)	2,898	587	24	-	3,312	3,179	2,899
宮　　　　崎	(64)	1,152	177	545	1	2,653	2,525	2,277
鹿　児　　島	(65)	4,425	3,035	129	-	6,056	5,620	4,526
沖　　　　縄	(66)	263	-	197	-	740	663	631
関　東　農　政　局	(67)	4,098	1,018	3,885	-	27,597	25,804	22,481
東　海　農　政　局	(68)	1,708	841	676	-	8,219	7,649	6,810
中国四国農政局	(69)	16,164	1,552	3,537	9	30,675	28,941	24,379

画区域別農業集落数

単位：集落

農業振興地域									
農用地区域					農用地区域外				
市街化区域のみ	市街化調整区域のみ	市街化・調整区域	他の都市計画区域	都市計画区域外	小計	市街化区域のみ	市街化調整区域のみ	市街化・調整区域	
19	19,359	10,366	35,196	49,293	15,490	29	1,796	3,564	(1)
–	481	246	1,065	4,438	582	–	42	156	(2)
19	18,878	10,120	34,131	44,855	14,908	29	1,754	3,408	(3)
1	1,793	869	5,519	7,567	1,025	–	50	190	(4)
8	1,557	786	4,321	3,095	954	4	71	115	(5)
2	6,142	3,141	6,204	4,304	2,836	15	506	952	(6)
–	3,361	1,395	2,050	1,106	869	4	203	334	(7)
2	2,437	1,529	1,777	902	1,170	7	254	549	(8)
–	344	217	2,377	2,296	797	4	49	69	(9)
1	2,633	2,029	2,316	2,519	1,326	2	257	462	(10)
–	2,529	1,330	2,093	2,371	1,171	4	283	486	(11)
–	1,829	812	4,202	8,558	2,974	1	270	742	(12)
–	370	150	1,485	2,607	897	–	36	57	(13)
–	1,459	662	2,717	5,951	2,077	1	234	685	(14)
–	730	272	2,911	5,065	1,588	–	93	137	(15)
7	1,603	824	6,316	11,113	3,002	3	220	315	(16)
3	1,291	675	3,797	7,294	1,660	2	137	234	(17)
4	312	149	2,519	3,819	1,342	1	83	81	(18)
–	62	57	249	263	32	–	4	9	(19)
–	481	246	1,065	4,438	582	–	42	156	(20)
–	245	137	527	692	113	–	6	20	(21)
–	129	71	1,296	1,700	213	–	–	13	(22)
–	200	164	680	1,157	183	–	13	23	(23)
–	158	51	1,008	1,337	97	–	1	15	(24)
–	446	137	672	1,243	123	–	13	7	(25)
1	615	309	1,336	1,438	296	–	17	112	(26)
–	1,683	611	683	382	394	3	77	225	(27)
–	1,209	461	909	253	311	–	103	79	(28)
–	469	323	458	471	164	1	23	30	(29)
–	1,742	711	279	279	423	2	145	174	(30)
2	527	347	1,390	592	496	3	67	214	(31)
–	3	27	24	1	3	–	–	3	(32)
–	165	444	84	30	248	2	42	158	(33)
6	864	345	1,748	1,583	456	2	33	60	(34)
1	357	164	1,276	212	125	–	12	17	(35)
1	209	204	473	785	194	2	12	35	(36)
–	127	73	824	515	179	–	14	3	(37)
–	54	48	604	668	206	–	4	8	(38)
–	290	169	1,773	1,628	591	4	45	61	(39)
–	208	206	1,079	990	249	–	13	33	(40)
1	846	612	638	591	487	1	104	185	(41)
–	1,211	928	–	356	401	1	135	207	(42)
–	368	283	599	582	189	–	5	37	(43)
–	702	348	230	102	80	–	22	29	(44)
–	348	232	113	668	163	–	40	70	(45)
–	137	150	–	–	254	1	73	180	(46)
–	778	287	1,258	795	272	1	50	76	(47)
–	520	288	–	151	189	2	59	103	(48)
–	44	25	492	655	213	–	39	28	(49)
–	170	84	327	877	142	–	22	30	(50)
–	200	66	1,158	1,730	755	–	14	27	(51)
–	807	306	641	1,950	753	–	93	224	(52)
–	439	263	810	2,619	568	–	51	246	(53)
–	213	93	1,266	1,382	756	1	90	215	(54)
–	364	117	96	1,438	217	–	39	44	(55)
–	–	–	1,550	978	380	–	–	–	(56)
–	170	103	768	1,346	628	–	39	65	(57)
–	196	52	497	1,303	363	–	15	28	(58)
–	384	274	1,179	963	390	–	53	122	(59)
–	249	76	825	583	150	1	21	8	(60)
3	262	137	415	1,316	346	–	35	66	(61)
–	290	114	756	2,335	494	–	21	34	(62)
–	106	74	622	2,097	280	–	7	4	(63)
4	249	140	481	1,403	248	1	29	47	(64)
–	63	9	2,038	2,416	1,094	–	54	34	(65)
–	62	57	249	263	32	–	4	9	(66)
3	6,988	3,753	6,842	4,895	3,323	16	610	1,137	(67)
–	1,787	1,417	1,678	1,928	839	1	153	277	(68)
–	2,559	1,084	7,113	13,623	4,562	1	363	879	(69)

1. 農業集落の立地条件（続き）
(3) 農業振興地域・都市計画区域別農業集落数（続き）

単位：集落

全国農業地域・都道府県		農業振興地域（続き） 農用地区域外（続き）		農業振興地域外					
		他の都市計画区域	都市計画区域外	計	市街化区域のみ	市街化調整区域のみ	市街化・調整区域	他の都市計画区域	都市計画区域外
（全国農業地域）									
全　　　　国	(1)	5,343	4,758	8,520	101	417	2,567	4,147	1,288
北　海　道	(2)	159	225	254	-	6	43	98	107
都　府　県	(3)	5,184	4,533	8,266	101	411	2,524	4,049	1,181
東　北	(4)	518	267	816	-	22	63	643	88
北　陸	(5)	379	385	325	8	1	13	246	57
関　東・東　山	(6)	717	646	1,631	57	128	712	575	159
北　関　東	(7)	147	181	256	14	22	81	118	21
南　関　東	(8)	221	139	1,075	41	106	629	167	132
東　山	(9)	349	326	300	2	-	2	290	6
東　海	(10)	270	335	732	6	37	251	331	107
近　畿	(11)	178	220	1,301	12	98	713	202	276
中　国	(12)	1,168	793	1,241	17	59	506	605	54
山　陰	(13)	507	297	206	4	-	11	183	8
山　陽	(14)	661	496	1,035	13	59	495	422	46
四　国	(15)	702	656	493	-	4	30	379	80
九　州	(16)	1,240	1,224	1,650	1	62	233	994	360
北　九　州	(17)	545	742	1,086	-	52	215	537	282
南　九　州	(18)	695	482	564	1	10	18	457	78
沖　縄	(19)	12	7	77	-	-	3	74	-
（都道府県）									
北　海　道	(20)	159	225	254	-	6	43	98	107
青　森	(21)	62	25	68	-	-	2	61	5
岩　手	(22)	154	46	205	-	-	2	193	10
宮　城	(23)	90	57	252	-	22	32	146	52
秋　田	(24)	53	28	110	-	-	9	95	6
山　形	(25)	47	56	112	-	-	12	89	11
福　島	(26)	112	55	69	-	-	6	59	4
茨　城	(27)	43	46	46	12	-	3	30	1
栃　木	(28)	66	63	131	-	10	50	56	15
群　馬	(29)	38	72	79	2	12	28	32	5
埼　玉	(30)	34	68	543	19	68	320	78	58
千　葉	(31)	150	62	143	-	12	75	54	2
東　京	(32)	-	-	85	11	-	10	2	62
神　奈　川	(33)	37	9	304	11	26	224	33	10
新　潟	(34)	200	161	91	3	1	7	71	9
富　山	(35)	51	45	82	2	-	5	55	20
石　川	(36)	62	83	52	3	-	1	34	14
福　井	(37)	66	96	100	-	-	-	86	14
山　梨	(38)	106	88	30	-	-	-	30	-
長　野	(39)	243	238	270	2	-	2	260	6
岐　阜	(40)	107	96	307	-	7	78	195	27
静　岡	(41)	109	88	162	4	3	63	88	4
愛　知	(42)	-	58	150	2	27	104	-	17
三　重	(43)	54	93	113	-	-	6	48	59
滋　賀	(44)	12	17	83	1	12	36	7	27
京　都	(45)	12	41	160	1	11	134	6	8
大　阪	(46)	-	-	232	3	23	206	-	-
兵　庫	(47)	96	49	358	2	20	218	97	21
奈　良	(48)	-	25	298	3	27	97	-	171
和　歌　山	(49)	58	88	170	2	5	22	92	49
鳥　取	(50)	49	41	24	-	-	3	19	2
島　根	(51)	458	256	182	4	-	8	164	6
岡　山	(52)	245	191	73	3	6	32	22	10
広　島	(53)	157	114	511	3	41	390	57	20
山　口	(54)	259	191	451	7	12	73	343	16
徳　島	(55)	28	106	16	-	-	8	1	7
香　川	(56)	291	89	271	-	-	-	260	11
愛　媛	(57)	281	243	161	-	4	-	102	55
高　知	(58)	102	218	45	-	-	22	16	7
福　岡	(59)	148	67	240	-	19	122	79	20
佐　賀	(60)	72	48	48	-	-	-	46	2
長　崎	(61)	83	162	452	-	25	63	212	152
熊　本	(62)	139	300	213	-	1	13	108	91
大　分	(63)	103	165	133	-	7	17	92	17
宮　崎	(64)	76	95	128	1	3	15	63	46
鹿　児　島	(65)	619	387	436	-	7	3	394	32
沖　縄	(66)	12	7	77	-	-	3	74	-
関　東　農　政　局	(67)	826	734	1,793	61	131	775	663	163
東　海　農　政　局	(68)	161	247	570	2	34	188	243	103
中　国　四　国　農　政　局	(69)	1,870	1,449	1,734	17	63	536	984	134

(4) 山村・過疎・特定農山村地域別農業集落数

単位：集落

	山村・過疎・特定農山村地域に指定されている農業集落数								いずれの指定もない農業集落数	
計	振興山村地域のみ	過疎地域のみ	特定農山村地域のみ	山村・過疎重複	山村・特定農山村重複	過疎・特定農山村重複	山村・過疎・特定農山村重複		
75,909	970	19,514	11,121	746	5,117	16,290	22,151	62,334	(1)
5,421	131	2,548	38	293	36	368	2,007	1,645	(2)
70,488	839	16,966	11,083	453	5,081	15,922	20,144	60,689	(3)
11,642	242	4,143	877	226	787	1,640	3,727	5,948	(4)
5,711	126	1,022	1,153	20	662	1,580	1,148	5,335	(5)
7,251	112	608	2,433	40	984	1,159	1,915	17,009	(6)
1,939	97	225	391	40	354	362	470	7,098	(7)
1,470	14	236	677	-	156	195	192	7,422	(8)
3,842	1	147	1,365	-	474	602	1,253	2,489	(9)
4,079	31	92	982	17	982	451	1,524	7,477	(10)
5,455	16	604	1,520	8	624	1,032	1,651	5,340	(11)
12,572	225	2,329	1,153	105	403	3,215	5,142	7,044	(12)
4,124	12	671	362	17	170	927	1,965	1,591	(13)
8,448	213	1,658	791	88	233	2,288	3,177	5,453	(14)
6,903	43	1,035	1,193	31	294	1,903	2,404	4,156	(15)
16,599	44	6,940	1,759	6	345	4,872	2,633	7,916	(16)
10,374	23	3,207	1,325	6	152	3,818	1,843	5,432	(17)
6,225	21	3,733	434	-	193	1,054	790	2,484	(18)
276	-	193	13	-	-	70	-	464	(19)
5,421	131	2,548	38	293	36	368	2,007	1,645	(20)
986	30	426	9	30	36	75	380	796	(21)
2,683	28	628	246	64	271	357	1,089	931	(22)
1,165	33	583	44	44	48	216	197	1,471	(23)
2,563	-	1,129	9	69	7	418	931	198	(24)
1,933	45	829	195	-	185	185	494	800	(25)
2,312	106	548	374	19	240	389	636	1,752	(26)
471	4	109	143	-	6	123	86	3,328	(27)
793	62	116	187	-	238	90	100	2,481	(28)
675	31	-	61	40	110	149	284	1,289	(29)
383	14	-	116	-	83	69	101	3,594	(30)
784	-	221	412	-	-	119	32	2,713	(31)
83	-	13	4	-	-	7	59	60	(32)
220	-	2	145	-	73	-	-	1,055	(33)
2,751	53	566	383	-	217	1,107	425	2,342	(34)
868	-	314	192	20	171	58	113	1,349	(35)
1,067	59	142	105	-	72	247	442	851	(36)
1,025	14	-	473	-	202	168	168	793	(37)
1,123	-	8	474	-	150	160	331	487	(38)
2,719	1	139	891	-	324	442	922	2,002	(39)
1,666	-	57	326	-	467	153	663	1,373	(40)
1,018	9	20	383	17	250	105	234	2,319	(41)
596	-	-	102	-	106	43	345	2,450	(42)
799	22	15	171	-	159	150	282	1,335	(43)
315	-	-	125	-	151	5	34	1,230	(44)
1,123	-	119	265	8	130	214	387	561	(45)
50	-	-	39	-	-	11	-	723	(46)
1,980	10	262	665	-	297	285	461	1,768	(47)
733	6	221	57	-	6	144	299	713	(48)
1,254	-	2	369	-	40	373	470	345	(49)
1,000	12	111	207	17	129	100	424	624	(50)
3,124	-	560	155	-	41	827	1,541	967	(51)
2,696	-	473	143	15	58	1,126	881	1,834	(52)
3,718	174	732	538	73	119	560	1,522	1,492	(53)
2,034	39	453	110	-	56	602	774	2,127	(54)
1,397	-	53	297	20	34	382	611	851	(55)
1,047	-	398	328	-	18	126	177	2,132	(56)
2,573	43	461	403	11	65	918	672	603	(57)
1,886	-	123	165	-	177	477	944	570	(58)
1,353	11	626	165	-	90	290	171	2,077	(59)
943	-	293	415	-	20	124	91	988	(60)
2,304	-	1,049	236	-	-	1,019	-	627	(61)
2,809	12	487	442	-	42	1,262	564	1,393	(62)
2,965	-	752	67	6	-	1,123	1,017	347	(63)
1,412	-	228	119	-	141	285	639	1,241	(64)
4,813	21	3,505	315	-	52	769	151	1,243	(65)
276	-	193	13	-	-	70	-	464	(66)
8,269	121	628	2,816	57	1,234	1,264	2,149	19,328	(67)
3,061	22	72	599	-	732	346	1,290	5,158	(68)
19,475	268	3,364	2,346	136	697	5,118	7,546	11,200	(69)

1 農業集落の立地条件（続き）
(5) 最も近いDID（人口集中地区）及び生活関連施設までの所要時間別農業集落数
ア 最も近いDID

全国農業地域・都道府県		徒歩					自動車			
		計	15分未満	15分〜30分	30分以上	計測不能	計	15分未満	15分〜30分	30分〜1時間
全　　　　　国	(1)	138,243	1,167	3,824	130,938	2,314	138,243	48,426	50,702	32,251
（全国農業地域）										
北　　海　　道	(2)	7,066	40	144	6,810	72	7,066	1,878	2,426	2,114
都　　府　　県	(3)	131,177	1,127	3,680	124,128	2,242	131,177	46,548	48,276	30,137
東　　　　　北	(4)	17,590	186	420	16,969	15	17,590	5,390	7,161	4,416
北　　　　　陸	(5)	11,046	70	260	10,355	361	11,046	4,583	4,436	1,561
関　東・東　山	(6)	24,260	227	844	23,159	30	24,260	11,670	8,936	3,388
北　関　東	(7)	9,037	57	225	8,755	－	9,037	4,230	3,770	956
南　関　東	(8)	8,892	91	424	8,347	30	8,892	5,426	2,412	1,002
東　山	(9)	6,331	79	195	6,057	－	6,331	2,014	2,754	1,430
東　　　　　海	(10)	11,556	119	479	10,944	14	11,556	5,589	3,730	1,910
近　　　　　畿	(11)	10,795	107	426	10,253	9	10,795	4,476	3,745	2,268
中　　　　　国	(12)	19,616	85	307	18,934	290	19,616	4,451	8,012	6,469
山　　陰	(13)	5,715	15	63	5,519	118	5,715	1,185	2,084	2,063
山　　陽	(14)	13,901	70	244	13,415	172	13,901	3,266	5,928	4,406
四　　　　　国	(15)	11,059	89	285	10,417	268	11,059	3,355	3,908	2,821
九　　　　　州	(16)	24,515	209	594	22,563	1,149	24,515	6,648	8,185	7,227
北　九　州	(17)	15,806	140	441	14,583	642	15,806	5,032	5,122	4,082
南　九　州	(18)	8,709	69	153	7,980	507	8,709	1,616	3,063	3,145
沖　　　　　縄	(19)	740	35	65	534	106	740	386	163	77
（都道府県）										
北　　海　　道	(20)	7,066	40	144	6,810	72	7,066	1,878	2,426	2,114
青　　　　　森	(21)	1,782	26	56	1,700	－	1,782	550	846	283
岩　　　　　手	(22)	3,614	31	79	3,504	－	3,614	901	1,227	1,300
宮　　　　　城	(23)	2,636	43	79	2,502	12	2,636	968	1,134	510
秋　　　　　田	(24)	2,761	25	53	2,683	－	2,761	642	1,089	943
山　　　　　形	(25)	2,733	33	83	2,614	3	2,733	1,265	1,126	328
福　　　　　島	(26)	4,064	28	70	3,966	－	4,064	1,064	1,739	1,052
茨　　　　　城	(27)	3,799	32	117	3,650	－	3,799	1,888	1,621	287
栃　　　　　木	(28)	3,274	11	55	3,208	－	3,274	1,495	1,413	360
群　　　　　馬	(29)	1,964	14	53	1,897	－	1,964	847	736	309
埼　　　　　玉	(30)	3,977	35	222	3,720	－	3,977	2,980	852	141
千　　　　　葉	(31)	3,497	25	81	3,391	－	3,497	1,400	1,286	799
東　　　　　京	(32)	143	3	12	98	30	143	48	24	35
神　　奈　　川	(33)	1,275	28	109	1,138	－	1,275	998	250	27
新　　　　　潟	(34)	5,093	36	110	4,586	361	5,093	2,077	1,934	713
富　　　　　山	(35)	2,217	9	39	2,169	－	2,217	783	1,130	285
石　　　　　川	(36)	1,918	10	50	1,858	－	1,918	755	656	429
福　　　　　井	(37)	1,818	15	61	1,742	－	1,818	968	716	134
山　　　　　梨	(38)	1,610	12	30	1,568	－	1,610	513	751	329
長　　　　　野	(39)	4,721	67	165	4,489	－	4,721	1,501	2,003	1,101
岐　　　　　阜	(40)	3,039	37	110	2,892	－	3,039	1,226	1,012	681
静　　　　　岡	(41)	3,337	40	164	3,132	1	3,337	1,775	1,011	442
愛　　　　　知	(42)	3,046	30	176	2,835	5	3,046	1,859	819	307
三　　　　　重	(43)	2,134	12	29	2,085	8	2,134	729	888	480
滋　　　　　賀	(44)	1,545	9	34	1,502	－	1,545	713	613	156
京　　　　　都	(45)	1,684	25	84	1,575	－	1,684	738	688	253
大　　　　　阪	(46)	773	19	81	673	－	773	639	132	2
兵　　　　　庫	(47)	3,748	24	99	3,616	9	3,748	1,206	1,346	1,116
奈　　　　　良	(48)	1,446	9	74	1,363	－	1,446	784	378	215
和　　歌　　山	(49)	1,599	21	54	1,524	－	1,599	396	588	526
鳥　　　　　取	(50)	1,624	2	5	1,617	－	1,624	387	721	509
島　　　　　根	(51)	4,091	13	58	3,902	118	4,091	798	1,363	1,554
岡　　　　　山	(52)	4,530	24	74	4,411	21	4,530	1,186	2,190	1,125
広　　　　　島	(53)	5,210	21	94	5,015	80	5,210	1,056	2,033	2,021
山　　　　　口	(54)	4,161	25	76	3,989	71	4,161	1,024	1,705	1,260
徳　　　　　島	(55)	2,248	13	31	2,202	2	2,248	548	633	755
香　　　　　川	(56)	3,179	34	97	2,866	182	3,179	1,280	1,448	266
愛　　　　　媛	(57)	3,176	30	104	2,964	78	3,176	951	1,198	861
高　　　　　知	(58)	2,456	12	53	2,385	6	2,456	576	629	939
福　　　　　岡	(59)	3,430	46	171	3,191	22	3,430	2,002	1,208	192
佐　　　　　賀	(60)	1,931	14	34	1,875	8	1,931	584	862	246
長　　　　　崎	(61)	2,931	33	92	2,241	565	2,931	560	780	897
熊　　　　　本	(62)	4,202	39	113	4,025	25	4,202	1,515	1,410	1,097
大　　　　　分	(63)	3,312	8	31	3,251	22	3,312	371	862	1,650
宮　　　　　崎	(64)	2,653	21	63	2,566	3	2,653	809	1,018	562
鹿　　児　　島	(65)	6,056	48	90	5,414	504	6,056	807	2,045	2,583
沖　　　　　縄	(66)	740	35	65	534	106	740	386	163	77
関　東　農　政　局	(67)	27,597	267	1,008	26,291	31	27,597	13,445	9,947	3,830
東　海　農　政　局	(68)	8,219	79	315	7,812	13	8,219	3,814	2,719	1,468
中国四国農政局	(69)	30,675	174	592	29,351	558	30,675	7,806	11,920	9,290

単位：集落

利用			公共交通機関利用							
1時間～1時間半	1時間半以上	計測不能	計	15分未満	15分～30分	30分～1時間	1時間～1時間半	1時間半以上	計測不能	
4,146	404	2,314	138,243	3,619	17,401	37,708	23,268	55,143	1,104	(1)
513	63	72	7,066	107	592	1,392	1,216	3,755	4	(2)
3,633	341	2,242	131,177	3,512	16,809	36,316	22,052	51,388	1,100	(3)
534	74	15	17,590	233	1,334	3,598	2,722	9,261	442	(4)
104	1	361	11,046	324	1,880	3,556	1,864	3,414	8	(5)
228	8	30	24,260	933	3,744	7,548	4,330	7,628	77	(6)
77	4	–	9,037	166	1,085	2,929	1,815	3,007	35	(7)
22	–	30	8,892	665	2,155	3,037	1,333	1,680	22	(8)
129	4	–	6,331	102	504	1,582	1,182	2,941	20	(9)
290	23	14	11,556	380	2,052	3,775	1,936	3,378	35	(10)
281	16	9	10,795	474	2,089	3,616	1,611	2,990	15	(11)
391	3	290	19,616	283	1,550	4,752	3,375	9,586	70	(12)
265	–	118	5,715	29	261	1,193	1,112	3,082	38	(13)
126	3	172	13,901	254	1,289	3,559	2,263	6,504	32	(14)
638	69	268	11,059	184	989	2,840	1,982	5,015	49	(15)
1,159	147	1,149	24,515	642	2,970	6,448	4,160	9,963	332	(16)
824	104	642	15,806	433	2,168	4,316	2,606	6,017	266	(17)
335	43	507	8,709	209	802	2,132	1,554	3,946	66	(18)
8	–	106	740	59	201	183	72	153	72	(19)
513	63	72	7,066	107	592	1,392	1,216	3,755	4	(20)
103	–	–	1,782	32	150	439	297	861	3	(21)
185	1	–	3,614	42	173	560	606	2,221	12	(22)
12	–	12	2,636	12	102	382	324	1,709	107	(23)
87	–	–	2,761	–	3	81	227	2,133	317	(24)
11	–	3	2,733	82	446	944	497	761	3	(25)
136	73	–	4,064	65	460	1,192	771	1,576	–	(26)
3	–	–	3,799	54	357	948	756	1,651	33	(27)
6	–	–	3,274	62	363	1,204	738	907	–	(28)
68	4	–	1,964	50	365	777	321	449	2	(29)
4	–	–	3,977	280	1,051	1,634	594	409	9	(30)
12	–	–	3,497	113	496	1,058	654	1,176	–	(31)
6	–	30	143	9	28	52	14	32	8	(32)
–	–	–	1,275	263	580	293	71	63	5	(33)
7	1	361	5,093	54	473	1,390	882	2,294	–	(34)
19	–	–	2,217	130	627	975	349	130	6	(35)
78	–	–	1,918	63	377	531	335	610	2	(36)
–	–	–	1,818	77	403	660	298	380	–	(37)
17	–	–	1,610	24	100	430	282	768	6	(38)
112	4	–	4,721	78	404	1,152	900	2,173	14	(39)
120	–	–	3,039	71	374	719	485	1,358	32	(40)
90	18	1	3,337	162	783	1,221	538	631	2	(41)
51	5	5	3,046	127	676	1,229	407	606	1	(42)
29	–	8	2,134	20	219	606	506	783	–	(43)
63	–	–	1,545	56	294	554	309	332	–	(44)
5	–	–	1,684	138	399	530	187	430	–	(45)
–	–	–	773	70	308	287	50	47	11	(46)
71	–	9	3,748	100	539	1,360	635	1,114	–	(47)
59	10	–	1,446	85	346	454	194	367	–	(48)
83	6	–	1,599	25	203	431	236	700	4	(49)
7	–	–	1,624	1	34	304	344	912	29	(50)
258	–	118	4,091	28	227	889	768	2,170	9	(51)
8	–	21	4,530	22	187	855	747	2,703	16	(52)
20	–	80	5,210	93	497	1,187	819	2,604	10	(53)
98	3	71	4,161	139	605	1,517	697	1,197	6	(54)
252	58	2	2,248	36	258	633	325	979	17	(55)
3	–	182	3,179	20	251	944	856	1,104	4	(56)
87	1	78	3,176	66	335	790	417	1,549	19	(57)
296	10	6	2,456	62	145	473	384	1,383	9	(58)
6	–	22	3,430	138	767	1,167	526	821	11	(59)
138	93	8	1,931	64	289	480	190	812	96	(60)
123	6	565	2,931	69	302	694	519	1,221	126	(61)
154	1	25	4,202	142	684	1,351	819	1,181	25	(62)
403	4	22	3,312	20	126	624	552	1,982	8	(63)
221	40	3	2,653	75	348	786	494	943	7	(64)
114	3	504	6,056	134	454	1,346	1,060	3,003	59	(65)
8	–	106	740	59	201	183	72	153	72	(66)
318	26	31	27,597	1,095	4,527	8,769	4,868	8,259	79	(67)
200	5	13	8,219	218	1,269	2,554	1,398	2,747	33	(68)
1,029	72	558	30,675	467	2,539	7,592	5,357	14,601	119	(69)

1 農業集落の立地条件（続き）
（5） 最も近いＤＩＤ（人口集中地区）及び生活関連施設までの所要時間別農業集落数
イ 市区町村役場

全国農業地域 都道府県		徒歩					自動車			
		計	15分未満	15分～30分	30分以上	計測不能	計	15分未満	15分～30分	30分～1時間
全　　　　国	(1)	138,243	6,941	14,377	116,420	505	138,243	115,856	19,695	1,829
（全国農業地域）										
北　海　道	(2)	7,066	355	518	6,191	2	7,066	5,381	1,584	97
都　府　県	(3)	131,177	6,586	13,859	110,229	503	131,177	110,475	18,111	1,732
東　　北	(4)	17,590	843	1,584	15,148	15	17,590	14,587	2,789	196
北　　陸	(5)	11,046	384	914	9,748	－	11,046	8,715	2,003	317
関東・東山	(6)	24,260	1,127	2,865	20,267	1	24,260	22,175	1,983	95
北　関　東	(7)	9,037	324	853	7,860	－	9,037	8,288	723	25
南　関　東	(8)	8,892	381	1,098	7,412	1	8,892	8,186	667	37
東　　山	(9)	6,331	422	914	4,995	－	6,331	5,701	593	33
東　　海	(10)	11,556	517	1,313	9,712	14	11,556	9,584	1,638	252
近　　畿	(11)	10,795	448	1,169	9,169	9	10,795	8,932	1,629	212
中　　国	(12)	19,616	992	1,722	16,776	126	19,616	15,932	3,423	135
山　　陰	(13)	5,715	262	481	4,971	1	5,715	4,820	887	7
山　　陽	(14)	13,901	730	1,241	11,805	125	13,901	11,112	2,536	128
四　　国	(15)	11,059	656	1,376	8,923	104	11,059	9,410	1,365	173
九　　州	(16)	24,515	1,543	2,770	19,995	207	24,515	20,488	3,242	333
北　九　州	(17)	15,806	905	1,902	12,845	154	15,806	13,227	1,917	269
南　九　州	(18)	8,709	638	868	7,150	53	8,709	7,261	1,325	64
沖　　縄	(19)	740	76	146	491	27	740	652	39	19
（都道府県）										
北　海　道	(20)	7,066	355	518	6,191	2	7,066	5,381	1,584	97
青　　森	(21)	1,782	101	179	1,502	－	1,782	1,487	277	18
岩　　手	(22)	3,614	139	254	3,221	－	3,614	2,665	861	86
宮　　城	(23)	2,636	173	281	2,170	12	2,636	2,399	210	15
秋　　田	(24)	2,761	127	252	2,382	－	2,761	2,323	420	18
山　　形	(25)	2,733	111	214	2,405	3	2,733	2,337	370	23
福　　島	(26)	4,064	192	404	3,468	－	4,064	3,376	651	36
茨　　城	(27)	3,799	109	328	3,362	－	3,799	3,553	243	3
栃　　木	(28)	3,274	118	279	2,877	－	3,274	2,935	326	13
群　　馬	(29)	1,964	97	246	1,621	－	1,964	1,800	154	9
埼　　玉	(30)	3,977	174	608	3,195	－	3,977	3,889	82	6
千　　葉	(31)	3,497	120	332	3,045	－	3,497	3,032	435	30
東　　京	(32)	143	19	17	106	1	143	123	19	－
神　奈　川	(33)	1,275	68	141	1,066	－	1,275	1,142	131	1
新　　潟	(34)	5,093	193	445	4,455	－	5,093	4,049	889	149
富　　山	(35)	2,217	52	170	1,995	－	2,217	1,619	448	145
石　　川	(36)	1,918	73	161	1,684	－	1,918	1,533	374	11
福　　井	(37)	1,818	66	138	1,614	－	1,818	1,514	292	12
山　　梨	(38)	1,610	142	311	1,157	－	1,610	1,506	96	7
長　　野	(39)	4,721	280	603	3,838	－	4,721	4,195	497	26
岐　　阜	(40)	3,039	122	314	2,603	－	3,039	2,314	655	70
静　　岡	(41)	3,337	155	371	2,810	1	3,337	2,658	471	139
愛　　知	(42)	3,046	128	413	2,500	5	3,046	2,740	300	1
三　　重	(43)	2,134	112	215	1,799	8	2,134	1,872	212	42
滋　　賀	(44)	1,545	80	230	1,235	－	1,545	1,501	39	5
京　　都	(45)	1,684	84	189	1,411	－	1,684	1,355	309	20
大　　阪	(46)	773	27	115	631	－	773	705	67	1
兵　　庫	(47)	3,748	118	290	3,331	9	3,748	2,955	720	64
奈　　良	(48)	1,446	66	156	1,224	－	1,446	1,264	169	12
和　歌　山	(49)	1,599	73	189	1,337	－	1,599	1,152	325	110
鳥　　取	(50)	1,624	89	182	1,353	－	1,624	1,478	142	4
島　　根	(51)	4,091	173	299	3,618	1	4,091	3,342	745	3
岡　　山	(52)	4,530	174	335	4,000	21	4,530	3,397	1,042	70
広　　島	(53)	5,210	291	467	4,419	33	5,210	4,379	774	24
山　　口	(54)	4,161	265	439	3,386	71	4,161	3,336	720	34
徳　　島	(55)	2,248	136	245	1,865	2	2,248	1,898	326	20
香　　川	(56)	3,179	211	553	2,361	54	3,179	3,034	87	4
愛　　媛	(57)	3,176	180	323	2,631	42	3,176	2,576	485	73
高　　知	(58)	2,456	129	255	2,066	6	2,456	1,902	467	76
福　　岡	(59)	3,430	178	562	2,668	22	3,430	3,162	235	11
佐　　賀	(60)	1,931	54	143	1,726	8	1,931	1,303	228	161
長　　崎	(61)	2,931	302	459	2,072	98	2,931	2,497	300	31
熊　　本	(62)	4,202	262	501	3,429	10	4,202	3,719	454	17
大　　分	(63)	3,312	109	237	2,950	16	3,312	2,546	700	49
宮　　崎	(64)	2,653	123	200	2,327	3	2,653	2,105	495	47
鹿　児　島	(65)	6,056	515	668	4,823	50	6,056	5,156	830	17
沖　　縄	(66)	740	76	146	491	27	740	652	39	19
関東農政局	(67)	27,597	1,282	3,236	23,077	2	27,597	24,833	2,454	234
東海農政局	(68)	8,219	362	942	6,902	13	8,219	6,926	1,167	113
中国四国農政局	(69)	30,675	1,648	3,098	25,699	230	30,675	25,342	4,788	308

（続き）

単位：集落

利用			公共交通機関利用							
1時間～1時間半	1時間半以上	計測不能	計	15分未満	15分～30分	30分～1時間	1時間～1時間半	1時間半以上	計測不能	
242	116	505	138,243	9,224	29,434	37,583	17,474	35,918	8,610	(1)
2	–	2	7,066	358	1,334	1,710	938	2,562	164	(2)
240	116	503	131,177	8,866	28,100	35,873	16,536	33,356	8,446	(3)
3	–	15	17,590	669	2,472	4,065	2,368	5,007	3,009	(4)
11	–	–	11,046	646	2,544	3,255	1,521	2,764	316	(5)
5	1	1	24,260	1,625	5,229	7,355	3,480	5,657	914	(6)
1	–	–	9,037	534	1,757	2,765	1,456	2,354	171	(7)
1	–	1	8,892	835	2,580	2,941	1,078	1,357	101	(8)
3	1	–	6,331	256	892	1,649	946	1,946	642	(9)
46	22	14	11,556	665	2,715	3,722	1,450	2,587	417	(10)
13	–	9	10,795	932	3,162	3,563	1,098	1,788	252	(11)
–	–	126	19,616	1,053	3,330	5,010	2,558	6,392	1,273	(12)
–	–	1	5,715	115	538	1,277	873	2,226	686	(13)
–	–	125	13,901	938	2,792	3,733	1,685	4,166	587	(14)
5	2	104	11,059	546	1,923	2,884	1,385	3,087	1,234	(15)
154	91	207	24,515	2,613	6,481	5,903	2,628	5,907	983	(16)
149	90	154	15,806	1,575	3,972	3,754	1,701	3,933	871	(17)
5	1	53	8,709	1,038	2,509	2,149	927	1,974	112	(18)
3	–	27	740	117	244	116	48	167	48	(19)
2	–	2	7,066	358	1,334	1,710	938	2,562	164	(20)
–	–	–	1,782	82	314	572	287	416	111	(21)
2	–	–	3,614	64	341	730	594	1,669	216	(22)
–	–	12	2,636	42	154	492	401	1,034	513	(23)
–	–	–	2,761	5	30	104	77	434	2,111	(24)
–	–	3	2,733	170	539	874	458	674	18	(25)
1	–	–	4,064	306	1,094	1,293	551	780	40	(26)
–	–	–	3,799	179	585	985	606	1,310	134	(27)
–	–	–	3,274	164	579	1,172	631	711	17	(28)
1	–	–	1,964	191	593	608	219	333	20	(29)
–	–	–	3,977	395	1,209	1,391	475	471	36	(30)
–	–	–	3,497	215	776	1,119	538	786	63	(31)
–	–	1	143	21	45	31	11	35	–	(32)
1	–	–	1,275	204	550	400	54	65	2	(33)
6	–	–	5,093	156	795	1,376	785	1,725	256	(34)
5	–	–	2,217	199	665	671	237	433	12	(35)
–	–	–	1,918	157	576	643	245	283	14	(36)
–	–	–	1,818	134	508	565	254	323	34	(37)
1	–	–	1,610	140	283	398	206	393	190	(38)
2	1	–	4,721	116	609	1,251	740	1,553	452	(39)
–	–	–	3,039	76	389	769	438	1,112	255	(40)
46	22	1	3,337	291	1,017	1,114	350	541	24	(41)
–	–	5	3,046	128	751	1,175	414	493	85	(42)
–	–	8	2,134	170	558	664	248	441	53	(43)
–	–	–	1,545	140	439	532	220	182	32	(44)
–	–	–	1,684	242	526	509	112	263	32	(45)
–	–	–	773	78	318	263	57	43	14	(46)
–	–	9	3,748	317	1,184	1,387	350	491	19	(47)
1	–	–	1,446	116	452	470	152	234	22	(48)
12	–	–	1,599	39	243	402	207	575	133	(49)
–	–	–	1,624	14	116	397	269	696	132	(50)
–	–	1	4,091	101	422	880	604	1,530	554	(51)
–	–	21	4,530	76	415	1,035	651	2,006	347	(52)
–	–	33	5,210	400	1,014	1,411	661	1,527	197	(53)
–	–	71	4,161	462	1,363	1,287	373	633	43	(54)
2	–	2	2,248	112	459	537	220	734	186	(55)
–	–	54	3,179	171	499	998	570	704	237	(56)
–	–	42	3,176	105	479	661	298	933	700	(57)
3	2	6	2,456	158	486	688	297	716	111	(58)
–	–	22	3,430	304	852	968	426	603	277	(59)
142	89	8	1,931	123	399	380	158	766	105	(60)
4	1	98	2,931	452	810	563	258	603	245	(61)
2	–	10	4,202	576	1,391	1,188	414	584	49	(62)
1	–	16	3,312	120	520	655	445	1,377	195	(63)
3	–	3	2,653	220	695	637	346	637	25	(64)
2	1	50	6,056	818	1,814	1,419	581	1,337	87	(65)
3	–	27	740	117	244	116	48	167	48	(66)
51	23	2	27,597	1,916	6,246	8,469	3,830	6,198	938	(67)
–	–	13	8,219	374	1,698	2,608	1,100	2,046	393	(68)
5	2	230	30,675	1,599	5,253	7,894	3,943	9,479	2,507	(69)

1 農業集落の立地条件（続き）
(5) 最も近いＤＩＤ（人口集中地区）及び生活関連施設までの所要時間別農業集落数
ウ 農協

全国農業地域・都道府県			徒歩					自動車			
			計	15分未満	15分～30分	30分以上	計測不能	計	15分未満	15分～30分	30分～1時間
全 国	(1)		138,243	14,532	26,991	96,181	539	138,243	126,433	9,681	1,279
（全国農業地域）											
北 海 道	(2)		7,066	416	635	5,943	72	7,066	5,500	1,273	207
都 府 県	(3)		131,177	14,116	26,356	90,238	467	131,177	120,933	8,408	1,072
東 北	(4)		17,590	1,416	2,623	13,534	17	17,590	15,672	1,669	205
北 陸	(5)		11,046	930	2,114	8,000	2	11,046	10,392	626	25
関 東 ・ 東 山	(6)		24,260	2,522	5,361	16,353	24	24,260	23,282	841	106
北 関 東	(7)		9,037	616	1,515	6,906	-	9,037	8,629	355	51
南 関 東	(8)		8,892	1,087	2,407	5,374	24	8,892	8,726	133	8
東 山	(9)		6,331	819	1,439	4,073	-	6,331	5,927	353	47
東 海	(10)		11,556	2,001	3,590	5,955	10	11,556	11,074	425	46
近 畿	(11)		10,795	1,233	2,452	7,101	9	10,795	10,133	550	97
中 国	(12)		19,616	2,165	3,487	13,879	85	19,616	18,283	1,219	29
山 陰	(13)		5,715	605	964	4,145	1	5,715	5,237	471	6
山 陽	(14)		13,901	1,560	2,523	9,734	84	13,901	13,046	748	23
四 国	(15)		11,059	1,520	2,733	6,720	86	11,059	9,930	822	202
九 州	(16)		24,515	2,189	3,814	18,313	199	24,515	21,507	2,228	347
北 九 州	(17)		15,806	1,396	2,556	11,716	138	15,806	13,714	1,462	265
南 九 州	(18)		8,709	793	1,258	6,597	61	8,709	7,793	766	82
沖 縄	(19)		740	140	182	383	35	740	660	28	15
（都道府県）											
北 海 道	(20)		7,066	416	635	5,943	72	7,066	5,500	1,273	207
青 森	(21)		1,782	119	251	1,410	2	1,782	1,514	209	33
岩 手	(22)		3,614	273	494	2,847	-	3,614	3,026	516	71
宮 城	(23)		2,636	215	386	2,023	12	2,636	2,390	186	48
秋 田	(24)		2,761	206	364	2,191	-	2,761	2,516	235	10
山 形	(25)		2,733	249	440	2,041	3	2,733	2,471	226	33
福 島	(26)		4,064	354	688	3,022	-	4,064	3,755	297	10
茨 城	(27)		3,799	218	538	3,043	-	3,799	3,713	83	3
栃 木	(28)		3,274	203	543	2,528	-	3,274	3,106	136	31
群 馬	(29)		1,964	195	434	1,335	-	1,964	1,810	136	17
埼 玉	(30)		3,977	506	1,214	2,257	-	3,977	3,901	69	6
千 葉	(31)		3,497	300	645	2,552	-	3,497	3,466	31	-
東 京	(32)		143	19	31	69	24	143	104	14	1
神 奈 川	(33)		1,275	262	517	496	-	1,275	1,255	19	1
新 潟	(34)		5,093	427	868	3,796	2	5,093	4,812	266	12
富 山	(35)		2,217	182	480	1,555	-	2,217	2,076	134	7
石 川	(36)		1,918	170	390	1,358	-	1,918	1,776	140	2
福 井	(37)		1,818	151	376	1,291	-	1,818	1,728	86	4
山 梨	(38)		1,610	189	350	1,071	-	1,610	1,476	107	26
長 野	(39)		4,721	630	1,089	3,002	-	4,721	4,451	246	21
岐 阜	(40)		3,039	507	819	1,713	-	3,039	2,907	114	18
静 岡	(41)		3,337	667	1,109	1,560	1	3,337	3,202	117	17
愛 知	(42)		3,046	521	1,121	1,403	1	3,046	2,971	65	9
三 重	(43)		2,134	306	541	1,279	8	2,134	1,994	129	2
滋 賀	(44)		1,545	181	413	951	-	1,545	1,506	32	7
京 都	(45)		1,684	141	265	1,278	-	1,684	1,549	130	5
大 阪	(46)		773	167	292	314	-	773	759	14	-
兵 庫	(47)		3,748	408	812	2,519	9	3,748	3,634	96	9
奈 良	(48)		1,446	166	350	930	-	1,446	1,329	77	38
和 歌 山	(49)		1,599	170	320	1,109	-	1,599	1,356	201	38
鳥 取	(50)		1,624	200	323	1,101	-	1,624	1,564	59	1
島 根	(51)		4,091	405	641	3,044	1	4,091	3,673	412	5
岡 山	(52)		4,530	334	719	3,457	20	4,530	4,165	342	3
広 島	(53)		5,210	691	973	3,525	21	5,210	4,975	211	3
山 口	(54)		4,161	535	831	2,752	43	4,161	3,906	195	17
徳 島	(55)		2,248	230	455	1,561	2	2,248	1,894	246	88
香 川	(56)		3,179	512	1,110	1,510	47	3,179	3,072	60	-
愛 媛	(57)		3,176	534	758	1,853	31	3,176	2,896	199	50
高 知	(58)		2,456	244	410	1,796	6	2,456	2,068	317	64
福 岡	(59)		3,430	437	915	2,070	8	3,430	3,351	66	5
佐 賀	(60)		1,931	154	274	1,495	8	1,931	1,376	167	158
長 崎	(61)		2,931	323	462	2,050	96	2,931	2,622	191	21
熊 本	(62)		4,202	302	555	3,335	10	4,202	3,598	537	53
大 分	(63)		3,312	180	350	2,766	16	3,312	2,767	501	28
宮 崎	(64)		2,653	251	471	1,928	3	2,653	2,396	221	29
鹿 児 島	(65)		6,056	542	787	4,669	58	6,056	5,397	545	53
沖 縄	(66)		740	140	182	383	35	740	660	28	15
関 東 農 政 局	(67)		27,597	3,189	6,470	17,913	25	27,597	26,484	958	123
東 海 農 政 局	(68)		8,219	1,334	2,481	4,395	9	8,219	7,872	308	29
中 国 四 国 農 政 局	(69)		30,675	3,685	6,220	20,599	171	30,675	28,213	2,041	231

（続き）

単位：集落

利用			公共交通機関利用							
1時間～1時間半	1時間半以上	計測不能	計	15分未満	15分～30分	30分～1時間	1時間～1時間半	1時間半以上	計測不能	
204	107	539	138,243	15,409	31,620	30,675	14,464	29,851	16,224	(1)
14	–	72	7,066	476	1,247	1,558	941	2,422	422	(2)
190	107	467	131,177	14,933	30,373	29,117	13,523	27,429	15,802	(3)
15	12	17	17,590	1,026	2,749	3,520	2,129	4,124	4,042	(4)
1	–	2	11,046	1,314	2,873	2,651	1,245	2,048	915	(5)
5	2	24	24,260	2,781	5,488	6,104	2,947	4,700	2,240	(6)
1	1	–	9,037	771	1,903	2,434	1,313	1,979	637	(7)
1	–	24	8,892	1,568	2,614	2,304	812	1,049	545	(8)
3	1	–	6,331	442	971	1,366	822	1,672	1,058	(9)
1	–	10	11,556	1,796	3,122	2,510	877	1,640	1,611	(10)
5	1	9	10,795	1,851	3,637	2,690	850	1,330	437	(11)
–	–	85	19,616	1,824	3,804	3,834	2,059	5,307	2,788	(12)
–	–	1	5,715	171	558	1,128	664	1,843	1,351	(13)
–	–	84	13,901	1,653	3,246	2,706	1,395	3,464	1,437	(14)
14	5	86	11,059	992	1,998	2,344	1,018	2,483	2,224	(15)
147	87	199	24,515	3,154	6,505	5,380	2,350	5,621	1,505	(16)
143	84	138	15,806	1,818	3,993	3,447	1,495	3,696	1,357	(17)
4	3	61	8,709	1,336	2,512	1,933	855	1,925	148	(18)
2	–	35	740	195	197	84	48	176	40	(19)
14	–	72	7,066	476	1,247	1,558	941	2,422	422	(20)
13	11	2	1,782	123	364	405	274	417	199	(21)
1	–	–	3,614	98	336	710	515	1,299	656	(22)
–	–	12	2,636	32	165	458	397	910	674	(23)
–	–	–	2,761	15	31	79	67	301	2,268	(24)
–	–	3	2,733	243	655	790	386	534	125	(25)
1	1	–	4,064	515	1,198	1,078	490	663	120	(26)
–	–	–	3,799	202	673	910	577	936	501	(27)
1	–	–	3,274	306	617	998	571	705	77	(28)
–	1	–	1,964	263	613	526	165	338	59	(29)
1	–	–	3,977	594	1,244	1,181	363	371	224	(30)
–	–	–	3,497	360	876	948	415	600	298	(31)
–	–	24	143	35	43	21	6	34	4	(32)
–	–	–	1,275	579	451	154	28	44	19	(33)
1	–	2	5,093	322	855	1,149	743	1,358	666	(34)
–	–	–	2,217	506	855	544	133	154	25	(35)
–	–	–	1,918	257	669	469	172	254	97	(36)
–	–	–	1,818	229	494	489	197	282	127	(37)
1	–	–	1,610	155	291	330	172	415	247	(38)
2	1	–	4,721	287	680	1,036	650	1,257	811	(39)
–	–	–	3,039	192	438	483	244	625	1,057	(40)
–	–	1	3,337	851	1,153	647	181	335	170	(41)
–	–	1	3,046	408	904	811	258	409	256	(42)
1	–	8	2,134	345	627	569	194	271	128	(43)
–	–	–	1,545	177	422	458	195	177	116	(44)
–	–	–	1,684	343	564	410	115	218	34	(45)
–	–	–	773	194	300	149	47	40	43	(46)
–	–	9	3,748	826	1,581	882	185	254	20	(47)
2	–	–	1,446	196	495	415	126	182	32	(48)
3	1	–	1,599	115	275	376	182	459	192	(49)
–	–	–	1,624	15	111	360	202	590	346	(50)
–	–	1	4,091	156	447	768	462	1,253	1,005	(51)
–	–	20	4,530	124	490	888	616	1,578	834	(52)
–	–	21	5,210	627	1,276	994	492	1,302	519	(53)
–	–	43	4,161	902	1,480	824	287	584	84	(54)
13	5	2	2,248	277	400	387	195	648	341	(55)
–	–	47	3,179	217	571	783	333	579	696	(56)
–	–	31	3,176	247	489	509	232	682	1,017	(57)
1	–	6	2,456	251	538	665	258	574	170	(58)
–	–	8	3,430	428	922	795	328	459	498	(59)
139	83	8	1,931	199	387	322	136	683	204	(60)
–	1	96	2,931	442	921	521	162	639	246	(61)
4	–	10	4,202	626	1,262	1,165	443	650	56	(62)
–	–	16	3,312	123	501	644	426	1,265	353	(63)
2	2	3	2,653	388	720	609	311	543	82	(64)
2	1	58	6,056	948	1,792	1,324	544	1,382	66	(65)
2	–	35	740	195	197	84	48	176	40	(66)
5	2	25	27,597	3,632	6,641	6,751	3,128	5,035	2,410	(67)
1	–	9	8,219	945	1,969	1,863	696	1,305	1,441	(68)
14	5	171	30,675	2,816	5,802	6,178	3,077	7,790	5,012	(69)

1 農業集落の立地条件（続き）
(5) 最も近いＤＩＤ（人口集中地区）及び生活関連施設までの所要時間別農業集落数
エ 警察・交番

全国農業地域・都道府県		徒歩					自動車			
		計	15分未満	15分～30分	30分以上	計測不能	計	15分未満	15分～30分	30分～1時間
全 国	(1)	138,243	17,066	29,324	91,448	405	138,243	128,049	8,544	895
（全国農業地域）										
北 海 道	(2)	7,066	783	994	5,289	–	7,066	6,434	610	20
都 府 県	(3)	131,177	16,283	28,330	86,159	405	131,177	121,615	7,934	875
東 北	(4)	17,590	1,782	2,980	12,816	12	17,590	16,414	1,077	85
北 陸	(5)	11,046	1,197	2,542	7,305	2	11,046	10,192	823	29
関 東 ・ 東 山	(6)	24,260	3,085	5,983	15,192	–	24,260	23,289	912	55
北 関 東	(7)	9,037	890	1,923	6,224	–	9,037	8,642	364	31
南 関 東	(8)	8,892	1,372	2,613	4,907	–	8,892	8,585	302	5
東 山	(9)	6,331	823	1,447	4,061	–	6,331	6,062	246	19
東 海	(10)	11,556	1,264	2,545	7,733	14	11,556	10,574	827	126
近 畿	(11)	10,795	2,051	3,129	5,608	7	10,795	10,365	373	49
中 国	(12)	19,616	2,409	3,743	13,380	84	19,616	18,280	1,169	78
山 陰	(13)	5,715	429	708	4,570	8	5,715	4,891	740	71
山 陽	(14)	13,901	1,980	3,035	8,810	76	13,901	13,389	429	7
四 国	(15)	11,059	1,602	2,818	6,571	68	11,059	10,190	649	143
九 州	(16)	24,515	2,799	4,456	17,116	144	24,515	21,741	2,018	301
北 九 州	(17)	15,806	1,983	3,273	10,469	81	15,806	14,600	725	166
南 九 州	(18)	8,709	816	1,183	6,647	63	8,709	7,141	1,293	135
沖 縄	(19)	740	94	134	438	74	740	570	86	9
（都道府県）										
北 海 道	(20)	7,066	783	994	5,289	–	7,066	6,434	610	20
青 森	(21)	1,782	198	317	1,267	–	1,782	1,691	88	3
岩 手	(22)	3,614	423	597	2,594	–	3,614	3,339	247	27
宮 城	(23)	2,636	351	548	1,725	12	2,636	2,542	79	3
秋 田	(24)	2,761	256	457	2,048	–	2,761	2,603	150	8
山 形	(25)	2,733	179	351	2,203	–	2,733	2,362	339	32
福 島	(26)	4,064	375	710	2,979	–	4,064	3,877	174	12
茨 城	(27)	3,799	225	542	3,032	–	3,799	3,513	275	11
栃 木	(28)	3,274	439	881	1,954	–	3,274	3,221	41	12
群 馬	(29)	1,964	226	500	1,238	–	1,964	1,908	48	8
埼 玉	(30)	3,977	576	1,354	2,047	–	3,977	3,937	38	2
千 葉	(31)	3,497	327	672	2,498	–	3,497	3,237	258	2
東 京	(32)	143	77	36	30	–	143	139	4	–
神 奈 川	(33)	1,275	392	551	332	–	1,275	1,272	2	1
新 潟	(34)	5,093	381	794	3,916	2	5,093	4,375	695	21
富 山	(35)	2,217	273	717	1,227	–	2,217	2,167	48	2
石 川	(36)	1,918	295	532	1,091	–	1,918	1,884	31	3
福 井	(37)	1,818	248	499	1,071	–	1,818	1,766	49	3
山 梨	(38)	1,610	273	509	828	–	1,610	1,564	40	5
長 野	(39)	4,721	550	938	3,233	–	4,721	4,498	206	14
岐 阜	(40)	3,039	358	676	2,005	–	3,039	2,881	143	15
静 岡	(41)	3,337	436	811	2,089	1	3,337	2,969	267	85
愛 知	(42)	3,046	303	743	1,995	5	3,046	2,717	304	20
三 重	(43)	2,134	167	315	1,644	8	2,134	2,007	113	6
滋 賀	(44)	1,545	246	498	801	–	1,545	1,524	17	4
京 都	(45)	1,684	329	408	947	–	1,684	1,611	68	5
大 阪	(46)	773	271	342	160	–	773	770	3	–
兵 庫	(47)	3,748	653	1,020	2,068	7	3,748	3,587	137	17
奈 良	(48)	1,446	291	477	678	–	1,446	1,402	38	6
和 歌 山	(49)	1,599	261	384	954	–	1,599	1,471	110	17
鳥 取	(50)	1,624	62	154	1,408	–	1,624	1,313	283	23
島 根	(51)	4,091	367	554	3,162	8	4,091	3,578	457	48
岡 山	(52)	4,530	618	1,029	2,870	13	4,530	4,337	178	2
広 島	(53)	5,210	705	1,042	3,440	23	5,210	5,001	182	4
山 口	(54)	4,161	657	964	2,500	40	4,161	4,051	69	1
徳 島	(55)	2,248	314	525	1,407	2	2,248	1,993	179	68
香 川	(56)	3,179	608	1,161	1,382	28	3,179	3,135	16	–
愛 媛	(57)	3,176	427	715	2,002	32	3,176	2,898	220	26
高 知	(58)	2,456	253	417	1,780	6	2,456	2,164	234	49
福 岡	(59)	3,430	512	1,015	1,895	8	3,430	3,370	45	7
佐 賀	(60)	1,931	227	386	1,313	5	1,931	1,391	172	133
長 崎	(61)	2,931	518	619	1,741	53	2,931	2,805	71	1
熊 本	(62)	4,202	430	741	3,021	10	4,202	3,941	236	16
大 分	(63)	3,312	296	512	2,499	5	3,312	3,093	201	13
宮 崎	(64)	2,653	367	578	1,706	2	2,653	2,429	189	29
鹿 児 島	(65)	6,056	449	605	4,941	61	6,056	4,712	1,104	106
沖 縄	(66)	740	94	134	438	74	740	570	86	9
関 東 農 政 局	(67)	27,597	3,521	6,794	17,281	1	27,597	26,258	1,179	140
東 海 農 政 局	(68)	8,219	828	1,734	5,644	13	8,219	7,605	560	41
中 国 四 国 農 政 局	(69)	30,675	4,011	6,561	19,951	152	30,675	28,470	1,818	221

（続き）

単位：集落

利用			公共交通機関利用							
1時間～1時間半	1時間半以上	計測不能	計	15分未満	15分～30分	30分～1時間	1時間～1時間半	1時間半以上	計測不能	
220	130	405	138,243	18,459	31,407	28,847	13,416	27,971	18,143	(1)
2	–	–	7,066	831	1,457	1,333	825	1,931	689	(2)
218	130	405	131,177	17,628	29,950	27,514	12,591	26,040	17,454	(3)
1	1	12	17,590	1,218	2,780	3,345	1,937	3,805	4,505	(4)
–	–	2	11,046	1,738	2,826	2,491	1,117	1,955	919	(5)
3	1	–	24,260	3,573	5,598	5,492	2,611	4,412	2,574	(6)
–	–	–	9,037	983	2,000	2,192	1,103	1,755	1,004	(7)
–	–	–	8,892	2,114	2,534	1,934	762	977	571	(8)
3	1	–	6,331	476	1,064	1,366	746	1,680	999	(9)
13	2	14	11,556	1,387	3,038	2,967	1,018	2,083	1,063	(10)
–	1	7	10,795	2,580	3,394	2,173	736	1,198	714	(11)
5	–	84	19,616	2,019	3,773	3,689	1,966	5,093	3,076	(12)
5	–	8	5,715	133	539	1,191	760	2,156	936	(13)
–	–	76	13,901	1,886	3,234	2,498	1,206	2,937	2,140	(14)
8	1	68	11,059	1,127	2,072	2,178	977	2,345	2,360	(15)
187	124	144	24,515	3,827	6,245	5,060	2,177	4,984	2,222	(16)
147	87	81	15,806	2,575	3,905	3,029	1,336	3,000	1,961	(17)
40	37	63	8,709	1,252	2,340	2,031	841	1,984	261	(18)
1	–	74	740	159	224	119	52	165	21	(19)
2	–	–	7,066	831	1,457	1,333	825	1,931	689	(20)
–	–	–	1,782	209	428	378	207	301	259	(21)
1	–	–	3,614	172	401	634	449	1,065	893	(22)
–	–	12	2,636	64	159	400	362	830	821	(23)
–	–	–	2,761	2	27	63	55	293	2,321	(24)
–	–	–	2,733	216	548	833	402	670	64	(25)
–	1	–	4,064	555	1,217	1,037	462	646	147	(26)
–	–	–	3,799	184	635	948	567	927	538	(27)
–	–	–	3,274	505	743	763	365	534	364	(28)
–	–	–	1,964	294	622	481	171	294	102	(29)
–	–	–	3,977	862	1,260	940	365	339	211	(30)
–	–	–	3,497	535	850	859	373	577	303	(31)
–	–	–	143	52	41	12	6	19	13	(32)
–	–	–	1,275	665	383	123	18	42	44	(33)
–	–	2	5,093	330	934	1,230	666	1,352	581	(34)
–	–	–	2,217	647	788	480	109	152	41	(35)
–	–	–	1,918	445	588	388	174	221	102	(36)
–	–	–	1,818	316	516	393	168	230	195	(37)
1	–	–	1,610	185	298	290	148	450	239	(38)
2	1	–	4,721	291	766	1,076	598	1,230	760	(39)
–	–	–	3,039	145	411	587	316	764	816	(40)
13	2	1	3,337	662	1,180	740	206	474	75	(41)
–	–	5	3,046	321	809	1,017	295	497	107	(42)
–	–	8	2,134	259	638	623	201	348	65	(43)
–	–	–	1,545	246	445	406	164	166	118	(44)
–	–	–	1,684	506	541	283	106	171	77	(45)
–	–	–	773	301	252	107	31	31	51	(46)
–	–	7	3,748	1,096	1,380	730	196	296	50	(47)
–	–	–	1,446	294	480	321	102	178	71	(48)
–	1	–	1,599	137	296	326	137	356	347	(49)
5	–	–	1,624	5	73	364	273	853	56	(50)
–	–	8	4,091	128	466	827	487	1,303	880	(51)
–	–	13	4,530	236	505	789	444	1,159	1,397	(52)
–	–	23	5,210	676	1,242	923	496	1,277	596	(53)
–	–	40	4,161	974	1,487	786	266	501	147	(54)
5	1	2	2,248	305	396	345	148	691	363	(55)
–	–	28	3,179	273	591	724	301	501	789	(56)
–	–	32	3,176	256	506	501	285	659	969	(57)
3	–	6	2,456	293	579	608	243	494	239	(58)
–	–	8	3,430	545	889	748	285	428	535	(59)
144	86	5	1,931	277	350	268	112	702	222	(60)
–	1	53	2,931	678	798	442	164	356	493	(61)
3	–	10	4,202	840	1,368	997	362	536	99	(62)
–	–	5	3,312	235	500	574	413	978	612	(63)
2	2	2	2,653	450	704	556	285	537	121	(64)
38	35	61	6,056	802	1,636	1,475	556	1,447	140	(65)
1	–	74	740	159	224	119	52	165	21	(66)
16	3	1	27,597	4,235	6,778	6,232	2,817	4,886	2,649	(67)
–	–	13	8,219	725	1,858	2,227	812	1,609	988	(68)
13	1	152	30,675	3,146	5,845	5,867	2,943	7,438	5,436	(69)

1 農業集落の立地条件（続き）
(5) 最も近いＤＩＤ（人口集中地区）及び生活関連施設までの所要時間別農業集落数
オ 病院・診療所

全国農業地域 ・ 都道府県			徒歩					自動車		
		計	15分未満	15分〜 30分	30分以上	計測不能	計	15分未満	15分〜 30分	30分〜 1時間
全 国	(1)	138,243	30,637	30,014	77,454	138	138,243	130,801	6,368	678
（全国農業地域）										
北 海 道	(2)	7,066	771	779	5,516	−	7,066	5,995	1,031	39
都 府 県	(3)	131,177	29,866	29,235	71,938	138	131,177	124,806	5,337	639
東 北	(4)	17,590	2,692	2,777	12,114	7	17,590	16,293	1,207	81
北 陸	(5)	11,046	1,831	2,422	6,793	−	11,046	10,618	399	28
関 東 ・ 東 山	(6)	24,260	6,160	6,278	11,822	−	24,260	23,755	466	36
北 関 東	(7)	9,037	1,838	2,213	4,986	−	9,037	8,810	207	19
南 関 東	(8)	8,892	2,855	2,573	3,464	−	8,892	8,817	67	7
東 山	(9)	6,331	1,467	1,492	3,372	−	6,331	6,128	192	10
東 海	(10)	11,556	3,397	3,278	4,879	2	11,556	11,221	302	31
近 畿	(11)	10,795	3,122	2,670	5,002	1	10,795	10,516	239	39
中 国	(12)	19,616	4,302	3,997	11,275	42	19,616	18,791	748	33
山 陰	(13)	5,715	1,263	1,173	3,278	1	5,715	5,476	229	9
山 陽	(14)	13,901	3,039	2,824	7,997	41	13,901	13,315	519	24
四 国	(15)	11,059	2,734	2,673	5,623	29	11,059	10,292	601	118
九 州	(16)	24,515	5,420	4,972	14,072	51	24,515	22,632	1,344	260
北 九 州	(17)	15,806	3,716	3,482	8,570	38	15,806	14,577	758	209
南 九 州	(18)	8,709	1,704	1,490	5,502	13	8,709	8,055	586	51
沖 縄	(19)	740	208	168	358	6	740	688	31	13
（都道府県）										
北 海 道	(20)	7,066	771	779	5,516	−	7,066	5,995	1,031	39
青 森	(21)	1,782	269	257	1,256	−	1,782	1,615	160	7
岩 手	(22)	3,614	498	497	2,619	−	3,614	3,168	410	36
宮 城	(23)	2,636	466	434	1,729	7	2,636	2,480	140	8
秋 田	(24)	2,761	359	438	1,964	−	2,761	2,594	151	16
山 形	(25)	2,733	472	476	1,785	−	2,733	2,568	158	7
福 島	(26)	4,064	628	675	2,761	−	4,064	3,868	188	7
茨 城	(27)	3,799	704	918	2,177	−	3,799	3,750	46	3
栃 木	(28)	3,274	623	776	1,875	−	3,274	3,188	82	4
群 馬	(29)	1,964	511	519	934	−	1,964	1,872	79	12
埼 玉	(30)	3,977	1,311	1,335	1,331	−	3,977	3,930	42	4
千 葉	(31)	3,497	815	836	1,846	−	3,497	3,486	11	−
東 京	(32)	143	54	28	61	−	143	132	10	1
神 奈 川	(33)	1,275	675	374	226	−	1,275	1,269	4	2
新 潟	(34)	5,093	769	1,016	3,308	−	5,093	4,892	190	11
富 山	(35)	2,217	395	574	1,248	−	2,217	2,129	81	6
石 川	(36)	1,918	340	407	1,171	−	1,918	1,836	79	3
福 井	(37)	1,818	327	425	1,066	−	1,818	1,761	49	8
山 梨	(38)	1,610	373	401	836	−	1,610	1,569	41	−
長 野	(39)	4,721	1,094	1,091	2,536	−	4,721	4,559	151	10
岐 阜	(40)	3,039	700	820	1,519	−	3,039	2,937	89	13
静 岡	(41)	3,337	1,091	935	1,311	−	3,337	3,198	123	16
愛 知	(42)	3,046	1,082	971	993	−	3,046	2,993	51	2
三 重	(43)	2,134	524	552	1,056	2	2,134	2,093	39	−
滋 賀	(44)	1,545	431	483	631	−	1,545	1,534	9	2
京 都	(45)	1,684	465	288	931	−	1,684	1,631	49	4
大 阪	(46)	773	444	195	134	−	773	765	8	−
兵 庫	(47)	3,748	900	959	1,888	1	3,748	3,677	63	7
奈 良	(48)	1,446	383	375	688	−	1,446	1,384	47	15
和 歌 山	(49)	1,599	499	370	730	−	1,599	1,525	63	11
鳥 取	(50)	1,624	309	347	968	−	1,624	1,528	93	3
島 根	(51)	4,091	954	826	2,310	1	4,091	3,948	136	6
岡 山	(52)	4,530	954	991	2,577	8	4,530	4,398	116	6
広 島	(53)	5,210	1,182	947	3,069	12	5,210	4,955	228	15
山 口	(54)	4,161	903	886	2,351	21	4,161	3,962	175	3
徳 島	(55)	2,248	548	550	1,150	−	2,248	2,104	122	18
香 川	(56)	3,179	1,054	1,024	1,089	12	3,179	3,127	37	3
愛 媛	(57)	3,176	735	629	1,796	16	3,176	2,881	224	52
高 知	(58)	2,456	397	470	1,588	1	2,456	2,180	218	45
福 岡	(59)	3,430	1,179	1,111	1,140	−	3,430	3,353	68	8
佐 賀	(60)	1,931	331	385	1,215	−	1,931	1,396	153	164
長 崎	(61)	2,931	792	581	1,526	32	2,931	2,815	80	2
熊 本	(62)	4,202	872	873	2,454	3	4,202	3,930	253	14
大 分	(63)	3,312	542	532	2,235	3	3,312	3,083	204	21
宮 崎	(64)	2,653	470	440	1,741	2	2,653	2,385	229	36
鹿 児 島	(65)	6,056	1,234	1,050	3,761	11	6,056	5,670	357	15
沖 縄	(66)	740	208	168	358	6	740	688	31	13
関 東 農 政 局	(67)	27,597	7,251	7,213	13,133	−	27,597	26,953	589	52
東 海 農 政 局	(68)	8,219	2,306	2,343	3,568	2	8,219	8,023	179	15
中 国 四 国 農 政 局	(69)	30,675	7,036	6,670	16,898	71	30,675	29,083	1,349	151

（続き）

単位：集落

利用			公共交通機関利用							
1時間～1時間半	1時間半以上	計測不能	計	15分未満	15分～30分	30分～1時間	1時間～1時間半	1時間半以上	計測不能	
155	103	138	138,243	21,744	27,077	22,339	10,152	21,042	35,889	(1)
1	–	–	7,066	732	1,313	1,342	804	2,087	788	(2)
154	103	138	131,177	21,012	25,764	20,997	9,348	18,955	35,101	(3)
1	1	7	17,590	1,419	2,460	2,768	1,470	3,024	6,449	(4)
1	–	–	11,046	1,728	2,621	2,091	926	1,405	2,275	(5)
1	2	–	24,260	4,061	4,895	4,218	1,917	3,292	5,877	(6)
–	1	–	9,037	1,291	1,873	1,609	762	1,283	2,219	(7)
1	–	–	8,892	2,281	2,196	1,524	581	841	1,469	(8)
–	1	–	6,331	489	826	1,085	574	1,168	2,189	(9)
–	–	2	11,556	2,142	2,628	1,807	662	1,370	2,947	(10)
–	–	1	10,795	2,618	2,892	1,849	604	1,018	1,814	(11)
2	–	42	19,616	2,405	3,070	2,741	1,458	3,424	6,518	(12)
–	–	1	5,715	230	461	780	434	1,037	2,773	(13)
2	–	41	13,901	2,175	2,609	1,961	1,024	2,387	3,745	(14)
17	2	29	11,059	1,293	1,727	1,563	617	1,642	4,217	(15)
130	98	51	24,515	5,150	5,293	3,876	1,656	3,639	4,901	(16)
128	96	38	15,806	3,251	3,202	2,269	967	2,322	3,795	(17)
2	2	13	8,709	1,899	2,091	1,607	689	1,317	1,106	(18)
2	–	6	740	196	178	84	38	141	103	(19)
1	–	–	7,066	732	1,313	1,342	804	2,087	788	(20)
–	–	–	1,782	210	326	332	194	269	451	(21)
–	–	–	3,614	153	370	508	302	972	1,309	(22)
1	–	7	2,636	64	141	273	194	536	1,428	(23)
–	–	–	2,761	6	15	42	49	230	2,419	(24)
–	–	–	2,733	318	551	647	317	455	445	(25)
–	1	–	4,064	668	1,057	966	414	562	397	(26)
–	–	–	3,799	389	641	621	313	543	1,292	(27)
–	–	–	3,274	479	699	633	313	497	653	(28)
–	1	–	1,964	423	533	355	136	243	274	(29)
1	–	–	3,977	948	1,013	775	282	282	677	(30)
–	–	–	3,497	615	822	604	259	486	711	(31)
–	–	–	143	47	37	19	7	32	1	(32)
–	–	–	1,275	671	324	126	33	41	80	(33)
–	–	–	5,093	450	787	873	504	877	1,602	(34)
1	–	–	2,217	576	822	481	118	145	75	(35)
–	–	–	1,918	363	580	377	143	208	247	(36)
–	–	–	1,818	339	432	360	161	175	351	(37)
–	–	–	1,610	202	235	305	143	296	429	(38)
–	1	–	4,721	287	591	780	431	872	1,760	(39)
–	–	–	3,039	222	360	344	176	487	1,450	(40)
–	–	–	3,337	972	965	545	153	312	390	(41)
–	–	–	3,046	521	722	481	174	323	825	(42)
–	–	2	2,134	427	581	437	159	248	282	(43)
–	–	–	1,545	266	347	295	103	134	400	(44)
–	–	–	1,684	556	492	278	96	160	102	(45)
–	–	–	773	263	169	93	25	25	198	(46)
–	–	1	3,748	1,143	1,307	670	188	286	154	(47)
–	–	–	1,446	242	378	326	110	173	217	(48)
–	–	–	1,599	148	199	187	82	240	743	(49)
–	–	–	1,624	10	102	240	120	325	827	(50)
–	–	1	4,091	220	359	540	314	712	1,946	(51)
2	–	8	4,530	252	345	476	341	849	2,267	(52)
–	–	12	5,210	874	976	767	414	1,036	1,143	(53)
–	–	21	4,161	1,049	1,288	718	269	502	335	(54)
4	–	–	2,248	322	348	251	115	461	751	(55)
–	–	12	3,179	304	430	453	160	243	1,589	(56)
3	–	16	3,176	294	409	360	143	485	1,485	(57)
10	2	1	2,456	373	540	499	199	453	392	(58)
–	1	–	3,430	732	683	442	152	315	1,106	(59)
124	94	–	1,931	328	292	230	77	637	367	(60)
1	1	32	2,931	734	693	402	144	240	718	(61)
2	–	3	4,202	1,180	1,118	792	341	460	311	(62)
1	–	3	3,312	277	416	403	253	670	1,293	(63)
1	–	2	2,653	481	581	533	234	530	294	(64)
1	2	11	6,056	1,418	1,510	1,074	455	787	812	(65)
2	–	6	740	196	178	84	38	141	103	(66)
1	2	–	27,597	5,033	5,860	4,763	2,070	3,604	6,267	(67)
–	–	2	8,219	1,170	1,663	1,262	509	1,058	2,557	(68)
19	2	71	30,675	3,698	4,797	4,304	2,075	5,066	10,735	(69)

1 農業集落の立地条件（続き）
(5) 最も近いＤＩＤ（人口集中地区）及び生活関連施設までの所要時間別農業集落数
カ 小学校

全国農業地域 都道府県		徒歩					自動車			
		計	15分未満	15分〜 30分	30分以上	計測不能	計	15分未満	15分〜 30分	30分〜 1時間
全　　　　　　　国	(1)	138,243	20,789	34,897	82,333	224	138,243	128,901	7,848	968
（全国農業地域）										
北　海　　　　道	(2)	7,066	740	1,023	5,303	-	7,066	6,228	807	31
都　府　　　　県	(3)	131,177	20,049	33,874	77,030	224	131,177	122,673	7,041	937
東　　　　　　北	(4)	17,590	2,123	3,917	11,539	11	17,590	16,307	1,158	110
北　　　　　　陸	(5)	11,046	1,398	2,848	6,800	-	11,046	10,495	518	32
関　東　・　東　山	(6)	24,260	3,842	6,803	13,615	-	24,260	23,394	804	55
北　　関　　東	(7)	9,037	1,198	2,410	5,429	-	9,037	8,761	263	13
南　　関　　東	(8)	8,892	1,785	2,856	4,251	-	8,892	8,730	150	12
東　　　　山	(9)	6,331	859	1,537	3,935	-	6,331	5,903	391	30
東　　　　　　海	(10)	11,556	2,146	3,711	5,695	4	11,556	11,073	420	57
近　　　　　　畿	(11)	10,795	1,904	3,069	5,821	1	10,795	10,233	463	89
中　　　　　　国	(12)	19,616	2,795	4,488	12,271	62	19,616	18,240	1,240	72
山　　　　陰	(13)	5,715	749	1,246	3,719	1	5,715	5,304	386	22
山　　　　陽	(14)	13,901	2,046	3,242	8,552	61	13,901	12,936	854	50
四　　　　　　国	(15)	11,059	1,718	2,877	6,395	69	11,059	9,885	894	192
九　　　　　　州	(16)	24,515	3,901	5,936	14,605	73	24,515	22,322	1,533	329
北　　九　　州	(17)	15,806	2,359	3,867	9,519	61	15,806	14,130	1,105	258
南　　九　　州	(18)	8,709	1,542	2,069	5,086	12	8,709	8,192	428	71
沖　　　　　　縄	(19)	740	222	225	289	4	740	724	11	1
（都道府県）										
北　海　　　　道	(20)	7,066	740	1,023	5,303	-	7,066	6,228	807	31
青　　　　　　森	(21)	1,782	216	407	1,159	-	1,782	1,627	141	14
岩　　　　　　手	(22)	3,614	414	825	2,375	-	3,614	3,302	281	31
宮　　　　　　城	(23)	2,636	396	596	1,633	11	2,636	2,505	111	6
秋　　　　　　田	(24)	2,761	237	453	2,071	-	2,761	2,509	239	13
山　　　　　　形	(25)	2,733	339	704	1,690	-	2,733	2,536	178	19
福　　　　　　島	(26)	4,064	521	932	2,611	-	4,064	3,828	208	27
茨　　　　　　城	(27)	3,799	457	949	2,393	-	3,799	3,710	86	3
栃　　　　　　木	(28)	3,274	453	896	1,925	-	3,274	3,193	79	2
群　　　　　　馬	(29)	1,964	288	565	1,111	-	1,964	1,858	98	8
埼　　　　　　玉	(30)	3,977	817	1,394	1,766	-	3,977	3,900	67	10
千　　　　　　葉	(31)	3,497	553	919	2,025	-	3,497	3,442	55	-
東　　　　　　京	(32)	143	42	34	67	-	143	126	16	1
神　　奈　　　川	(33)	1,275	373	509	393	-	1,275	1,262	12	1
新　　　　　　潟	(34)	5,093	625	1,219	3,249	-	5,093	4,846	238	8
富　　　　　　山	(35)	2,217	266	623	1,328	-	2,217	2,118	84	15
石　　　　　　川	(36)	1,918	250	455	1,213	-	1,918	1,770	143	5
福　　　　　　井	(37)	1,818	257	551	1,010	-	1,818	1,761	53	4
山　　　　　　梨	(38)	1,610	268	393	949	-	1,610	1,523	83	4
長　　　　　　野	(39)	4,721	591	1,144	2,986	-	4,721	4,380	308	26
岐　　　　　　阜	(40)	3,039	493	841	1,705	-	3,039	2,902	112	25
静　　　　　　岡	(41)	3,337	609	1,109	1,619	-	3,337	3,172	143	20
愛　　　　　　知	(42)	3,046	695	1,205	1,146	-	3,046	2,981	57	8
三　　　　　　重	(43)	2,134	349	556	1,225	4	2,134	2,018	108	4
滋　　　　　　賀	(44)	1,545	239	503	803	-	1,545	1,513	29	3
京　　　　　　都	(45)	1,684	287	400	997	-	1,684	1,580	88	16
大　　　　　　阪	(46)	773	227	279	267	-	773	751	22	-
兵　　　　　　庫	(47)	3,748	645	1,073	2,029	1	3,748	3,656	83	7
奈　　　　　　良	(48)	1,446	207	385	854	-	1,446	1,289	116	38
和　　歌　　　山	(49)	1,599	299	429	871	-	1,599	1,444	125	25
鳥　　　　　　取	(50)	1,624	203	332	1,089	-	1,624	1,519	101	4
島　　　　　　根	(51)	4,091	546	914	2,630	1	4,091	3,785	285	18
岡　　　　　　山	(52)	4,530	662	1,060	2,795	13	4,530	4,189	305	23
広　　　　　　島	(53)	5,210	760	1,132	3,301	17	5,210	4,854	328	11
山　　　　　　口	(54)	4,161	624	1,050	2,456	31	4,161	3,893	221	16
徳　　　　　　島	(55)	2,248	334	541	1,372	1	2,248	1,930	243	64
香　　　　　　川	(56)	3,179	512	1,048	1,581	38	3,179	3,029	109	3
愛　　　　　　媛	(57)	3,176	533	754	1,860	29	3,176	2,844	259	44
高　　　　　　知	(58)	2,456	339	534	1,582	1	2,456	2,082	283	81
福　　　　　　岡	(59)	3,430	711	1,237	1,481	1	3,430	3,336	86	6
佐　　　　　　賀	(60)	1,931	183	339	1,406	3	1,931	1,287	211	184
長　　　　　　崎	(61)	2,931	494	724	1,675	38	2,931	2,769	114	8
熊　　　　　　本	(62)	4,202	589	920	2,688	5	4,202	3,835	330	29
大　　　　　　分	(63)	3,312	382	647	2,269	14	3,312	2,903	364	31
宮　　　　　　崎	(64)	2,653	334	582	1,735	2	2,653	2,421	181	45
鹿　　児　　　島	(65)	6,056	1,208	1,487	3,351	10	6,056	5,771	247	26
沖　　　　　　縄	(66)	740	222	225	289	4	740	724	11	1
関　東　農　政　局	(67)	27,597	4,451	7,912	15,234	-	27,597	26,566	947	75
東　海　農　政　局	(68)	8,219	1,537	2,602	4,076	4	8,219	7,901	277	37
中　国　四　国　農　政　局	(69)	30,675	4,513	7,365	18,666	131	30,675	28,125	2,134	264

（続き）

単位：集落

利用			公共交通機関利用							
1時間～1時間半	1時間半以上	計測不能	計	15分未満	15分～30分	30分～1時間	1時間～1時間半	1時間半以上	計測不能	
146	156	224	138,243	12,476	20,811	16,374	5,805	11,393	71,384	(1)
-	-	-	7,066	418	1,058	1,084	466	905	3,135	(2)
146	156	224	131,177	12,058	19,753	15,290	5,339	10,488	68,249	(3)
3	1	11	17,590	920	1,764	1,590	698	1,477	11,141	(4)
-	1	-	11,046	1,058	1,895	1,437	565	950	5,141	(5)
6	1	-	24,260	2,228	3,755	3,078	1,126	2,066	12,007	(6)
-	-	-	9,037	775	1,418	1,227	442	718	4,457	(7)
-	-	-	8,892	1,213	1,775	1,231	426	726	3,521	(8)
6	1	-	6,331	240	562	620	258	622	4,029	(9)
1	1	4	11,556	1,137	1,914	1,460	459	764	5,822	(10)
8	1	1	10,795	1,500	2,356	1,675	437	827	4,000	(11)
2	-	62	19,616	1,339	2,401	1,911	764	1,492	11,709	(12)
2	-	1	5,715	100	258	363	198	349	4,447	(13)
-	-	61	13,901	1,239	2,143	1,548	566	1,143	7,262	(14)
11	8	69	11,059	606	1,190	1,154	384	718	7,007	(15)
115	143	73	24,515	3,115	4,332	2,935	893	2,176	11,064	(16)
112	140	61	15,806	1,890	2,624	1,834	522	1,526	7,410	(17)
3	3	12	8,709	1,225	1,708	1,101	371	650	3,654	(18)
-	-	4	740	155	146	50	13	18	358	(19)
-	-	-	7,066	418	1,058	1,084	466	905	3,135	(20)
-	-	-	1,782	158	286	229	107	217	785	(21)
-	-	-	3,614	89	242	262	139	419	2,463	(22)
3	-	11	2,636	52	61	106	80	184	2,153	(23)
-	-	-	2,761	-	7	8	12	55	2,679	(24)
-	-	-	2,733	199	327	334	156	230	1,487	(25)
-	1	-	4,064	422	841	651	204	372	1,574	(26)
-	-	-	3,799	209	467	459	188	315	2,161	(27)
-	-	-	3,274	332	519	444	154	238	1,587	(28)
-	-	-	1,964	234	432	324	100	165	709	(29)
-	-	-	3,977	468	765	617	211	355	1,561	(30)
-	-	-	3,497	324	634	427	172	330	1,610	(31)
-	-	-	143	29	35	19	4	11	45	(32)
-	-	-	1,275	392	341	168	39	30	305	(33)
-	1	-	5,093	261	460	437	221	422	3,292	(34)
-	-	-	2,217	374	643	426	170	251	353	(35)
-	-	-	1,918	250	442	327	104	193	602	(36)
-	-	-	1,818	173	350	247	70	84	894	(37)
-	-	-	1,610	99	163	151	68	192	937	(38)
6	1	-	4,721	141	399	469	190	430	3,092	(39)
-	-	-	3,039	136	271	229	79	127	2,197	(40)
1	1	-	3,337	544	766	541	146	234	1,106	(41)
-	-	-	3,046	248	488	365	112	215	1,618	(42)
-	-	4	2,134	209	389	325	122	188	901	(43)
-	-	-	1,545	163	235	242	56	50	799	(44)
-	-	-	1,684	324	439	300	84	126	411	(45)
-	-	-	773	143	165	116	33	36	280	(46)
1	-	1	3,748	674	1,078	615	112	336	933	(47)
3	-	-	1,446	127	291	265	107	183	473	(48)
4	1	-	1,599	69	148	137	45	96	1,104	(49)
-	-	-	1,624	3	39	93	53	94	1,342	(50)
2	-	1	4,091	97	219	270	145	255	3,105	(51)
-	-	13	4,530	115	198	259	124	334	3,500	(52)
-	-	17	5,210	477	873	668	276	539	2,377	(53)
-	-	31	4,161	647	1,072	621	166	270	1,385	(54)
9	1	1	2,248	158	276	211	57	215	1,331	(55)
-	-	38	3,179	119	272	403	114	124	2,147	(56)
-	-	29	3,176	114	274	237	78	129	2,344	(57)
2	7	1	2,456	215	368	303	135	250	1,185	(58)
-	1	1	3,430	544	563	311	58	162	1,792	(59)
109	137	3	1,931	170	240	195	46	531	749	(60)
1	1	38	2,931	405	622	337	78	174	1,315	(61)
2	1	5	4,202	611	922	736	224	410	1,299	(62)
-	-	14	3,312	160	277	255	116	249	2,255	(63)
1	3	2	2,653	281	512	360	134	192	1,174	(64)
2	-	10	6,056	944	1,196	741	237	458	2,480	(65)
-	-	4	740	155	146	50	13	18	358	(66)
7	2	-	27,597	2,772	4,521	3,619	1,272	2,300	13,113	(67)
-	-	4	8,219	593	1,148	919	313	530	4,716	(68)
13	8	131	30,675	1,945	3,591	3,065	1,148	2,210	18,716	(69)

1 農業集落の立地条件（続き）
(5) 最も近いＤＩＤ（人口集中地区）及び生活関連施設までの所要時間別農業集落数
キ　中学校

全国農業地域・都道府県	徒歩					自動車			
	計	15分未満	15分〜30分	30分以上	計測不能	計	15分未満	15分〜30分	30分〜1時間
全　　　　　　国　(1)	138,243	9,004	22,297	106,674	268	138,243	122,802	13,332	1,519
（全国農業地域）									
北　海　　　　道　(2)	7,066	413	817	5,836	-	7,066	5,820	1,164	82
都　　府　　　県　(3)	131,177	8,591	21,480	100,838	268	131,177	116,982	12,168	1,437
東　　　北　(4)	17,590	880	2,382	14,317	11	17,590	15,529	1,883	161
北　　　陸　(5)	11,046	585	1,718	8,743	-	11,046	10,075	918	52
関　東　・　東　山　(6)	24,260	1,602	4,480	18,178	-	24,260	22,611	1,538	107
北　関　東　(7)	9,037	442	1,362	7,233	-	9,037	8,449	564	24
南　関　東　(8)	8,892	767	2,102	6,023	-	8,892	8,554	315	23
東　山　(9)	6,331	393	1,016	4,922	-	6,331	5,608	659	60
東　　　海　(10)	11,556	876	2,420	8,255	5	11,556	10,637	780	132
近　　　畿　(11)	10,795	872	1,927	7,995	1	10,795	9,925	752	106
中　　　国　(12)	19,616	1,147	2,758	15,622	89	19,616	16,885	2,474	166
山　　　陰　(13)	5,715	297	740	4,677	1	5,715	4,945	743	24
山　　　陽　(14)	13,901	850	2,018	10,945	88	13,901	11,940	1,731	142
四　　　国　(15)	11,059	767	1,827	8,387	78	11,059	9,455	1,224	279
九　　　州　(16)	24,515	1,731	3,752	18,952	80	24,515	21,157	2,575	430
北　九　州　(17)	15,806	1,108	2,478	12,147	73	15,806	13,664	1,494	315
南　九　州　(18)	8,709	623	1,274	6,805	7	8,709	7,493	1,081	115
沖　　　縄　(19)	740	131	216	389	4	740	708	24	4
（都道府県）									
北　海　　　　道　(20)	7,066	413	817	5,836	-	7,066	5,820	1,164	82
青　　　　森　(21)	1,782	104	273	1,405	-	1,782	1,609	159	14
岩　　　　手　(22)	3,614	174	480	2,960	-	3,614	3,040	514	59
宮　　　　城　(23)	2,636	159	379	2,087	11	2,636	2,366	245	10
秋　　　　田　(24)	2,761	97	296	2,368	-	2,761	2,385	352	24
山　　　　形　(25)	2,733	112	361	2,260	-	2,733	2,433	274	26
福　　　　島　(26)	4,064	234	593	3,237	-	4,064	3,696	339	28
茨　　　　城　(27)	3,799	162	544	3,093	-	3,799	3,649	147	3
栃　　　　木　(28)	3,274	159	460	2,655	-	3,274	3,013	251	10
群　　　　馬　(29)	1,964	121	358	1,485	-	1,964	1,787	166	11
埼　　　　玉　(30)	3,977	343	1,045	2,589	-	3,977	3,874	88	15
千　　　　葉　(31)	3,497	234	590	2,673	-	3,497	3,330	163	4
東　　　　京　(32)	143	24	37	82	-	143	124	18	1
神　　奈　　川　(33)	1,275	166	430	679	-	1,275	1,226	46	3
新　　　　潟　(34)	5,093	275	786	4,032	-	5,093	4,651	422	19
富　　　　山　(35)	2,217	107	354	1,756	-	2,217	2,062	137	18
石　　　　川　(36)	1,918	99	298	1,521	-	1,918	1,660	249	9
福　　　　井　(37)	1,818	104	280	1,434	-	1,818	1,702	110	6
山　　　　梨　(38)	1,610	127	292	1,191	-	1,610	1,381	209	20
長　　　　野　(39)	4,721	266	724	3,731	-	4,721	4,227	450	40
岐　　　　阜　(40)	3,039	201	505	2,333	-	3,039	2,730	255	54
静　　　　岡　(41)	3,337	288	764	2,285	-	3,337	3,059	236	40
愛　　　　知　(42)	3,046	273	827	1,946	-	3,046	2,895	138	13
三　　　　重　(43)	2,134	114	324	1,691	5	2,134	1,953	151	25
滋　　　　賀　(44)	1,545	105	310	1,130	-	1,545	1,498	41	6
京　　　　都　(45)	1,684	136	266	1,282	-	1,684	1,509	156	19
大　　　　阪　(46)	773	137	238	398	-	773	744	29	-
兵　　　　庫　(47)	3,748	253	570	2,924	1	3,748	3,533	207	7
奈　　　　良　(48)	1,446	98	258	1,090	-	1,446	1,275	130	36
和　　歌　　山　(49)	1,599	143	285	1,171	-	1,599	1,366	189	38
鳥　　　　取　(50)	1,624	81	220	1,323	-	1,624	1,443	178	3
島　　　　根　(51)	4,091	216	520	3,354	1	4,091	3,502	565	21
岡　　　　山　(52)	4,530	246	532	3,739	13	4,530	3,807	626	84
広　　　　島　(53)	5,210	330	797	4,051	32	5,210	4,567	586	25
山　　　　口　(54)	4,161	274	689	3,155	43	4,161	3,566	519	33
徳　　　　島　(55)	2,248	137	323	1,787	1	2,248	1,864	280	92
香　　　　川　(56)	3,179	213	658	2,270	38	3,179	2,961	173	7
愛　　　　媛　(57)	3,176	240	495	2,408	33	3,176	2,650	404	88
高　　　　知　(58)	2,456	177	351	1,922	6	2,456	1,980	367	92
福　　　　岡　(59)	3,430	300	805	2,319	6	3,430	3,298	119	6
佐　　　　賀　(60)	1,931	87	226	1,614	4	1,931	1,296	197	182
長　　　　崎　(61)	2,931	273	528	2,088	42	2,931	2,695	177	15
熊　　　　本　(62)	4,202	272	534	3,391	5	4,202	3,706	452	34
大　　　　分　(63)	3,312	176	385	2,735	16	3,312	2,669	549	78
宮　　　　崎　(64)	2,653	170	403	2,078	2	2,653	2,269	306	64
鹿　　児　　島　(65)	6,056	453	871	4,727	5	6,056	5,224	775	51
沖　　　　縄　(66)	740	131	216	389	4	740	708	24	4
関　東　農　政　局　(67)	27,597	1,890	5,244	20,463	-	27,597	25,670	1,774	147
東　海　農　政　局　(68)	8,219	588	1,656	5,970	5	8,219	7,578	544	92
中国四国農政局　(69)	30,675	1,914	4,585	24,009	167	30,675	26,340	3,698	445

（続き）

単位：集落

利用			公共交通機関利用							
1時間～1時間半	1時間半以上	計測不能	計	15分未満	15分～30分	30分～1時間	1時間～1時間半	1時間半以上	計測不能	
177	145	268	138,243	7,998	23,152	24,830	9,827	17,942	54,494	(1)
-	-	-	7,066	270	996	1,327	654	1,274	2,545	(2)
177	145	268	131,177	7,728	22,156	23,503	9,173	16,668	51,949	(3)
5	1	11	17,590	562	1,915	2,481	1,256	2,213	9,163	(4)
-	1	-	11,046	550	2,073	2,280	884	1,342	3,917	(5)
3	1	-	24,260	1,415	4,082	4,579	1,948	3,439	8,797	(6)
-	-	-	9,037	405	1,507	1,779	790	1,345	3,211	(7)
-	-	-	8,892	844	1,996	1,873	677	1,094	2,408	(8)
3	1	-	6,331	166	579	927	481	1,000	3,178	(9)
1	1	5	11,556	710	2,181	2,311	758	1,364	4,232	(10)
10	1	1	10,795	1,014	2,580	2,581	753	1,107	2,760	(11)
2	-	89	19,616	790	2,628	2,894	1,304	2,802	9,198	(12)
2	-	1	5,715	63	248	578	345	726	3,755	(13)
-	-	88	13,901	727	2,380	2,316	959	2,076	5,443	(14)
15	8	78	11,059	523	1,387	1,715	655	1,289	5,490	(15)
141	132	80	24,515	2,025	5,122	4,585	1,604	3,084	8,095	(16)
134	126	73	15,806	1,276	3,149	2,763	899	1,951	5,768	(17)
7	6	7	8,709	749	1,973	1,822	705	1,133	2,327	(18)
-	-	4	740	139	188	77	11	28	297	(19)
-	-	-	7,066	270	996	1,327	654	1,274	2,545	(20)
-	-	-	1,782	90	272	319	151	242	708	(21)
1	-	-	3,614	61	268	374	237	664	2,010	(22)
4	-	11	2,636	41	76	140	149	388	1,842	(23)
-	-	-	2,761	-	-	35	23	64	2,639	(24)
-	-	-	2,733	109	429	666	342	370	817	(25)
-	1	-	4,064	261	870	947	354	485	1,147	(26)
-	-	-	3,799	120	586	629	298	487	1,679	(27)
-	-	-	3,274	155	521	670	346	545	1,037	(28)
-	-	-	1,964	130	400	480	146	313	495	(29)
-	-	-	3,977	307	824	897	350	531	1,068	(30)
-	-	-	3,497	239	643	742	275	461	1,137	(31)
-	-	-	143	18	42	23	5	19	36	(32)
-	-	-	1,275	280	487	211	47	83	167	(33)
-	1	-	5,093	173	532	633	366	674	2,715	(34)
-	-	-	2,217	166	650	700	215	313	173	(35)
-	-	-	1,918	110	485	540	153	201	429	(36)
-	-	-	1,818	101	406	407	150	154	600	(37)
-	-	-	1,610	66	166	252	108	321	697	(38)
3	1	-	4,721	100	413	675	373	679	2,481	(39)
-	-	-	3,039	94	298	340	165	315	1,827	(40)
1	1	-	3,337	325	880	831	213	324	764	(41)
-	-	-	3,046	164	579	639	218	362	1,084	(42)
-	-	5	2,134	127	424	501	162	363	557	(43)
-	-	-	1,545	107	225	374	143	142	554	(44)
-	-	-	1,684	229	502	439	110	137	267	(45)
-	-	-	773	111	214	169	51	57	171	(46)
-	-	1	3,748	437	1,196	984	235	417	479	(47)
5	-	-	1,446	78	277	371	146	235	339	(48)
5	1	-	1,599	52	166	244	68	119	950	(49)
-	-	-	1,624	-	26	144	90	173	1,191	(50)
2	-	1	4,091	63	222	434	255	553	2,564	(51)
-	-	13	4,530	76	263	455	288	747	2,701	(52)
-	-	32	5,210	275	869	830	394	907	1,935	(53)
-	-	43	4,161	376	1,248	1,031	277	422	807	(54)
10	1	1	2,248	166	375	283	85	303	1,036	(55)
-	-	38	3,179	129	359	514	226	291	1,660	(56)
1	-	33	3,176	83	292	443	153	325	1,880	(57)
4	7	6	2,456	145	361	475	191	370	914	(58)
-	1	6	3,430	363	724	563	168	236	1,376	(59)
130	122	4	1,931	90	271	275	97	587	611	(60)
1	1	42	2,931	347	741	449	102	184	1,108	(61)
3	2	5	4,202	377	1,066	1,093	331	560	775	(62)
-	-	16	3,312	99	347	383	201	384	1,898	(63)
6	6	2	2,653	216	493	544	211	353	836	(64)
1	-	5	6,056	533	1,480	1,278	494	780	1,491	(65)
-	-	4	740	139	188	77	11	28	297	(66)
4	2	-	27,597	1,740	4,962	5,410	2,161	3,763	9,561	(67)
-	-	5	8,219	385	1,301	1,480	545	1,040	3,468	(68)
17	8	167	30,675	1,313	4,015	4,609	1,959	4,091	14,688	(69)

1　農業集落の立地条件（続き）
（5）　最も近いＤＩＤ（人口集中地区）及び生活関連施設までの所要時間別農業集落数
ク　公民館

全国農業地域・都道府県		徒歩					自動車			
		計	15分未満	15分～30分	30分以上	計測不能	計	15分未満	15分～30分	30分～1時間
全　　　　　国	(1)	138,243	11,707	20,646	105,338	552	138,243	112,268	20,465	4,288
（全国農業地域）										
北　海　　　道	(2)	7,066	220	360	6,450	36	7,066	3,864	2,440	679
都　府　　　県	(3)	131,177	11,487	20,286	98,888	516	131,177	108,404	18,025	3,609
東　　　　　北	(4)	17,590	1,290	2,285	14,000	15	17,590	14,317	2,772	480
北　　　　　陸	(5)	11,046	1,070	2,033	7,943	－	11,046	9,766	954	258
関　東　・　東　山	(6)	24,260	2,102	4,536	17,613	9	24,260	22,298	1,739	205
北　　関　　東	(7)	9,037	687	1,575	6,775	－	9,037	8,468	496	70
南　　関　　東	(8)	8,892	858	1,965	6,060	9	8,892	8,257	581	44
東　　　　山	(9)	6,331	557	996	4,778	－	6,331	5,573	662	91
東　　　　　海	(10)	11,556	996	1,913	8,634	13	11,556	9,085	1,660	699
近　　　　　畿	(11)	10,795	1,008	1,729	8,051	7	10,795	9,232	1,254	284
中　　　　　国	(12)	19,616	1,835	2,812	14,879	90	19,616	15,116	4,003	396
山　　　　陰	(13)	5,715	550	775	4,382	8	5,715	4,019	1,507	179
山　　　　陽	(14)	13,901	1,285	2,037	10,497	82	13,901	11,097	2,496	217
四　　　　　国	(15)	11,059	1,356	2,062	7,556	85	11,059	9,374	1,196	352
九　　　　　州	(16)	24,515	1,782	2,835	19,688	210	24,515	18,699	4,344	905
北　　九　　州	(17)	15,806	1,158	1,946	12,543	159	15,806	12,415	2,474	450
南　　九　　州	(18)	8,709	624	889	7,145	51	8,709	6,284	1,870	455
沖　　　　　縄	(19)	740	48	81	524	87	740	517	103	30
（都道府県）										
北　海　　　道	(20)	7,066	220	360	6,450	36	7,066	3,864	2,440	679
青　　　　　森	(21)	1,782	138	240	1,404	－	1,782	1,466	257	59
岩　　　　　手	(22)	3,614	179	341	3,094	－	3,614	2,495	933	184
宮　　　　　城	(23)	2,636	201	367	2,056	12	2,636	2,197	361	64
秋　　　　　田	(24)	2,761	186	353	2,222	－	2,761	2,352	357	52
山　　　　　形	(25)	2,733	251	425	2,054	3	2,733	2,480	219	30
福　　　　　島	(26)	4,064	335	559	3,170	－	4,064	3,327	645	91
茨　　　　　城	(27)	3,799	249	598	2,952	－	3,799	3,704	90	5
栃　　　　　木	(28)	3,274	244	547	2,483	－	3,274	3,015	251	8
群　　　　　馬	(29)	1,964	194	430	1,340	－	1,964	1,749	155	57
埼　　　　　玉	(30)	3,977	523	1,228	2,226	－	3,977	3,916	57	4
千　　　　　葉	(31)	3,497	221	502	2,774	－	3,497	3,260	237	－
東　　　　　京	(32)	143	8	7	119	9	143	70	47	17
神　奈　　　川	(33)	1,275	106	228	941	－	1,275	1,011	240	23
新　　　　　潟	(34)	5,093	239	494	4,360	－	5,093	4,025	768	232
富　　　　　山	(35)	2,217	359	705	1,153	－	2,217	2,143	59	15
石　　　　　川	(36)	1,918	271	439	1,208	－	1,918	1,846	65	7
福　　　　　井	(37)	1,818	201	395	1,222	－	1,818	1,752	62	4
山　　　　　梨	(38)	1,610	219	304	1,087	－	1,610	1,484	109	15
長　　　　　野	(39)	4,721	338	692	3,691	－	4,721	4,089	553	76
岐　　　　　阜	(40)	3,039	368	526	2,145	－	3,039	2,715	294	28
静　　　　　岡	(41)	3,337	113	390	2,833	1	3,337	2,049	838	352
愛　　　　　知	(42)	3,046	252	575	2,214	5	3,046	2,297	438	306
三　　　　　重	(43)	2,134	263	422	1,442	7	2,134	2,024	90	13
滋　　　　　賀	(44)	1,545	99	214	1,232	－	1,545	1,473	62	9
京　　　　　都	(45)	1,684	145	191	1,348	－	1,684	1,233	330	118
大　　　　　阪	(46)	773	82	146	545	－	773	738	35	－
兵　　　　　庫	(47)	3,748	292	574	2,875	7	3,748	3,194	480	67
奈　　　　　良	(48)	1,446	223	365	858	－	1,446	1,301	88	46
和　歌　　　山	(49)	1,599	167	239	1,193	－	1,599	1,293	259	44
鳥　　　　　取	(50)	1,624	262	377	985	－	1,624	1,490	133	1
島　　　　　根	(51)	4,091	288	398	3,397	8	4,091	2,529	1,374	178
岡　　　　　山	(52)	4,530	422	731	3,365	12	4,530	3,905	599	14
広　　　　　島	(53)	5,210	514	738	3,929	29	5,210	3,902	1,105	165
山　　　　　口	(54)	4,161	349	568	3,203	41	4,161	3,290	792	38
徳　　　　　島	(55)	2,248	288	457	1,501	2	2,248	1,983	189	59
香　　　　　川	(56)	3,179	324	639	2,166	50	3,179	2,893	224	12
愛　　　　　媛	(57)	3,176	553	698	1,898	27	3,176	2,752	317	80
高　　　　　知	(58)	2,456	191	268	1,991	6	2,456	1,746	466	201
福　　　　　岡	(59)	3,430	258	598	2,558	16	3,430	3,063	332	19
佐　　　　　賀	(60)	1,931	139	282	1,504	6	1,931	1,378	108	142
長　　　　　崎	(61)	2,931	319	340	2,167	105	2,931	2,240	491	90
熊　　　　　本	(62)	4,202	160	297	3,720	25	4,202	2,817	1,175	179
大　　　　　分	(63)	3,312	282	429	2,594	7	3,312	2,917	368	20
宮　　　　　崎	(64)	2,653	91	191	2,368	3	2,653	1,526	773	304
鹿　児　　　島	(65)	6,056	533	698	4,777	48	6,056	4,758	1,097	151
沖　　　　　縄	(66)	740	48	81	524	87	740	517	103	30
関　東　農　政　局	(67)	27,597	2,215	4,926	20,446	10	27,597	24,347	2,577	557
東　海　農　政　局	(68)	8,219	883	1,523	5,801	12	8,219	7,036	822	347
中国四国農政局	(69)	30,675	3,191	4,874	22,435	175	30,675	24,490	5,199	748

（続き）

単位：集落

	利用			公共交通機関利用							
	1時間～1時間半	1時間半以上	計測不能	計	15分未満	15分～30分	30分～1時間	1時間～1時間半	1時間半以上	計測不能	
	404	266	552	138,243	10,688	26,420	32,377	16,670	36,852	15,236	(1)
	47	–	36	7,066	231	803	1,669	1,095	3,097	171	(2)
	357	266	516	131,177	10,457	25,617	30,708	15,575	33,755	15,065	(3)
	6	–	15	17,590	763	2,239	3,497	2,249	4,942	3,900	(4)
	68	–	–	11,046	1,414	2,599	2,435	1,339	2,732	527	(5)
	8	1	9	24,260	2,101	5,185	6,296	3,022	5,699	1,957	(6)
	3	–	–	9,037	694	1,805	2,314	1,185	2,203	836	(7)
	1	–	9	8,892	1,183	2,503	2,474	1,000	1,340	392	(8)
	4	1	–	6,331	224	877	1,508	837	2,156	729	(9)
	64	35	13	11,556	834	2,273	2,898	1,352	3,072	1,127	(10)
	18	–	7	10,795	1,310	3,054	2,979	1,081	1,853	518	(11)
	3	8	90	19,616	1,076	2,863	3,938	2,446	6,023	3,270	(12)
	2	–	8	5,715	81	310	996	740	1,964	1,624	(13)
	1	8	82	13,901	995	2,553	2,942	1,706	4,059	1,646	(14)
	41	11	85	11,059	807	1,878	2,371	1,172	2,831	2,000	(15)
	146	211	210	24,515	2,080	5,321	6,136	2,871	6,371	1,736	(16)
	101	207	159	15,806	1,281	3,268	3,797	1,839	4,085	1,536	(17)
	45	4	51	8,709	799	2,053	2,339	1,032	2,286	200	(18)
	3	–	87	740	72	205	158	43	232	30	(19)
	47	–	36	7,066	231	803	1,669	1,095	3,097	171	(20)
	–	–	–	1,782	119	335	441	244	436	207	(21)
	2	–	–	3,614	79	309	590	495	1,729	412	(22)
	2	–	12	2,636	39	117	422	365	1,017	676	(23)
	–	–	–	2,761	–	6	59	50	439	2,207	(24)
	1	–	3	2,733	186	509	797	463	595	183	(25)
	1	–	–	4,064	340	963	1,188	632	726	215	(26)
	–	–	–	3,799	195	659	841	551	1,056	497	(27)
	–	–	–	3,274	243	608	946	452	768	257	(28)
	3	–	–	1,964	256	538	527	182	379	82	(29)
	–	–	–	3,977	599	1,168	1,153	403	416	238	(30)
	–	–	–	3,497	299	848	974	485	754	137	(31)
	–	–	9	143	8	17	34	19	60	5	(32)
	1	–	–	1,275	277	470	313	93	110	12	(33)
	68	–	–	5,093	194	751	1,198	783	1,927	240	(34)
	–	–	–	2,217	601	751	485	132	201	47	(35)
	–	–	–	1,918	387	565	348	209	337	72	(36)
	–	–	–	1,818	232	532	404	215	267	168	(37)
	2	–	–	1,610	78	221	393	162	404	352	(38)
	2	1	–	4,721	146	656	1,115	675	1,752	377	(39)
	2	–	–	3,039	112	338	523	312	893	861	(40)
	62	35	1	3,337	256	779	773	365	1,104	60	(41)
	–	–	5	3,046	189	603	1,014	443	718	79	(42)
	–	–	7	2,134	277	553	588	232	357	127	(43)
	1	–	–	1,545	131	360	490	244	266	54	(44)
	3	–	–	1,684	267	489	403	99	404	22	(45)
	–	–	–	773	116	288	224	68	50	27	(46)
	–	–	7	3,748	533	1,239	1,118	341	487	30	(47)
	11	–	–	1,446	178	438	394	141	215	80	(48)
	3	–	–	1,599	85	240	350	188	431	305	(49)
	–	–	–	1,624	15	104	283	159	457	606	(50)
	2	–	8	4,091	66	206	713	581	1,507	1,018	(51)
	–	–	12	4,530	127	430	893	608	1,556	916	(52)
	1	8	29	5,210	353	839	1,018	721	1,672	607	(53)
	–	–	41	4,161	515	1,284	1,031	377	831	123	(54)
	13	2	2	2,248	251	464	386	167	579	401	(55)
	–	–	50	3,179	158	485	803	494	822	417	(56)
	–	–	27	3,176	238	447	509	235	730	1,017	(57)
	28	9	6	2,456	160	482	673	276	700	165	(58)
	–	–	16	3,430	268	687	905	417	710	443	(59)
	92	205	6	1,931	210	390	310	154	681	186	(60)
	3	2	105	2,931	372	794	605	270	624	266	(61)
	6	–	25	4,202	282	944	1,393	610	937	36	(62)
	–	–	7	3,312	149	453	584	388	1,133	605	(63)
	44	3	3	2,653	126	419	386	396	848	62	(64)
	1	1	48	6,056	673	1,634	1,537	636	1,438	138	(65)
	3	–	87	740	72	205	158	43	232	30	(66)
	70	36	10	27,597	2,357	5,964	7,069	3,387	6,803	2,017	(67)
	2	–	12	8,219	578	1,494	2,125	987	1,968	1,067	(68)
	44	19	175	30,675	1,883	4,741	6,309	3,618	8,854	5,270	(69)

1 農業集落の立地条件（続き）
(5) 最も近いDID（人口集中地区）及び生活関連施設までの所要時間別農業集落数
ケ スーパーマーケット・コンビニエンスストア

全国農業地域・都道府県	徒歩					自動車			
	計	15分未満	15分〜30分	30分以上	計測不能	計	15分未満	15分〜30分	30分〜1時間
全 国 (1)	138,243	35,505	28,844	73,289	605	138,243	124,623	10,555	2,043
（全国農業地域）									
北 海 道 (2)	7,066	1,117	773	5,174	2	7,066	6,208	817	36
都 府 県 (3)	131,177	34,388	28,071	68,115	603	131,177	118,415	9,738	2,007
東 北 (4)	17,590	3,564	3,283	10,728	15	17,590	16,025	1,339	204
北 陸 (5)	11,046	2,379	2,528	6,137	2	11,046	10,142	780	102
関 東・東 山 (6)	24,260	8,291	6,349	9,597	23	24,260	23,004	914	307
北 関 東 (7)	9,037	2,717	2,562	3,758	−	9,037	8,736	225	70
南 関 東 (8)	8,892	3,953	2,497	2,419	23	8,892	8,713	137	18
東 山 (9)	6,331	1,621	1,290	3,420	−	6,331	5,555	552	219
東 海 (10)	11,556	4,230	2,786	4,526	14	11,556	10,583	762	166
近 畿 (11)	10,795	3,104	2,364	5,318	9	10,795	9,772	750	221
中 国 (12)	19,616	4,037	3,577	11,847	155	19,616	17,236	2,042	182
山 陰 (13)	5,715	1,045	949	3,699	22	5,715	5,030	610	53
山 陽 (14)	13,901	2,992	2,628	8,148	133	13,901	12,206	1,432	129
四 国 (15)	11,059	2,930	2,277	5,748	104	11,059	9,443	1,086	362
九 州 (16)	24,515	5,549	4,748	13,973	245	24,515	21,549	2,039	447
北 九 州 (17)	15,806	3,636	3,239	8,747	184	15,806	13,672	1,363	361
南 九 州 (18)	8,709	1,913	1,509	5,226	61	8,709	7,877	676	86
沖 縄 (19)	740	304	159	241	36	740	661	26	16
（都道府県）									
北 海 道 (20)	7,066	1,117	773	5,174	2	7,066	6,208	817	36
青 森 (21)	1,782	376	350	1,056	−	1,782	1,643	130	8
岩 手 (22)	3,614	710	610	2,294	−	3,614	3,136	415	61
宮 城 (23)	2,636	657	534	1,433	12	2,636	2,443	148	32
秋 田 (24)	2,761	460	476	1,825	−	2,761	2,517	224	20
山 形 (25)	2,733	521	531	1,678	3	2,733	2,527	172	31
福 島 (26)	4,064	840	782	2,442	−	4,064	3,759	250	52
茨 城 (27)	3,799	1,209	1,171	1,419	−	3,799	3,779	17	3
栃 木 (28)	3,274	861	888	1,525	−	3,274	3,138	115	18
群 馬 (29)	1,964	647	503	814	−	1,964	1,819	93	49
埼 玉 (30)	3,977	1,911	1,233	833	−	3,977	3,881	80	15
千 葉 (31)	3,497	1,192	991	1,314	−	3,497	3,468	29	−
東 京 (32)	143	49	17	54	23	143	106	14	−
神 奈 川 (33)	1,275	801	256	218	−	1,275	1,258	14	3
新 潟 (34)	5,093	1,003	1,057	3,031	2	5,093	4,661	369	45
富 山 (35)	2,217	596	654	967	−	2,217	2,064	118	32
石 川 (36)	1,918	408	405	1,105	−	1,918	1,735	180	2
福 井 (37)	1,818	372	412	1,034	−	1,818	1,682	113	23
山 梨 (38)	1,610	434	343	833	−	1,610	1,467	105	37
長 野 (39)	4,721	1,187	947	2,587	−	4,721	4,088	447	182
岐 阜 (40)	3,039	790	711	1,538	−	3,039	2,704	263	68
静 岡 (41)	3,337	1,357	815	1,164	1	3,337	3,042	218	50
愛 知 (42)	3,046	1,517	724	800	5	3,046	2,907	120	14
三 重 (43)	2,134	566	536	1,024	8	2,134	1,930	161	34
滋 賀 (44)	1,545	450	484	611	−	1,545	1,505	32	8
京 都 (45)	1,684	429	254	1,001	−	1,684	1,493	179	12
大 阪 (46)	773	446	139	188	−	773	759	14	−
兵 庫 (47)	3,748	959	872	1,908	9	3,748	3,610	116	13
奈 良 (48)	1,446	415	337	694	−	1,446	1,204	137	69
和 歌 山 (49)	1,599	405	278	916	−	1,599	1,201	272	119
鳥 取 (50)	1,624	318	304	1,002	−	1,624	1,504	118	2
島 根 (51)	4,091	727	645	2,697	22	4,091	3,526	492	51
岡 山 (52)	4,530	918	872	2,719	21	4,530	3,977	498	34
広 島 (53)	5,210	1,162	949	3,058	41	5,210	4,577	538	53
山 口 (54)	4,161	912	807	2,371	71	4,161	3,652	396	42
徳 島 (55)	2,248	491	468	1,287	2	2,248	1,818	235	152
香 川 (56)	3,179	1,253	940	926	60	3,179	3,025	83	11
愛 媛 (57)	3,176	768	472	1,900	36	3,176	2,647	388	102
高 知 (58)	2,456	418	397	1,635	6	2,456	1,953	380	97
福 岡 (59)	3,430	1,178	1,050	1,180	22	3,430	3,245	117	46
佐 賀 (60)	1,931	333	374	1,216	8	1,931	1,386	166	163
長 崎 (61)	2,931	715	543	1,551	122	2,931	2,580	174	50
熊 本 (62)	4,202	891	837	2,464	10	4,202	3,674	449	57
大 分 (63)	3,312	519	435	2,336	22	3,312	2,787	457	45
宮 崎 (64)	2,653	563	519	1,568	3	2,653	2,370	232	42
鹿 児 島 (65)	6,056	1,350	990	3,658	58	6,056	5,507	444	44
沖 縄 (66)	740	304	159	241	36	740	661	26	16
関 東 農 政 局 (67)	27,597	9,648	7,164	10,761	24	27,597	26,046	1,132	357
東 海 農 政 局 (68)	8,219	2,873	1,971	3,362	13	8,219	7,541	544	116
中国四国農政局 (69)	30,675	6,967	5,854	17,595	259	30,675	26,679	3,128	544

（続き）

単位：集落

	利用		公共交通機関利用							
1時間～1時間半	1時間半以上	計測不能	計	15分未満	15分～30分	30分～1時間	1時間～1時間半	1時間半以上	計測不能	
294	123	605	138,243	23,298	24,186	20,310	9,412	21,175	39,862	(1)
2	1	2	7,066	981	1,213	1,128	680	1,541	1,523	(2)
292	122	603	131,177	22,317	22,973	19,182	8,732	19,634	38,339	(3)
5	2	15	17,590	1,740	2,166	2,302	1,261	2,571	7,550	(4)
19	1	2	11,046	1,894	2,231	1,838	860	1,380	2,843	(5)
8	4	23	24,260	4,556	4,138	3,620	1,603	2,948	7,395	(6)
4	2	–	9,037	1,557	1,641	1,384	580	1,003	2,872	(7)
1	–	23	8,892	2,538	1,825	1,295	440	645	2,149	(8)
3	2	–	6,331	461	672	941	583	1,300	2,374	(9)
17	14	14	11,556	2,265	2,182	1,636	621	1,500	3,352	(10)
40	3	9	10,795	2,549	2,719	1,772	686	1,308	1,761	(11)
1	–	155	19,616	2,429	2,799	2,684	1,394	3,938	6,372	(12)
–	–	22	5,715	225	374	674	439	1,280	2,723	(13)
1	–	133	13,901	2,204	2,425	2,010	955	2,658	3,649	(14)
56	8	104	11,059	1,269	1,601	1,539	647	1,876	4,127	(15)
145	90	245	24,515	5,361	4,995	3,746	1,626	4,013	4,774	(16)
138	88	184	15,806	3,193	2,995	2,320	950	2,594	3,754	(17)
7	2	61	8,709	2,168	2,000	1,426	676	1,419	1,020	(18)
1	–	36	740	254	142	45	34	100	165	(19)
2	1	2	7,066	981	1,213	1,128	680	1,541	1,523	(20)
–	1	–	1,782	307	301	280	156	239	499	(21)
2	–	–	3,614	202	334	392	258	802	1,626	(22)
1	–	12	2,636	64	90	164	159	434	1,725	(23)
–	–	–	2,761	1	11	33	21	129	2,566	(24)
–	–	3	2,733	343	495	625	278	380	612	(25)
2	1	–	4,064	823	935	808	389	587	522	(26)
–	–	–	3,799	556	555	475	236	324	1,653	(27)
2	1	–	3,274	538	617	599	229	453	838	(28)
2	1	–	1,964	463	469	310	115	226	381	(29)
1	–	–	3,977	1,071	860	630	199	251	966	(30)
–	–	–	3,497	745	663	519	210	319	1,041	(31)
–	–	23	143	42	32	20	5	34	10	(32)
–	–	–	1,275	680	270	126	26	41	132	(33)
16	–	2	5,093	464	641	722	445	778	2,043	(34)
3	–	–	2,217	699	665	391	132	221	109	(35)
–	1	–	1,918	389	493	394	138	205	299	(36)
–	–	–	1,818	342	432	331	145	176	392	(37)
1	–	–	1,610	170	203	259	133	302	543	(38)
2	2	–	4,721	291	469	682	450	998	1,831	(39)
4	–	–	3,039	205	291	342	175	537	1,489	(40)
12	14	1	3,337	1,051	803	473	164	376	470	(41)
–	–	5	3,046	566	598	432	144	284	1,022	(42)
1	–	8	2,134	443	490	389	138	303	371	(43)
–	–	–	1,545	301	304	247	131	119	443	(44)
–	–	–	1,684	490	469	318	122	187	98	(45)
–	–	–	773	249	188	95	35	30	176	(46)
–	–	9	3,748	1,119	1,263	639	165	326	236	(47)
34	2	–	1,446	251	319	274	127	247	228	(48)
6	1	–	1,599	139	176	199	106	399	580	(49)
–	–	–	1,624	17	86	212	121	372	816	(50)
–	–	22	4,091	208	288	462	318	908	1,907	(51)
–	–	21	4,530	258	319	428	290	968	2,267	(52)
1	–	41	5,210	888	922	768	393	1,158	1,081	(53)
–	–	71	4,161	1,058	1,184	814	272	532	301	(54)
34	7	2	2,248	303	380	264	101	544	656	(55)
–	–	60	3,179	286	369	432	163	292	1,637	(56)
3	–	36	3,176	300	347	365	174	569	1,421	(57)
19	1	6	2,456	380	505	478	209	471	413	(58)
–	–	22	3,430	780	641	467	153	278	1,111	(59)
125	83	8	1,931	317	281	236	85	610	402	(60)
–	5	122	2,931	724	641	359	161	399	647	(61)
12	–	10	4,202	1,088	1,068	845	301	571	329	(62)
1	–	22	3,312	284	364	413	250	736	1,265	(63)
5	1	3	2,653	537	569	462	244	496	345	(64)
2	1	58	6,056	1,631	1,431	964	432	923	675	(65)
1	–	36	740	254	142	45	34	100	165	(66)
20	18	24	27,597	5,607	4,941	4,093	1,767	3,324	7,865	(67)
5	–	13	8,219	1,214	1,379	1,163	457	1,124	2,882	(68)
57	8	259	30,675	3,698	4,400	4,223	2,041	5,814	10,499	(69)

1 農業集落の立地条件（続き）
(5) 最も近いＤＩＤ（人口集中地区）及び生活関連施設までの所要時間別農業集落数
コ 郵便局

全国農業地域・都道府県		徒歩					自動車			
		計	15分未満	15分～30分	30分以上	計測不能	計	15分未満	15分～30分	30分～1時間
全　　　　　国	(1)	138,243	31,697	40,694	65,704	148	138,243	135,198	2,296	363
（全国農業地域）										
北　海　道	(2)	7,066	1,243	1,253	4,570	－	7,066	6,828	232	6
都　府　県	(3)	131,177	30,454	39,441	61,134	148	131,177	128,370	2,064	357
東　北	(4)	17,590	3,648	4,482	9,452	8	17,590	17,195	357	29
北　陸	(5)	11,046	2,289	3,329	5,428	－	11,046	10,904	129	13
関東・東山	(6)	24,260	5,128	7,676	11,456	－	24,260	24,001	230	28
北　関　東	(7)	9,037	1,548	2,656	4,833	－	9,037	8,953	74	10
南　関　東	(8)	8,892	2,002	3,058	3,832	－	8,892	8,836	52	4
東　山	(9)	6,331	1,578	1,962	2,791	－	6,331	6,212	104	14
東　海	(10)	11,556	2,762	4,076	4,717	1	11,556	11,383	147	24
近　畿	(11)	10,795	2,825	3,571	4,398	1	10,795	10,633	142	19
中　国	(12)	19,616	4,812	5,578	9,184	42	19,616	19,325	236	13
山　陰	(13)	5,715	1,546	1,562	2,606	1	5,715	5,646	64	4
山　陽	(14)	13,901	3,266	4,016	6,578	41	13,901	13,679	172	9
四　国	(15)	11,059	2,626	3,577	4,822	34	11,059	10,725	263	28
九　州	(16)	24,515	6,144	6,945	11,369	57	24,515	23,487	543	202
北　九　州	(17)	15,806	3,820	4,611	7,326	49	15,806	14,975	385	174
南　九　州	(18)	8,709	2,324	2,334	4,043	8	8,709	8,512	158	28
沖　縄	(19)	740	220	207	308	5	740	717	17	1
（都道府県）										
北　海　道	(20)	7,066	1,243	1,253	4,570	－	7,066	6,828	232	6
青　森	(21)	1,782	384	434	964	－	1,782	1,749	31	2
岩　手	(22)	3,614	746	811	2,057	－	3,614	3,510	95	9
宮　城	(23)	2,636	518	640	1,470	8	2,636	2,559	66	3
秋　田	(24)	2,761	577	725	1,459	－	2,761	2,686	68	7
山　形	(25)	2,733	671	807	1,255	－	2,733	2,700	32	1
福　島	(26)	4,064	752	1,065	2,247	－	4,064	3,991	65	7
茨　城	(27)	3,799	672	1,129	1,998	－	3,799	3,788	11	－
栃　木	(28)	3,274	493	903	1,878	－	3,274	3,239	27	8
群　馬	(29)	1,964	383	624	957	－	1,964	1,926	36	2
埼　玉	(30)	3,977	778	1,404	1,795	－	3,977	3,939	36	2
千　葉	(31)	3,497	762	1,075	1,660	－	3,497	3,492	5	－
東　京	(32)	143	53	34	56	－	143	135	8	－
神　奈　川	(33)	1,275	409	545	321	－	1,275	1,270	3	2
新　潟	(34)	5,093	1,066	1,474	2,553	－	5,093	5,050	40	3
富　山	(35)	2,217	440	763	1,014	－	2,217	2,181	33	3
石　川	(36)	1,918	418	537	963	－	1,918	1,891	25	2
福　井	(37)	1,818	365	555	898	－	1,818	1,782	31	5
山　梨	(38)	1,610	422	553	635	－	1,610	1,591	16	3
長　野	(39)	4,721	1,156	1,409	2,156	－	4,721	4,621	88	11
岐　阜	(40)	3,039	675	924	1,440	－	3,039	2,989	37	13
静　岡	(41)	3,337	848	1,214	1,274	1	3,337	3,259	69	7
愛　知	(42)	3,046	723	1,252	1,071	－	3,046	3,025	20	1
三　重	(43)	2,134	516	686	932	－	2,134	2,110	21	3
滋　賀	(44)	1,545	316	596	633	－	1,545	1,533	10	2
京　都	(45)	1,684	440	454	790	－	1,684	1,656	27	1
大　阪	(46)	773	327	290	156	－	773	771	2	－
兵　庫	(47)	3,748	929	1,215	1,603	1	3,748	3,712	33	2
奈　良	(48)	1,446	381	543	522	－	1,446	1,417	23	6
和　歌　山	(49)	1,599	432	473	694	－	1,599	1,544	47	8
鳥　取	(50)	1,624	418	471	735	－	1,624	1,597	26	1
島　根	(51)	4,091	1,128	1,091	1,871	1	4,091	4,049	38	3
岡　山	(52)	4,530	964	1,366	2,188	12	4,530	4,466	49	3
広　島	(53)	5,210	1,299	1,514	2,386	11	5,210	5,132	63	4
山　口	(54)	4,161	1,003	1,136	2,004	18	4,161	4,081	60	2
徳　島	(55)	2,248	517	706	1,025	－	2,248	2,180	55	9
香　川	(56)	3,179	796	1,326	1,040	17	3,179	3,146	16	－
愛　媛	(57)	3,176	784	835	1,541	16	3,176	3,057	94	9
高　知	(58)	2,456	529	710	1,216	1	2,456	2,342	98	10
福　岡	(59)	3,430	965	1,326	1,133	6	3,430	3,387	28	9
佐　賀	(60)	1,931	274	399	1,255	3	1,931	1,393	165	153
長　崎	(61)	2,931	817	764	1,315	35	2,931	2,856	35	3
熊　本	(62)	4,202	1,052	1,257	1,891	2	4,202	4,110	81	6
大　分	(63)	3,312	712	865	1,732	3	3,312	3,229	76	3
宮　崎	(64)	2,653	522	669	1,460	2	2,653	2,524	102	23
鹿　児　島	(65)	6,056	1,802	1,665	2,583	6	6,056	5,988	56	5
沖　縄	(66)	740	220	207	308	5	740	717	17	1
関東農政局	(67)	27,597	5,976	8,890	12,730	1	27,597	27,260	299	35
東海農政局	(68)	8,219	1,914	2,862	3,443	－	8,219	8,124	78	17
中国四国農政局	(69)	30,675	7,438	9,155	14,006	76	30,675	30,050	499	41

（続き）

単位：集落

利用			公共交通機関利用							
1時間～1時間半	1時間半以上	計測不能	計	15分未満	15分～30分	30分～1時間	1時間～1時間半	1時間半以上	計測不能	
147	91	148	138,243	24,200	29,565	23,951	10,239	19,465	30,823	(1)
–	–	–	7,066	969	1,382	1,234	769	1,514	1,198	(2)
147	91	148	131,177	23,231	28,183	22,717	9,470	17,951	29,625	(3)
1	–	8	17,590	1,793	2,680	2,775	1,322	2,633	6,387	(4)
–	–	–	11,046	2,142	2,602	2,081	844	1,261	2,116	(5)
–	1	–	24,260	4,195	5,515	4,882	2,010	3,397	4,261	(6)
–	–	–	9,037	1,395	2,012	1,966	808	1,381	1,475	(7)
–	–	–	8,892	2,217	2,514	1,787	625	831	918	(8)
–	1	–	6,331	583	989	1,129	577	1,185	1,868	(9)
–	1	1	11,556	2,153	3,037	2,224	720	1,291	2,131	(10)
–	–	1	10,795	2,938	3,190	1,994	607	941	1,125	(11)
–	–	42	19,616	2,689	3,395	2,871	1,551	3,142	5,968	(12)
–	–	1	5,715	254	565	680	454	1,016	2,746	(13)
–	–	41	13,901	2,435	2,830	2,191	1,097	2,126	3,222	(14)
7	2	34	11,059	1,407	2,026	1,936	709	1,666	3,315	(15)
139	87	57	24,515	5,663	5,570	3,883	1,668	3,535	4,196	(16)
137	86	49	15,806	3,391	3,454	2,428	982	2,395	3,156	(17)
2	1	8	8,709	2,272	2,116	1,455	686	1,140	1,040	(18)
–	–	5	740	251	168	71	39	85	126	(19)
–	–	–	7,066	969	1,382	1,234	769	1,514	1,198	(20)
–	–	–	1,782	280	385	303	159	246	409	(21)
–	–	–	3,614	229	434	541	295	763	1,352	(22)
–	–	8	2,636	70	171	358	216	655	1,166	(23)
–	–	–	2,761	2	8	31	29	163	2,528	(24)
–	–	–	2,733	367	569	630	271	341	555	(25)
1	–	–	4,064	845	1,113	912	352	465	377	(26)
–	–	–	3,799	442	692	715	319	609	1,022	(27)
–	–	–	3,274	517	746	804	349	500	358	(28)
–	–	–	1,964	436	574	447	140	272	95	(29)
–	–	–	3,977	822	1,218	995	315	298	329	(30)
–	–	–	3,497	692	870	638	281	463	553	(31)
–	–	–	143	38	47	20	4	20	14	(32)
–	–	–	1,275	665	379	134	25	50	22	(33)
–	–	–	5,093	558	792	925	455	753	1,610	(34)
–	–	–	2,217	742	790	407	102	108	68	(35)
–	–	–	1,918	464	557	369	154	212	162	(36)
–	–	–	1,818	378	463	380	133	188	276	(37)
–	–	–	1,610	203	269	273	126	322	417	(38)
–	1	–	4,721	380	720	856	451	863	1,451	(39)
–	–	–	3,039	224	443	447	223	441	1,261	(40)
–	1	1	3,337	989	1,045	596	157	328	222	(41)
–	–	–	3,046	471	910	717	195	311	442	(42)
–	–	–	2,134	469	639	464	145	211	206	(43)
–	–	–	1,545	283	386	362	131	168	215	(44)
–	–	–	1,684	627	494	245	77	143	98	(45)
–	–	–	773	293	230	133	29	26	62	(46)
–	–	1	3,748	1,249	1,367	648	151	230	103	(47)
–	–	–	1,446	308	438	336	103	144	117	(48)
–	–	–	1,599	178	275	270	116	230	530	(49)
–	–	–	1,624	15	112	176	96	369	856	(50)
–	–	1	4,091	239	453	504	358	647	1,890	(51)
–	–	12	4,530	276	427	667	413	829	1,918	(52)
–	–	11	5,210	964	1,084	829	404	901	1,028	(53)
–	–	18	4,161	1,195	1,319	695	280	396	276	(54)
4	–	–	2,248	379	414	325	108	431	591	(55)
–	–	17	3,179	287	551	642	220	409	1,070	(56)
–	–	16	3,176	320	469	467	201	467	1,252	(57)
3	2	1	2,456	421	592	502	180	359	402	(58)
–	–	6	3,430	738	814	580	179	320	799	(59)
132	85	3	1,931	278	367	240	110	699	237	(60)
1	1	35	2,931	813	681	418	149	248	622	(61)
3	–	2	4,202	1,232	1,185	775	289	468	253	(62)
1	–	3	3,312	330	407	415	255	660	1,245	(63)
1	1	2	2,653	527	653	504	275	491	203	(64)
1	–	6	6,056	1,745	1,463	951	411	649	837	(65)
–	–	5	740	251	168	71	39	85	126	(66)
–	2	1	27,597	5,184	6,560	5,478	2,167	3,725	4,483	(67)
–	–	–	8,219	1,164	1,992	1,628	563	963	1,909	(68)
7	2	76	30,675	4,096	5,421	4,807	2,260	4,808	9,283	(69)

1 農業集落の立地条件（続き）

（5） 最も近いＤＩＤ（人口集中地区）及び生活関連施設までの所要時間別農業

サ ガソリンスタンド　　　　　　　　　　　　　　　　　　　　シ　駅

単位：集落

全国農業地域・都道府県			自動車利用							徒歩		
			計	15分未満	15分～30分	30分～1時間	1時間～1時間半	1時間半以上	計測不能	計	15分未満	15分～30分
全 （全国農業地域）	国	(1)	138,243	131,208	5,625	706	149	119	436	138,243	10,201	17,874
北 海	道	(2)	7,066	6,489	554	18	2	1	2	7,066	390	636
都 府	県	(3)	131,177	124,719	5,071	688	147	118	434	131,177	9,811	17,238
東 北	北	(4)	17,590	16,716	778	80	–	1	15	17,590	1,305	2,201
東 北	陸	(5)	11,046	10,583	442	19	–	–	2	11,046	772	1,439
関 東 ・ 東	山	(6)	24,260	23,761	442	45	5	2	5	24,260	1,796	3,455
北 関	東	(7)	9,037	8,899	114	21	3	–	–	9,037	448	970
南 関	東	(8)	8,892	8,772	102	11	1	1	5	8,892	751	1,577
東	山	(9)	6,331	6,090	226	13	1	1	–	6,331	597	908
東	海	(10)	11,556	11,189	314	38	2	–	13	11,556	1,047	1,933
近	畿	(11)	10,795	10,344	374	67	–	1	9	10,795	985	1,735
中	国	(12)	19,616	18,604	858	40	–	–	114	19,616	1,511	2,420
山	陰	(13)	5,715	5,429	273	10	–	–	3	5,715	493	787
山	陽	(14)	13,901	13,175	585	30	–	–	111	13,901	1,018	1,633
四	国	(15)	11,059	10,149	635	159	9	6	101	11,059	955	1,596
九	州	(16)	24,515	22,691	1,209	235	127	108	145	24,515	1,440	2,455
北 九	州	(17)	15,806	14,485	802	173	125	105	116	15,806	1,029	1,764
南 九	州	(18)	8,709	8,206	407	62	2	3	29	8,709	411	691
沖 （都道府県）	縄	(19)	740	682	19	5	4	–	30	740	–	4
北 海	道	(20)	7,066	6,489	554	18	2	1	2	7,066	390	636
青	森	(21)	1,782	1,721	56	5	–	–	–	1,782	144	210
岩	手	(22)	3,614	3,314	268	32	–	–	–	3,614	314	453
宮	城	(23)	2,636	2,533	79	12	–	–	12	2,636	165	338
秋	田	(24)	2,761	2,628	119	14	–	–	–	2,761	196	326
山	形	(25)	2,733	2,599	125	6	–	–	3	2,733	211	351
福	島	(26)	4,064	3,921	131	11	–	1	–	4,064	275	523
茨	城	(27)	3,799	3,781	17	1	–	–	–	3,799	137	369
栃	木	(28)	3,274	3,220	45	9	–	–	–	3,274	164	354
群	馬	(29)	1,964	1,898	52	11	3	–	–	1,964	147	247
埼	玉	(30)	3,977	3,906	60	10	–	1	–	3,977	248	710
千	葉	(31)	3,497	3,480	17	–	–	–	–	3,497	306	564
東	京	(32)	143	130	8	–	–	–	5	143	23	12
神 奈	川	(33)	1,275	1,256	17	1	1	–	–	1,275	174	291
新	潟	(34)	5,093	4,886	200	5	–	–	2	5,093	329	634
富	山	(35)	2,217	2,122	91	4	–	–	–	2,217	186	368
石	川	(36)	1,918	1,832	84	2	–	–	–	1,918	88	173
福	井	(37)	1,818	1,743	67	8	–	–	–	1,818	169	264
山	梨	(38)	1,610	1,561	47	1	1	–	–	1,610	117	201
長	野	(39)	4,721	4,529	179	12	–	1	–	4,721	480	707
岐	阜	(40)	3,039	2,942	78	18	1	–	–	3,039	255	428
静	岡	(41)	3,337	3,200	125	11	–	–	1	3,337	277	429
愛	知	(42)	3,046	2,996	44	2	–	–	4	3,046	293	690
三	重	(43)	2,134	2,051	67	7	1	–	8	2,134	222	386
滋	賀	(44)	1,545	1,515	23	7	–	–	–	1,545	109	251
京	都	(45)	1,684	1,590	86	8	–	–	–	1,684	195	255
大	阪	(46)	773	767	6	–	–	–	–	773	107	192
兵	庫	(47)	3,748	3,664	65	10	–	–	9	3,748	258	463
奈	良	(48)	1,446	1,364	68	14	–	–	–	1,446	141	290
和 歌	山	(49)	1,599	1,444	126	28	–	1	–	1,599	175	284
鳥	取	(50)	1,624	1,545	77	2	–	–	–	1,624	152	243
島	根	(51)	4,091	3,884	196	8	–	–	3	4,091	341	544
岡	山	(52)	4,530	4,275	233	6	–	–	16	4,530	293	569
広	島	(53)	5,210	4,983	194	9	–	–	24	5,210	336	495
山	口	(54)	4,161	3,917	158	15	–	–	71	4,161	389	569
徳	島	(55)	2,248	2,084	126	29	7	–	2	2,248	180	265
香	川	(56)	3,179	3,079	48	3	–	–	49	3,179	334	662
愛	媛	(57)	3,176	2,768	279	85	–	–	44	3,176	235	378
高	知	(58)	2,456	2,218	182	42	2	6	6	2,456	206	291
福	岡	(59)	3,430	3,303	95	10	–	–	22	3,430	364	619
佐	賀	(60)	1,931	1,410	160	130	123	100	8	1,931	104	203
長	崎	(61)	2,931	2,758	107	1	–	5	60	2,931	228	259
熊	本	(62)	4,202	3,983	198	9	2	–	10	4,202	176	364
大	分	(63)	3,312	3,031	242	23	–	–	16	3,312	157	319
宮	崎	(64)	2,653	2,447	166	33	2	2	3	2,653	128	255
鹿 児	島	(65)	6,056	5,759	241	29	–	1	26	6,056	283	436
沖	縄	(66)	740	682	19	5	4	–	30	740	–	4
関 東 農 政 局		(67)	27,597	26,961	567	56	5	2	6	27,597	2,073	3,884
東 海 農 政 局		(68)	8,219	7,989	189	27	2	–	12	8,219	770	1,504
中 国 四 国 農 政 局		(69)	30,675	28,753	1,493	199	9	6	215	30,675	2,466	4,016

集落数（続き）

単位：集落

		自動車利用							公共交通機関利用				
30分以上	計測不能	計	15分未満	15分～30分	30分～1時間	1時間～1時間半	1時間半以上	計測不能	計	15分未満	15分～30分	30分～1時間	
107,408	2,760	138,243	96,663	25,134	11,002	1,497	1,187	2,760	138,243	13,899	27,355	33,379	(1)
5,968	72	7,066	4,251	1,326	1,199	208	10	72	7,066	490	1,140	1,403	(2)
101,440	2,688	131,177	92,412	23,808	9,803	1,289	1,177	2,688	131,177	13,409	26,215	31,976	(3)
14,067	17	17,590	13,410	3,354	750	44	15	17	17,590	1,223	2,620	3,917	(4)
8,474	361	11,046	8,448	1,702	432	100	3	361	11,046	1,217	2,449	2,951	(5)
18,979	30	24,260	19,615	4,013	566	27	9	30	24,260	2,700	5,489	6,531	(6)
7,619	-	9,037	6,904	1,960	158	9	6	-	9,037	697	1,842	2,600	(7)
6,534	30	8,892	7,903	887	65	7	-	30	8,892	1,531	2,652	2,406	(8)
4,826	-	6,331	4,808	1,166	343	11	3	-	6,331	472	995	1,525	(9)
8,562	14	11,556	8,827	1,899	725	77	14	14	11,556	1,324	2,941	3,088	(10)
8,066	9	10,795	7,952	1,690	932	114	98	9	10,795	1,799	2,818	2,863	(11)
15,389	296	19,616	13,338	4,153	1,787	39	3	296	19,616	1,758	3,582	4,375	(12)
4,317	118	5,715	3,987	1,066	535	9	-	118	5,715	323	773	1,227	(13)
11,072	178	13,901	9,351	3,087	1,252	30	3	178	13,901	1,435	2,809	3,148	(14)
8,240	268	11,059	7,519	1,738	1,271	227	36	268	11,059	1,029	1,998	2,591	(15)
19,164	1,456	24,515	13,246	5,087	3,188	557	981	1,456	24,515	2,339	4,255	5,497	(16)
12,217	796	15,806	9,417	2,875	1,753	357	608	796	15,806	1,510	2,872	3,462	(17)
6,947	660	8,709	3,829	2,212	1,435	200	373	660	8,709	829	1,383	2,035	(18)
499	237	740	57	172	152	104	18	237	740	20	63	163	(19)
5,968	72	7,066	4,251	1,326	1,199	208	10	72	7,066	490	1,140	1,403	(20)
1,426	2	1,782	1,223	404	132	11	10	2	1,782	168	327	456	(21)
2,847	-	3,614	2,744	678	171	18	3	-	3,614	266	466	700	(22)
2,121	12	2,636	1,913	573	131	7	-	12	2,636	97	265	501	(23)
2,239	-	2,761	2,161	520	80	-	-	-	2,761	30	33	76	(24)
2,168	3	2,733	2,256	415	53	6	-	3	2,733	240	560	862	(25)
3,266	-	4,064	3,113	764	183	2	2	-	4,064	422	969	1,322	(26)
3,293	-	3,799	2,752	1,020	27	-	-	-	3,799	192	608	941	(27)
2,756	-	3,274	2,581	652	31	5	5	-	3,274	267	703	1,052	(28)
1,570	-	1,964	1,571	288	100	4	1	-	1,964	238	531	607	(29)
3,019	-	3,977	3,589	350	33	5	-	-	3,977	576	1,253	1,283	(30)
2,627	-	3,497	3,135	360	2	-	-	-	3,497	504	874	899	(31)
78	30	143	82	16	14	1	-	30	143	34	33	23	(32)
810	-	1,275	1,097	161	16	1	-	-	1,275	417	492	201	(33)
3,769	361	5,093	3,954	728	40	9	1	361	5,093	315	919	1,235	(34)
1,663	-	2,217	1,958	219	37	1	2	-	2,217	545	766	586	(35)
1,657	-	1,918	1,114	410	304	90	-	-	1,918	138	332	626	(36)
1,385	-	1,818	1,422	345	51	-	-	-	1,818	219	432	504	(37)
1,292	-	1,610	1,296	245	68	1	-	-	1,610	128	270	400	(38)
3,534	-	4,721	3,512	921	275	10	3	-	4,721	344	725	1,125	(39)
2,356	-	3,039	2,228	619	179	13	-	-	3,039	190	534	650	(40)
2,630	1	3,337	2,354	681	249	46	6	1	3,337	458	906	1,005	(41)
2,058	5	3,046	2,476	335	222	-	8	5	3,046	356	908	896	(42)
1,518	8	2,134	1,769	264	75	18	-	8	2,134	320	593	537	(43)
1,185	-	1,545	1,396	124	23	2	-	-	1,545	161	444	519	(44)
1,234	-	1,684	1,266	316	96	6	-	-	1,684	457	425	389	(45)
474	-	773	723	50	-	-	-	-	773	198	303	155	(46)
3,018	9	3,748	2,448	697	476	34	84	9	3,748	612	963	1,075	(47)
1,015	-	1,446	1,044	242	96	51	13	-	1,446	204	372	400	(48)
1,140	-	1,599	1,075	261	241	21	1	-	1,599	167	311	325	(49)
1,229	-	1,624	1,369	237	18	-	-	-	1,624	62	206	384	(50)
3,088	118	4,091	2,618	829	517	9	-	118	4,091	261	567	843	(51)
3,647	21	4,530	3,349	968	192	-	-	21	4,530	195	659	1,021	(52)
4,293	86	5,210	2,905	1,310	876	30	3	86	5,210	484	979	1,077	(53)
3,132	71	4,161	3,097	809	184	-	-	71	4,161	756	1,171	1,050	(54)
1,801	2	2,248	1,624	319	251	34	18	2	2,248	194	444	516	(55)
2,001	182	3,179	2,753	195	49	-	-	182	3,179	315	659	908	(56)
2,485	78	3,176	1,772	669	553	100	4	78	3,176	275	499	535	(57)
1,953	6	2,456	1,370	555	418	93	14	6	2,456	245	396	632	(58)
2,425	22	3,430	2,879	371	120	38	-	22	3,430	473	813	839	(59)
1,616	8	1,931	1,238	274	155	117	139	8	1,931	173	362	337	(60)
1,725	719	2,931	1,215	434	537	26	-	719	2,931	369	468	547	(61)
3,637	25	4,202	2,120	884	530	174	469	25	4,202	331	779	1,060	(62)
2,814	22	3,312	1,965	912	411	2	-	22	3,312	164	450	679	(63)
2,267	3	2,653	1,510	543	452	114	31	3	2,653	222	487	614	(64)
4,680	657	6,056	2,319	1,669	983	86	342	657	6,056	607	896	1,421	(65)
499	237	740	57	172	152	104	18	237	740	20	63	163	(66)
21,609	31	27,597	21,969	4,694	815	73	15	31	27,597	3,158	6,395	7,536	(67)
5,932	13	8,219	6,473	1,218	476	31	8	13	8,219	866	2,035	2,083	(68)
23,629	564	30,675	20,857	5,891	3,058	266	39	564	30,675	2,787	5,580	6,966	(69)

1 農業集落の立地条件（続き）
(5) 最も近いDID（人口集中地区）及び生活関連施設までの所要時間別農業集落
シ　駅（続き）　　　　　　　　　　　　　　　　ス　バス停

単位：集落

全国農業地域・都道府県		公共交通機関利用（続き）			徒歩					計
		1時間～1時間半	1時間半以上	計測不能	計	15分未満	15分～30分	30分以上	計測不能	
全　　　　　国	(1)	16,565	37,354	9,691	138,243	67,286	21,609	48,029	1,319	138,243
（全国農業地域）										
北　　海　　道	(2)	927	2,930	176	7,066	1,957	871	4,166	72	7,066
都　　府　　県	(3)	15,638	34,424	9,515	131,177	65,329	20,738	43,863	1,247	131,177
東　　　　北	(4)	2,169	4,617	3,044	17,590	7,055	2,618	7,902	15	17,590
北　　　　陸	(5)	1,355	2,670	404	11,046	6,336	1,781	2,927	2	11,046
関　東　・　東　山	(6)	3,013	5,158	1,369	24,260	13,192	4,127	6,916	25	24,260
北　　関　　東	(7)	1,217	2,277	404	9,037	4,048	1,467	3,522	－	9,037
南　　関　　東	(8)	955	1,084	264	8,892	5,472	1,545	1,850	25	8,892
東　　　　山	(9)	841	1,797	701	6,331	3,672	1,115	1,544	－	6,331
東　　　　海	(10)	1,231	2,403	569	11,556	5,763	1,837	3,942	14	11,556
近　　　　畿	(11)	1,024	1,989	302	10,795	6,308	1,717	2,764	6	10,795
中　　　　国	(12)	2,262	6,622	1,017	19,616	9,961	3,010	6,416	229	19,616
山　　　　陰	(13)	653	2,255	484	5,715	2,490	845	2,262	118	5,715
山　　　　陽	(14)	1,609	4,367	533	13,901	7,471	2,165	4,154	111	13,901
四　　　　国	(15)	1,323	3,054	1,064	11,059	4,294	1,744	4,776	245	11,059
九　　　　州	(16)	3,131	7,733	1,560	24,515	11,977	3,813	8,120	605	24,515
北　　九　　州	(17)	1,868	4,996	1,098	15,806	7,865	2,477	5,121	343	15,806
南　　九　　州	(18)	1,263	2,737	462	8,709	4,112	1,336	2,999	262	8,709
沖　　　　縄	(19)	130	178	186	740	443	91	100	106	740
（都道府県）										
北　　海　　道	(20)	927	2,930	176	7,066	1,957	871	4,166	72	7,066
青　　　　森	(21)	268	468	95	1,782	999	256	527	－	1,782
岩　　　　手	(22)	483	1,360	339	3,614	1,638	607	1,369	－	3,614
宮　　　　城	(23)	355	1,144	274	2,636	450	257	1,917	12	2,636
秋　　　　田	(24)	87	358	2,177	2,761	1,182	392	1,187	－	2,761
山　　　　形	(25)	399	560	112	2,733	976	439	1,315	3	2,733
福　　　　島	(26)	577	727	47	4,064	1,810	667	1,587	－	4,064
茨　　　　城	(27)	555	1,232	271	3,799	1,902	677	1,220	－	3,799
栃　　　　木	(28)	482	681	89	3,274	939	449	1,886	－	3,274
群　　　　馬	(29)	180	364	44	1,964	1,207	341	416	－	1,964
埼　　　　玉	(30)	422	317	126	3,977	2,610	742	625	－	3,977
千　　　　葉	(31)	452	646	122	3,497	1,759	649	1,089	－	3,497
東　　　　京	(32)	4	41	8	143	97	13	8	25	143
神　　奈　　川	(33)	77	80	8	1,275	1,006	141	128	－	1,275
新　　　　潟	(34)	635	1,726	263	5,093	2,784	850	1,457	2	5,093
富　　　　山	(35)	151	146	23	2,217	1,605	342	270	－	2,217
石　　　　川	(36)	324	462	36	1,918	1,062	303	553	－	1,918
福　　　　井	(37)	245	336	82	1,818	885	286	647	－	1,818
山　　　　梨	(38)	215	427	170	1,610	593	298	719	－	1,610
長　　　　野	(39)	626	1,370	531	4,721	3,079	817	825	－	4,721
岐　　　　阜	(40)	380	991	294	3,039	1,100	407	1,532	－	3,039
静　　　　岡	(41)	400	496	72	3,337	1,910	555	871	1	3,337
愛　　　　知	(42)	239	514	133	3,046	1,384	560	1,097	5	3,046
三　　　　重	(43)	212	402	70	2,134	1,369	315	442	8	2,134
滋　　　　賀	(44)	194	170	57	1,545	1,008	268	269	－	1,545
京　　　　都	(45)	126	254	33	1,684	1,030	260	394	－	1,684
大　　　　阪	(46)	51	44	22	773	563	118	92	－	773
兵　　　　庫	(47)	357	711	30	3,748	2,504	601	637	6	3,748
奈　　　　良	(48)	145	271	54	1,446	730	287	429	－	1,446
和　　歌　　山	(49)	151	539	106	1,599	473	183	943	－	1,599
鳥　　　　取	(50)	199	679	94	1,624	868	233	523	－	1,624
島　　　　根	(51)	454	1,576	390	4,091	1,622	612	1,739	118	4,091
岡　　　　山	(52)	593	1,764	298	4,530	1,616	674	2,219	21	4,530
広　　　　島	(53)	620	1,909	141	5,210	3,455	834	902	19	5,210
山　　　　口	(54)	396	694	94	4,161	2,400	657	1,033	71	4,161
徳　　　　島	(55)	242	671	181	2,248	939	347	960	2	2,248
香　　　　川	(56)	385	665	247	3,179	1,296	569	1,132	182	3,179
愛　　　　媛	(57)	358	1,066	443	3,176	1,190	445	1,486	55	3,176
高　　　　知	(58)	338	652	193	2,456	869	383	1,198	6	2,456
福　　　　岡	(59)	337	610	358	3,430	1,707	632	1,083	8	3,430
佐　　　　賀	(60)	175	682	202	1,931	634	229	1,060	8	1,931
長　　　　崎	(61)	342	979	226	2,931	1,677	409	565	280	2,931
熊　　　　本	(62)	537	1,413	82	4,202	2,275	731	1,171	25	4,202
大　　　　分	(63)	477	1,312	230	3,312	1,572	476	1,242	22	3,312
宮　　　　崎	(64)	437	829	64	2,653	1,073	416	1,161	3	2,653
鹿　　児　　島	(65)	826	1,908	398	6,056	3,039	920	1,838	259	6,056
沖　　　　縄	(66)	130	178	186	740	443	91	100	106	740
関　東　農　政　局	(67)	3,413	5,654	1,441	27,597	15,102	4,682	7,787	26	27,597
東　海　農　政　局	(68)	831	1,907	497	8,219	3,853	1,282	3,071	13	8,219
中国四国農政局	(69)	3,585	9,676	2,081	30,675	14,255	4,754	11,192	474	30,675

数（続き）

セ　空港

単位：集落　　　　　　　　　　　　　　　　　　　　　　単位：集落

	自動車利用					徒歩					
15分未満	15分～30分	30分～1時間	1時間～1時間半	1時間半以上	計測不能	計	15分未満	15分～30分	30分以上	計測不能	
127,261	7,280	1,874	352	157	1,319	138,243	22	67	127,459	10,695	(1)
5,826	985	169	11	3	72	7,066	2	4	6,678	382	(2)
121,435	6,295	1,705	341	154	1,247	131,177	20	63	120,781	10,313	(3)
16,136	1,203	218	17	1	15	17,590	1	10	17,494	85	(4)
10,710	266	63	3	2	2	11,046	2	11	9,649	1,384	(5)
23,503	585	120	19	8	25	24,260	4	7	23,063	1,186	(6)
8,608	350	65	13	1	–	9,037	–	–	7,996	1,041	(7)
8,776	81	7	2	1	25	8,892	2	3	8,824	63	(8)
6,119	154	48	4	6	–	6,331	2	4	6,243	82	(9)
10,735	588	141	40	38	14	11,556	–	–	6,123	5,433	(10)
10,211	404	164	8	2	6	10,795	–	1	9,905	889	(11)
18,133	1,082	169	3	–	229	19,616	3	13	19,154	446	(12)
5,062	482	50	3	–	118	5,715	2	6	5,670	37	(13)
13,071	600	119	–	–	111	13,901	1	7	13,484	409	(14)
9,442	894	404	53	21	245	11,059	1	3	10,700	355	(15)
21,954	1,256	422	196	82	605	24,515	8	15	24,050	442	(16)
14,151	785	283	176	68	343	15,806	3	6	15,461	336	(17)
7,803	471	139	20	14	262	8,709	5	9	8,589	106	(18)
611	17	4	2	–	106	740	1	3	643	93	(19)
5,826	985	169	11	3	72	7,066	2	4	6,678	382	(20)
1,708	62	12	–	–	–	1,782	1	–	1,755	26	(21)
3,380	179	53	2	–	–	3,614	–	3	3,568	43	(22)
2,089	482	42	11	–	12	2,636	–	–	2,624	12	(23)
2,611	124	26	–	–	–	2,761	–	1	2,759	1	(24)
2,516	164	47	3	–	3	2,733	–	6	2,724	3	(25)
3,832	192	38	1	1	–	4,064	–	–	4,064	–	(26)
3,748	50	1	–	–	–	3,799	–	–	3,799	–	(27)
2,950	255	56	13	–	–	3,274	–	–	3,201	73	(28)
1,910	45	8	–	1	–	1,964	–	–	996	968	(29)
3,939	29	7	2	–	–	3,977	–	–	3,922	55	(30)
3,464	33	–	–	–	–	3,497	1	1	3,494	1	(31)
118	–	–	–	–	25	143	1	2	134	6	(32)
1,255	19	–	–	1	–	1,275	–	–	1,274	1	(33)
4,963	120	8	–	–	2	5,093	1	5	4,943	144	(34)
2,188	20	8	1	–	–	2,217	1	6	2,210	–	(35)
1,883	27	7	1	–	–	1,918	–	–	1,888	30	(36)
1,676	99	40	1	2	–	1,818	–	–	608	1,210	(37)
1,463	107	33	3	4	–	1,610	–	–	1,528	82	(38)
4,656	47	15	1	2	–	4,721	2	4	4,715	–	(39)
2,663	309	47	20	–	–	3,039	–	–	1,572	1,467	(40)
3,133	96	52	17	38	1	3,337	–	–	3,203	134	(41)
2,877	136	28	–	–	5	3,046	–	–	790	2,256	(42)
2,062	47	14	3	–	8	2,134	–	–	558	1,576	(43)
1,537	5	3	–	–	–	1,545	–	–	1,141	404	(44)
1,640	34	8	2	–	–	1,684	–	–	1,684	–	(45)
767	6	–	–	–	–	773	–	–	773	–	(46)
3,678	53	11	–	–	6	3,748	–	–	3,263	485	(47)
1,391	38	15	2	–	–	1,446	–	–	1,446	–	(48)
1,198	268	127	4	2	–	1,599	–	1	1,598	–	(49)
1,513	99	11	1	–	–	1,624	1	1	1,622	–	(50)
3,549	383	39	2	–	118	4,091	1	5	4,048	37	(51)
4,045	375	89	–	–	21	4,530	–	1	4,508	21	(52)
5,105	77	9	–	–	19	5,210	1	1	4,968	240	(53)
3,921	148	21	–	–	71	4,161	–	5	4,008	148	(54)
1,939	183	94	25	5	2	2,248	–	–	2,246	2	(55)
2,911	73	13	–	–	182	3,179	1	–	2,993	185	(56)
2,622	372	114	7	6	55	3,176	–	2	3,012	162	(57)
1,970	266	183	21	10	6	2,456	–	1	2,449	6	(58)
3,286	103	33	–	–	8	3,430	–	2	3,406	22	(59)
1,359	193	161	147	63	8	1,931	1	–	1,922	8	(60)
2,521	99	13	17	1	280	2,931	2	1	2,670	258	(61)
4,038	113	22	1	3	25	4,202	–	–	4,175	26	(62)
2,947	277	54	11	1	22	3,312	–	2	3,288	22	(63)
2,306	263	64	5	12	3	2,653	–	2	2,648	3	(64)
5,497	208	75	15	2	259	6,056	5	7	5,941	103	(65)
611	17	4	2	–	106	740	1	3	643	93	(66)
26,636	681	172	36	46	26	27,597	4	7	26,266	1,320	(67)
7,602	492	89	23	–	13	8,219	–	–	2,920	5,299	(68)
27,575	1,976	573	56	21	474	30,675	4	16	29,854	801	(69)

1 農業集落の立地条件（続き）
(5) 最も近いDID（人口集中地区）及び生活関連施設までの所要時間別農業集落数
セ 空港（続き）

全国農業地域・都道府県	自動車利用								15分未満
	計	15分未満	15分〜30分	30分〜1時間	1時間〜1時間半	1時間半以上	計測不能	計	
全　　国 (1)	138,243	3,352	12,183	44,870	44,435	29,252	4,151	138,243	69
（全国農業地域）									
北　海　道 (2)	7,066	244	769	2,440	2,140	1,091	382	7,066	3
都　府　県 (3)	131,177	3,108	11,414	42,430	42,295	28,161	3,769	131,177	66
東　　北 (4)	17,590	641	2,172	6,184	6,004	2,505	84	17,590	–
北　　陸 (5)	11,046	304	1,320	3,786	2,134	2,176	1,326	11,046	5
関東・東山 (6)	24,260	159	769	4,623	8,561	8,967	1,181	24,260	6
北　関　東 (7)	9,037	–	46	1,020	2,576	4,357	1,038	9,037	–
南　関　東 (8)	8,892	88	481	2,318	2,976	2,968	61	8,892	–
東　　山 (9)	6,331	71	242	1,285	3,009	1,642	82	6,331	6
東　　海 (10)	11,556	78	520	2,265	4,076	4,459	158	11,556	2
近　　畿 (11)	10,795	45	378	3,189	4,731	2,443	9	10,795	4
中　　国 (12)	19,616	608	2,443	8,039	6,619	1,698	209	19,616	16
山　　陰 (13)	5,715	360	1,242	2,343	1,450	283	37	5,715	–
山　　陽 (14)	13,901	248	1,201	5,696	5,169	1,415	172	13,901	16
四　　国 (15)	11,059	416	1,225	3,719	3,314	2,117	268	11,059	1
九　　州 (16)	24,515	742	2,468	10,384	6,774	3,706	441	24,515	30
北　九　州 (17)	15,806	473	1,458	7,037	4,090	2,413	335	15,806	24
南　九　州 (18)	8,709	269	1,010	3,347	2,684	1,293	106	8,709	6
沖　　縄 (19)	740	115	119	241	82	90	93	740	2
（都道府県）									
北　海　道 (20)	7,066	244	769	2,440	2,140	1,091	382	7,066	3
青　　森 (21)	1,782	21	153	565	423	594	26	1,782	–
岩　　手 (22)	3,614	166	442	1,181	789	993	43	3,614	–
宮　　城 (23)	2,636	39	154	676	1,367	388	12	2,636	–
秋　　田 (24)	2,761	136	378	1,640	575	32	–	2,761	–
山　　形 (25)	2,733	229	795	888	735	83	3	2,733	–
福　　島 (26)	4,064	50	250	1,234	2,115	415	–	4,064	–
茨　　城 (27)	3,799	–	46	806	1,865	1,082	–	3,799	–
栃　　木 (28)	3,274	–	–	214	711	2,277	72	3,274	–
群　　馬 (29)	1,964	–	–	–	–	998	966	1,964	–
埼　　玉 (30)	3,977	–	–	56	1,253	2,613	55	3,977	–
千　　葉 (31)	3,497	73	469	1,900	983	72	–	3,497	–
東　　京 (32)	143	15	8	2	29	83	6	143	–
神　奈　川 (33)	1,275	–	4	360	711	200	–	1,275	–
新　　潟 (34)	5,093	117	382	1,599	1,415	1,436	144	5,093	–
富　　山 (35)	2,217	141	718	1,296	62	–	–	2,217	4
石　　川 (36)	1,918	46	220	891	657	74	30	1,918	1
福　　井 (37)	1,818	–	–	–	–	666	1,152	1,818	–
山　　梨 (38)	1,610	–	–	108	756	664	82	1,610	–
長　　野 (39)	4,721	71	242	1,177	2,253	978	–	4,721	6
岐　　阜 (40)	3,039	–	–	38	935	2,066	–	3,039	–
静　　岡 (41)	3,337	69	408	1,339	846	542	133	3,337	–
愛　　知 (42)	3,046	9	112	766	1,769	385	5	3,046	–
三　　重 (43)	2,134	–	–	122	526	1,466	20	2,134	2
滋　　賀 (44)	1,545	–	–	43	749	753	–	1,545	–
京　　都 (45)	1,684	–	–	319	591	774	–	1,684	–
大　　阪 (46)	773	14	175	559	25	–	–	773	–
兵　　庫 (47)	3,748	1	49	1,026	2,154	509	9	3,748	4
奈　　良 (48)	1,446	–	–	329	806	311	–	1,446	–
和　歌　山 (49)	1,599	30	154	913	406	96	–	1,599	–
鳥　　取 (50)	1,624	51	293	835	418	27	–	1,624	–
島　　根 (51)	4,091	309	949	1,508	1,032	256	37	4,091	–
岡　　山 (52)	4,530	70	306	2,085	1,830	218	21	4,530	1
広　　島 (53)	5,210	98	542	2,229	1,952	309	80	5,210	1
山　　口 (54)	4,161	80	353	1,382	1,387	888	71	4,161	14
徳　　島 (55)	2,248	–	1	371	1,066	808	2	2,248	–
香　　川 (56)	3,179	238	803	1,904	52	–	182	3,179	–
愛　　媛 (57)	3,176	24	169	821	1,496	588	78	3,176	1
高　　知 (58)	2,456	154	252	623	700	721	6	2,456	–
福　　岡 (59)	3,430	55	490	2,545	302	16	22	3,430	6
佐　　賀 (60)	1,931	92	216	1,019	279	317	8	1,931	2
長　　崎 (61)	2,931	171	316	640	806	740	258	2,931	2
熊　　本 (62)	4,202	107	258	1,940	1,116	756	25	4,202	4
大　　分 (63)	3,312	48	178	893	1,587	584	22	3,312	10
宮　　崎 (64)	2,653	61	264	1,334	484	507	3	2,653	3
鹿　児　島 (65)	6,056	208	746	2,013	2,200	786	103	6,056	3
沖　　縄 (66)	740	115	119	241	82	90	93	740	2
関東農政局 (67)	27,597	228	1,177	5,962	9,407	9,509	1,314	27,597	6
東海農政局 (68)	8,219	9	112	926	3,230	3,917	25	8,219	2
中国四国農政局 (69)	30,675	1,024	3,668	11,758	9,933	3,815	477	30,675	17

（続き）

ソ　高速自動車道路のインターチェンジ

単位：集落　　　　　　　　　　　　　　　　　　　　　　　　　　　　　　　単位：集落

公共交通機関利用					自動車利用							
15分～30分	30分～1時間	1時間～1時間半	1時間半以上	計測不能	計	15分未満	15分～30分	30分～1時間	1時間～1時間半	1時間半以上	計測不能	
542	4,409	11,054	118,084	4,085	138,243	66,120	42,774	21,198	3,647	1,505	2,999	(1)
31	147	472	6,014	399	7,066	2,071	2,068	1,644	603	361	319	(2)
511	4,262	10,582	112,070	3,686	131,177	64,049	40,706	19,554	3,044	1,144	2,680	(3)
25	231	1,080	15,094	1,160	17,590	8,931	5,625	2,484	358	177	15	(4)
51	331	557	8,912	1,190	11,046	6,367	3,299	970	48	1	361	(5)
18	204	1,274	21,581	1,177	24,260	12,907	8,172	3,027	120	4	30	(6)
−	1	42	7,956	1,038	9,037	4,086	3,557	1,346	47	1	−	(7)
1	135	1,037	7,662	57	8,892	5,290	2,749	810	13	−	30	(8)
17	68	195	5,963	82	6,331	3,531	1,866	871	60	3	−	(9)
8	110	215	11,199	22	11,556	6,333	3,290	1,527	313	79	14	(10)
36	271	1,022	9,462	−	10,795	6,581	2,755	1,202	203	45	9	(11)
92	964	2,342	16,185	17	19,616	8,816	6,867	3,347	270	26	290	(12)
17	580	910	4,204	4	5,715	2,478	1,705	1,272	142	−	118	(13)
75	384	1,432	11,981	13	13,901	6,338	5,162	2,075	128	26	172	(14)
37	509	1,198	9,300	14	11,059	5,079	2,680	1,968	724	340	268	(15)
214	1,521	2,710	19,991	49	24,515	8,764	7,882	4,941	1,000	472	1,456	(16)
135	969	1,865	12,767	46	15,806	5,665	5,122	3,053	733	437	796	(17)
79	552	845	7,224	3	8,709	3,099	2,760	1,888	267	35	660	(18)
30	121	184	346	57	740	271	136	88	8	−	237	(19)
31	147	472	6,014	399	7,066	2,071	2,068	1,644	603	361	319	(20)
11	26	92	1,629	24	1,782	526	530	508	91	127	−	(21)
−	−	−	2,814	800	3,614	1,889	1,007	571	144	3	−	(22)
5	77	172	2,364	18	2,636	1,392	1,036	186	10	−	12	(23)
9	25	67	2,344	316	2,761	1,595	797	353	16	−	−	(24)
−	83	479	2,169	2	2,733	1,556	859	300	15	−	3	(25)
−	20	270	3,774	−	4,064	1,973	1,396	566	82	47	−	(26)
−	1	42	3,756	−	3,799	1,816	1,499	452	32	−	−	(27)
−	−	−	3,202	72	3,274	1,277	1,409	582	6	−	−	(28)
−	−	−	998	966	1,964	993	649	312	9	1	−	(29)
−	1	78	3,843	55	3,977	2,428	1,280	263	6	−	−	(30)
−	93	485	2,919	−	3,497	1,853	1,149	492	3	−	−	(31)
1	1	5	134	2	143	31	30	48	4	−	30	(32)
−	40	469	766	−	1,275	978	290	7	−	−	−	(33)
2	47	169	4,869	6	5,093	2,648	1,669	407	7	1	361	(34)
13	114	199	1,887	−	2,217	1,738	392	78	9	−	−	(35)
36	170	189	1,490	32	1,918	944	605	337	32	−	−	(36)
−	−	−	666	1,152	1,818	1,037	633	148	−	−	−	(37)
−	−	2	1,527	81	1,610	1,145	378	82	5	−	−	(38)
17	68	193	4,436	1	4,721	2,386	1,488	789	55	3	−	(39)
−	−	3	3,036	−	3,039	1,530	942	479	85	3	−	(40)
4	106	173	3,047	7	3,337	1,987	857	306	151	35	1	(41)
1	3	32	3,007	3	3,046	1,638	870	471	23	39	5	(42)
3	1	7	2,109	12	2,134	1,178	621	271	54	2	8	(43)
−	−	1	1,544	−	1,545	969	424	149	3	−	−	(44)
−	6	68	1,610	−	1,684	892	520	260	12	−	−	(45)
30	167	319	257	−	773	585	174	14	−	−	−	(46)
3	39	348	3,354	−	3,748	2,450	998	287	4	−	9	(47)
−	−	47	1,399	−	1,446	833	300	220	63	30	−	(48)
3	59	239	1,298	−	1,599	852	339	272	121	15	−	(49)
1	84	180	1,358	1	1,624	1,017	456	151	−	−	−	(50)
16	496	730	2,846	3	4,091	1,461	1,249	1,121	142	−	118	(51)
1	84	512	3,928	4	4,530	1,984	1,856	668	1	−	21	(52)
27	149	700	4,330	3	5,210	2,606	1,936	562	22	4	80	(53)
47	151	220	3,723	6	4,161	1,748	1,370	845	105	22	71	(54)
7	17	18	2,205	1	2,248	744	586	527	218	171	2	(55)
26	334	798	2,018	3	3,179	2,306	636	55	−	−	182	(56)
4	147	205	2,809	10	3,176	1,494	814	710	76	4	78	(57)
−	11	177	2,268	−	2,456	535	644	676	430	165	6	(58)
57	425	873	2,067	2	3,430	1,912	1,072	394	30	−	22	(59)
6	133	216	1,574	−	1,931	459	837	391	49	187	8	(60)
8	93	132	2,669	27	2,931	634	429	457	501	191	719	(61)
39	202	490	3,450	17	4,202	1,399	1,594	992	133	59	25	(62)
25	116	154	3,007	−	3,312	1,261	1,190	819	20	−	22	(63)
27	314	423	1,885	1	2,653	1,288	717	496	120	29	3	(64)
52	238	422	5,339	2	6,056	1,811	2,043	1,392	147	6	657	(65)
30	121	184	346	57	740	271	136	88	8	−	237	(66)
22	310	1,447	24,628	1,184	27,597	14,894	9,029	3,333	271	39	31	(67)
4	4	42	8,152	15	8,219	4,346	2,433	1,221	162	44	13	(68)
129	1,473	3,540	25,485	31	30,675	13,895	9,547	5,315	994	366	558	(69)

2 農業集落の概況
(1) 農家数規模別農業集落数
　ア　実数

全国農業地域・都道府県		計	5戸以下	6〜9	10〜19	20〜29	30〜39	40〜49	50〜69	70〜99	100〜149
全　　　　　国	(1)	138,243	45,111	26,982	40,326	15,124	5,796	2,435	1,718	573	155
（全国農業地域）											
北　海　道	(2)	7,066	4,525	1,450	895	149	34	8	5	–	–
都　府　県	(3)	131,177	40,586	25,532	39,431	14,975	5,762	2,427	1,713	573	155
東　北	(4)	17,590	3,993	3,028	5,910	2,632	1,110	464	307	106	35
北　陸	(5)	11,046	4,373	2,301	2,931	957	277	120	72	13	2
関東・東山	(6)	24,260	5,146	4,167	8,190	3,652	1,509	716	562	238	67
北　関　東	(7)	9,037	1,398	1,430	3,270	1,640	665	302	227	86	17
南　関　東	(8)	8,892	2,272	1,756	3,145	1,085	356	148	80	34	10
東　山	(9)	6,331	1,476	981	1,775	927	488	266	255	118	40
東　海	(10)	11,556	2,730	1,970	3,590	1,718	780	360	294	89	22
近　畿	(11)	10,795	2,470	1,697	3,402	1,764	824	340	230	58	10
中　国	(12)	19,616	8,220	4,665	5,107	1,178	281	97	54	12	2
山　陰	(13)	5,715	2,458	1,269	1,459	379	103	31	13	3	–
山　陽	(14)	13,901	5,762	3,396	3,648	799	178	66	41	9	2
四　国	(15)	11,059	4,036	2,519	3,269	857	235	84	42	14	3
九　州	(16)	24,515	9,423	5,085	6,849	2,123	674	212	116	24	9
北　九　州	(17)	15,806	5,535	3,301	4,723	1,545	471	144	75	11	1
南　九　州	(18)	8,709	3,888	1,784	2,126	578	203	68	41	13	8
沖　縄	(19)	740	195	100	183	94	72	34	36	19	5
（都道府県）											
北　海　道	(20)	7,066	4,525	1,450	895	149	34	8	5	–	–
青　森	(21)	1,782	417	220	491	268	152	90	79	38	24
岩　手	(22)	3,614	707	637	1,330	632	215	65	22	3	3
宮　城	(23)	2,636	570	395	877	454	221	74	38	7	–
秋　田	(24)	2,761	743	557	875	344	132	63	37	9	–
山　形	(25)	2,733	714	543	869	297	145	73	62	26	3
福　島	(26)	4,064	842	676	1,468	637	245	99	69	23	5
茨　城	(27)	3,799	472	536	1,362	811	327	140	106	38	6
栃　木	(28)	3,274	587	642	1,353	475	136	46	29	5	1
群　馬	(29)	1,964	339	252	555	354	202	116	92	43	10
埼　玉	(30)	3,977	1,157	862	1,431	390	89	29	16	3	–
千　葉	(31)	3,497	739	657	1,288	506	176	74	40	15	2
東　京	(32)	143	57	20	16	5	10	6	5	10	8
神　奈　川	(33)	1,275	319	217	410	184	81	39	19	6	–
新　潟	(34)	5,093	1,540	1,057	1,524	608	205	92	52	13	2
富　山	(35)	2,217	1,149	427	484	108	26	10	13	–	–
石　川	(36)	1,918	908	414	446	120	19	9	2	–	–
福　井	(37)	1,818	776	403	477	121	27	9	5	–	–
山　梨	(38)	1,610	420	247	451	226	112	69	53	24	8
長　野	(39)	4,721	1,056	734	1,324	701	376	197	202	94	32
岐　阜	(40)	3,039	743	523	944	439	205	91	75	15	4
静　岡	(41)	3,337	837	631	1,034	458	194	97	66	18	2
愛　知	(42)	3,046	585	504	979	476	219	109	113	43	15
三　重	(43)	2,134	565	312	633	345	162	63	40	13	1
滋　賀	(44)	1,545	408	261	522	212	80	35	19	8	–
京　都	(45)	1,684	441	295	525	236	116	34	30	7	–
大　阪	(46)	773	108	97	245	160	88	32	27	14	2
兵　庫	(47)	3,748	631	557	1,295	719	329	121	78	15	3
奈　良	(48)	1,446	370	249	448	214	91	48	24	2	–
和　歌　山	(49)	1,599	512	238	367	223	120	70	52	12	5
鳥　取	(50)	1,624	322	320	604	257	83	24	11	3	–
島　根	(51)	4,091	2,136	949	855	122	20	7	2	–	–
岡　山	(52)	4,530	1,394	1,094	1,430	426	114	44	24	3	1
広　島	(53)	5,210	2,190	1,288	1,383	252	51	22	17	6	1
山　口	(54)	4,161	2,178	1,014	835	121	13	–	–	–	–
徳　島	(55)	2,248	718	446	762	209	74	27	12	–	–
香　川	(56)	3,179	1,085	822	1,020	203	40	5	4	–	–
愛　媛	(57)	3,176	1,139	680	878	305	87	45	26	13	3
高　知	(58)	2,456	1,094	571	609	140	34	7	–	1	–
福　岡	(59)	3,430	908	785	1,195	362	119	41	18	2	–
佐　賀	(60)	1,931	861	345	472	161	58	17	12	4	1
長　崎	(61)	2,931	1,265	510	742	273	87	33	19	2	–
熊　本	(62)	4,202	1,297	866	1,348	481	147	37	23	3	–
大　分	(63)	3,312	1,204	795	966	268	60	16	3	–	–
宮　崎	(64)	2,653	863	520	844	272	105	31	14	4	–
鹿　児　島	(65)	6,056	3,025	1,264	1,282	306	98	37	27	9	8
沖　縄	(66)	740	195	100	183	94	72	34	36	19	5
関　東　農　政　局	(67)	27,597	5,983	4,798	9,224	4,110	1,703	813	628	256	69
東　海　農　政　局	(68)	8,219	1,893	1,339	2,556	1,260	586	263	228	71	20
中国四国農政局	(69)	30,675	12,256	7,184	8,376	2,035	516	181	96	26	5

イ　構成比

単位：集落　　　　　　　　　　　　　　　　　　　　　　　　　　　　　　　　　　　　　単位：％

150戸以上	計	5戸以下	6～9	10～19	20～29	30～39	40～49	50～69	70～99	100～149	150戸以上	
23	100.0	32.6	19.5	29.2	10.9	4.2	1.8	1.2	0.4	0.1	0.0	(1)
–	100.0	64.0	20.5	12.7	2.1	0.5	0.1	0.1	–	–	–	(2)
23	100.0	30.9	19.5	30.1	11.4	4.4	1.9	1.3	0.4	0.1	0.0	(3)
5	100.0	22.7	17.2	33.6	15.0	6.3	2.6	1.7	0.6	0.2	0.0	(4)
–	100.0	39.6	20.8	26.5	8.7	2.5	1.1	0.7	0.1	0.0	–	(5)
13	100.0	21.2	17.2	33.8	15.1	6.2	3.0	2.3	1.0	0.3	0.1	(6)
2	100.0	15.5	15.8	36.2	18.1	7.4	3.3	2.5	1.0	0.2	0.0	(7)
6	100.0	25.6	19.7	35.4	12.2	4.0	1.7	0.9	0.4	0.1	0.1	(8)
5	100.0	23.3	15.5	28.0	14.6	7.7	4.2	4.0	1.9	0.6	0.1	(9)
3	100.0	23.6	17.0	31.1	14.9	6.7	3.1	2.5	0.8	0.2	0.0	(10)
–	100.0	22.9	15.7	31.5	16.3	7.6	3.1	2.1	0.5	0.1	–	(11)
–	100.0	41.9	23.8	26.0	6.0	1.4	0.5	0.3	0.1	0.0	–	(12)
–	100.0	43.0	22.2	25.5	6.6	1.8	0.5	0.2	0.1	–	–	(13)
–	100.0	41.5	24.4	26.2	5.7	1.3	0.5	0.3	0.1	0.0	–	(14)
–	100.0	36.5	22.8	29.6	7.7	2.1	0.8	0.4	0.1	0.0	–	(15)
–	100.0	38.4	20.7	27.9	8.7	2.7	0.9	0.5	0.1	0.0	–	(16)
–	100.0	35.0	20.9	29.9	9.8	3.0	0.9	0.5	0.1	0.0	–	(17)
–	100.0	44.6	20.5	24.4	6.6	2.3	0.8	0.5	0.1	0.1	–	(18)
2	100.0	26.4	13.5	24.7	12.7	9.7	4.6	4.9	2.6	0.7	0.3	(19)
–	100.0	64.0	20.5	12.7	2.1	0.5	0.1	0.1	–	–	–	(20)
3	100.0	23.4	12.3	27.6	15.0	8.5	5.1	4.4	2.1	1.3	0.2	(21)
–	100.0	19.6	17.6	36.8	17.5	5.9	1.8	0.6	0.1	0.1	–	(22)
–	100.0	21.6	15.0	33.3	17.2	8.4	2.8	1.4	0.3	–	–	(23)
1	100.0	26.9	20.2	31.7	12.5	4.8	2.3	1.3	0.3	–	0.0	(24)
1	100.0	26.1	19.9	31.8	10.9	5.3	2.7	2.3	1.0	0.1	0.0	(25)
–	100.0	20.7	16.6	36.1	15.7	6.0	2.4	1.7	0.6	0.1	–	(26)
1	100.0	12.4	14.1	35.9	21.3	8.6	3.7	2.8	1.0	0.2	0.0	(27)
–	100.0	17.9	19.6	41.3	14.5	4.2	1.4	0.9	0.2	0.0	–	(28)
1	100.0	17.3	12.8	28.3	18.0	10.3	5.9	4.7	2.2	0.5	0.1	(29)
–	100.0	29.1	21.7	36.0	9.8	2.2	0.7	0.4	0.1	–	–	(30)
–	100.0	21.1	18.8	36.8	14.5	5.0	2.1	1.1	0.4	0.1	–	(31)
6	100.0	39.9	14.0	11.2	3.5	7.0	4.2	3.5	7.0	5.6	4.2	(32)
–	100.0	25.0	17.0	32.2	14.4	6.4	3.1	1.5	0.5	–	–	(33)
–	100.0	30.2	20.8	29.9	11.9	4.0	1.8	1.0	0.3	0.0	–	(34)
–	100.0	51.8	19.3	21.8	4.9	1.2	0.5	0.6	–	–	–	(35)
–	100.0	47.3	21.6	23.3	6.3	1.0	0.5	0.1	–	–	–	(36)
–	100.0	42.7	22.2	26.2	6.7	1.5	0.5	0.3	–	–	–	(37)
–	100.0	26.1	15.3	28.0	14.0	7.0	4.3	3.3	1.5	0.5	–	(38)
5	100.0	22.4	15.5	28.0	14.8	8.0	4.2	4.3	2.0	0.7	0.1	(39)
–	100.0	24.4	17.2	31.1	14.4	6.7	3.0	2.5	0.5	0.1	–	(40)
–	100.0	25.1	18.9	31.0	13.7	5.8	2.9	2.0	0.5	0.1	–	(41)
3	100.0	19.2	16.5	32.1	15.6	7.2	3.6	3.7	1.4	0.5	0.1	(42)
–	100.0	26.5	14.6	29.7	16.2	7.6	3.0	1.9	0.6	0.0	–	(43)
–	100.0	26.4	16.9	33.8	13.7	5.2	2.3	1.2	0.5	–	–	(44)
–	100.0	26.2	17.5	31.2	14.0	6.9	2.0	1.8	0.4	–	–	(45)
–	100.0	14.0	12.5	31.7	20.7	11.4	4.1	3.5	1.8	0.3	–	(46)
–	100.0	16.8	14.9	34.6	19.2	8.8	3.2	2.1	0.4	0.1	–	(47)
–	100.0	25.6	17.2	31.0	14.8	6.3	3.3	1.7	0.1	–	–	(48)
–	100.0	32.0	14.9	23.0	13.9	7.5	4.4	3.3	0.8	0.3	–	(49)
–	100.0	19.8	19.7	37.2	15.8	5.1	1.5	0.7	0.2	–	–	(50)
–	100.0	52.2	23.2	20.9	3.0	0.5	0.2	–	–	–	–	(51)
–	100.0	30.8	24.2	31.6	9.4	2.5	1.0	0.5	0.1	0.0	–	(52)
–	100.0	42.0	24.7	26.5	4.8	1.0	0.4	0.3	0.1	0.0	–	(53)
–	100.0	52.3	24.4	20.1	2.9	0.3	–	–	0.1	0.0	–	(54)
–	100.0	31.9	19.8	33.9	9.3	3.3	1.2	0.5	–	–	–	(55)
–	100.0	34.1	25.9	32.1	6.4	1.3	0.2	0.1	–	–	–	(56)
–	100.0	35.9	21.4	27.6	9.6	2.7	1.4	0.8	0.4	0.1	–	(57)
–	100.0	44.5	23.2	24.8	5.7	1.4	0.3	–	0.0	–	–	(58)
–	100.0	26.5	22.9	34.8	10.6	3.5	1.2	0.5	0.1	–	–	(59)
–	100.0	44.6	17.9	24.4	8.3	3.0	0.9	0.6	0.2	0.1	–	(60)
–	100.0	43.2	17.4	25.3	9.3	3.0	1.1	0.6	0.1	–	–	(61)
–	100.0	30.9	20.6	32.1	11.4	3.5	0.9	0.5	0.2	–	–	(62)
–	100.0	36.4	24.0	29.2	8.1	1.8	0.5	0.1	–	–	–	(63)
–	100.0	32.5	19.6	31.8	10.3	4.0	1.2	0.5	0.2	–	–	(64)
–	100.0	50.0	20.9	21.2	5.1	1.6	0.6	0.4	0.1	0.1	–	(65)
2	100.0	26.4	13.5	24.7	12.7	9.7	4.6	4.9	2.6	0.7	0.3	(66)
13	100.0	21.7	17.4	33.4	14.9	6.2	2.9	2.3	0.9	0.3	0.0	(67)
3	100.0	23.0	16.3	31.1	15.3	7.1	3.2	2.8	0.9	0.2	0.0	(68)
–	100.0	40.0	23.4	27.3	6.6	1.7	0.6	0.3	0.1	0.0	–	(69)

2 農業集落の概況（続き）
(2) 総土地面積規模別農業集落数 (3)

単位：集落

全国農業地域 ・ 都道府県		計	50ha未満	50〜100	100〜150	150〜200	200〜250	250〜300	300〜400	400〜500	500ha 以上	計
全 国	(1)	138,243	33,982	32,076	19,716	12,496	8,478	5,892	7,565	4,378	13,660	135,999
（全国農業地域）												
北 海 道	(2)	7,066	361	772	692	529	414	361	580	446	2,911	6,759
都 府 県	(3)	131,177	33,621	31,304	19,024	11,967	8,064	5,531	6,985	3,932	10,749	129,240
東 北	(4)	17,590	2,601	3,407	2,564	1,795	1,273	943	1,214	798	2,995	17,320
北 陸	(5)	11,046	2,720	2,917	1,676	992	660	462	558	308	753	10,861
関 東・東 山	(6)	24,260	6,096	6,987	3,943	2,201	1,346	864	956	469	1,398	24,056
北 関 東	(7)	9,037	1,631	2,603	1,701	1,013	637	368	415	191	478	8,999
南 関 東	(8)	8,892	2,677	2,923	1,405	674	390	261	227	119	216	8,833
東 山	(9)	6,331	1,788	1,461	837	514	319	235	314	159	704	6,224
東 海	(10)	11,556	2,839	2,761	1,504	989	666	485	733	400	1,179	11,459
近 畿	(11)	10,795	2,156	2,392	1,593	1,038	761	513	779	419	1,144	10,675
中 国	(12)	19,616	5,731	4,410	2,877	1,853	1,262	831	1,088	583	981	19,276
山 陰	(13)	5,715	1,759	1,178	774	487	352	227	328	225	385	5,567
山 陽	(14)	13,901	3,972	3,232	2,103	1,366	910	604	760	358	596	13,709
四 国	(15)	11,059	4,292	2,234	1,275	797	553	404	462	299	743	10,862
九 州	(16)	24,515	7,064	6,034	3,485	2,234	1,477	990	1,153	629	1,449	24,019
北 九 州	(17)	15,806	4,466	4,146	2,294	1,431	929	638	739	383	780	15,634
南 九 州	(18)	8,709	2,598	1,888	1,191	803	548	352	414	246	669	8,385
沖 縄	(19)	740	122	162	107	68	66	39	42	27	107	712
（都道府県）												
北 海 道	(20)	7,066	361	772	692	529	414	361	580	446	2,911	6,759
青 森	(21)	1,782	139	255	233	183	142	116	160	117	437	1,758
岩 手	(22)	3,614	517	603	440	372	251	215	252	180	784	3,558
宮 城	(23)	2,636	393	536	461	313	212	142	180	115	284	2,576
秋 田	(24)	2,761	308	558	372	269	209	136	227	150	532	2,728
山 形	(25)	2,733	587	577	382	241	182	139	146	89	390	2,682
福 島	(26)	4,064	657	878	676	417	277	195	249	147	568	4,018
茨 城	(27)	3,799	678	1,114	782	453	271	168	158	66	109	3,784
栃 木	(28)	3,274	690	972	569	349	212	133	139	65	145	3,262
群 馬	(29)	1,964	263	517	350	211	154	67	118	60	224	1,953
埼 玉	(30)	3,977	1,692	1,432	455	166	90	42	46	22	32	3,941
千 葉	(31)	3,497	645	1,072	701	400	224	176	133	72	74	3,480
東 京	(32)	143	11	17	12	4	6	7	13	6	67	143
神 奈 川	(33)	1,275	329	402	237	104	70	36	35	19	43	1,269
新 潟	(34)	5,093	1,124	1,275	818	497	335	234	263	152	395	5,051
富 山	(35)	2,217	778	688	289	125	99	57	70	30	81	2,154
石 川	(36)	1,918	403	450	299	201	122	107	135	67	134	1,878
福 井	(37)	1,818	415	504	270	169	104	64	90	59	143	1,778
山 梨	(38)	1,610	462	353	231	126	69	63	88	35	183	1,593
長 野	(39)	4,721	1,326	1,108	606	388	250	172	226	124	521	4,631
岐 阜	(40)	3,039	639	620	392	242	191	135	236	136	448	3,017
静 岡	(41)	3,337	905	832	419	271	185	136	186	99	304	3,284
愛 知	(42)	3,046	980	826	363	243	147	108	153	75	151	3,041
三 重	(43)	2,134	315	483	330	233	143	106	158	90	276	2,117
滋 賀	(44)	1,545	384	385	241	134	86	62	71	38	144	1,523
京 都	(45)	1,684	183	281	260	190	156	123	185	94	212	1,673
大 阪	(46)	773	168	232	133	72	46	27	38	12	45	773
兵 庫	(47)	3,748	703	829	599	373	287	191	273	140	353	3,726
奈 良	(48)	1,446	431	365	161	102	73	34	82	51	147	1,426
和 歌 山	(49)	1,599	287	300	199	167	113	76	130	84	243	1,554
鳥 取	(50)	1,624	359	381	236	153	107	56	99	70	163	1,611
島 根	(51)	4,091	1,400	797	538	334	245	171	229	155	222	3,956
岡 山	(52)	4,530	1,240	1,143	684	451	286	178	236	116	196	4,512
広 島	(53)	5,210	1,420	1,155	844	556	351	240	287	122	235	5,171
山 口	(54)	4,161	1,312	934	575	359	273	186	237	120	165	4,026
徳 島	(55)	2,248	696	541	309	177	118	95	101	62	149	2,219
香 川	(56)	3,179	2,152	584	212	82	52	24	27	20	26	3,132
愛 媛	(57)	3,176	870	676	475	317	245	157	165	95	176	3,123
高 知	(58)	2,456	574	433	279	221	138	128	169	122	392	2,388
福 岡	(59)	3,430	1,040	939	494	306	178	130	140	85	118	3,420
佐 賀	(60)	1,931	603	575	268	162	93	64	81	24	61	1,922
長 崎	(61)	2,931	1,043	653	388	234	173	123	127	71	119	2,846
熊 本	(62)	4,202	1,119	1,171	606	377	233	149	181	107	259	4,146
大 分	(63)	3,312	661	808	538	352	252	172	210	96	223	3,300
宮 崎	(64)	2,653	510	560	388	267	161	121	160	106	380	2,619
鹿 児 島	(65)	6,056	2,088	1,328	803	536	387	231	254	140	289	5,766
沖 縄	(66)	740	122	162	107	68	66	39	42	27	107	712
関 東 農 政 局	(67)	27,597	7,001	7,819	4,362	2,472	1,531	1,000	1,142	568	1,702	27,340
東 海 農 政 局	(68)	8,219	1,934	1,929	1,085	718	481	349	547	301	875	8,175
中 国 四 国 農 政 局	(69)	30,675	10,023	6,644	4,152	2,650	1,815	1,235	1,550	882	1,724	30,138

耕地面積規模別農業集落数

単位：集落

耕地のある農業集落数												耕地が ない農業 集落数	
10ha未満	10～15	15～20	20～30	30～50	50～100	100～150	150～200	200～300	300～400	400～500	500ha 以上		
48,331	17,013	12,716	17,680	18,275	14,362	3,751	1,389	1,204	516	315	447	2,244	(1)
695	153	151	276	600	1,423	984	612	772	393	272	428	307	(2)
47,636	16,860	12,565	17,404	17,675	12,939	2,767	777	432	123	43	19	1,937	(3)
3,255	1,370	1,264	2,323	3,366	3,785	1,184	419	243	78	23	10	270	(4)
3,112	1,252	1,112	1,682	1,943	1,391	280	54	27	5	3	-	185	(5)
7,204	2,658	2,281	3,507	4,125	3,393	642	152	65	18	7	4	204	(6)
1,562	763	762	1,384	1,997	1,974	421	86	35	9	4	2	38	(7)
2,896	1,115	895	1,381	1,422	922	140	40	17	4	1	-	59	(8)
2,746	780	624	742	706	497	81	26	13	5	2	2	107	(9)
4,345	1,630	1,197	1,645	1,455	979	156	25	25	-	2	-	97	(10)
3,762	1,643	1,272	1,678	1,504	702	90	18	5	-	1	-	120	(11)
10,444	3,305	1,965	2,013	1,164	346	32	1	3	2	-	1	340	(12)
3,001	910	545	580	369	143	17	1	1	-	-	-	148	(13)
7,443	2,395	1,420	1,433	795	203	15	-	2	2	-	1	192	(14)
6,029	1,804	1,053	1,056	636	263	17	4	-	-	-	-	197	(15)
9,269	3,138	2,376	3,413	3,380	1,986	321	83	39	10	3	1	496	(16)
5,776	2,068	1,602	2,329	2,298	1,299	187	45	22	7	-	1	172	(17)
3,493	1,070	774	1,084	1,082	687	134	38	17	3	3	-	324	(18)
216	60	45	87	102	94	45	21	25	10	4	3	28	(19)
695	153	151	276	600	1,423	984	612	772	393	272	428	307	(20)
202	73	58	128	279	487	258	113	103	35	13	9	24	(21)
798	279	261	477	734	694	188	66	40	18	3	-	56	(22)
541	157	175	280	446	653	212	74	28	7	3	-	60	(23)
320	179	199	383	664	674	196	66	35	8	3	1	33	(24)
520	232	206	342	516	597	181	58	23	7	-	-	51	(25)
874	450	365	713	727	680	149	42	14	3	1	-	46	(26)
497	275	286	577	888	978	229	40	10	3	1	-	15	(27)
579	293	293	506	743	674	129	27	14	1	2	1	12	(28)
486	195	183	301	366	322	63	19	11	5	1	1	11	(29)
1,490	593	442	634	541	223	15	3	-	-	-	-	36	(30)
646	345	333	608	742	633	118	34	16	4	1	-	17	(31)
81	4	11	10	12	15	6	3	1	-	-	-	-	(32)
679	173	109	129	127	51	1	-	-	-	-	-	6	(33)
1,256	555	495	706	955	800	210	45	23	3	3	-	42	(34)
526	260	226	398	451	257	34	2	-	-	-	-	63	(35)
740	220	190	269	259	174	18	3	3	2	-	-	40	(36)
590	217	201	309	278	160	18	4	1	-	-	-	40	(37)
867	179	132	184	151	72	6	1	-	1	-	-	17	(38)
1,879	601	492	558	555	425	75	25	13	4	2	2	90	(39)
1,258	470	322	415	342	189	17	2	2	-	-	-	22	(40)
1,359	497	341	452	352	244	29	6	4	-	-	-	53	(41)
1,119	429	331	450	364	249	69	11	17	-	2	-	5	(42)
609	234	203	328	397	297	41	6	2	-	-	-	17	(43)
271	159	161	247	376	253	43	9	3	-	1	-	22	(44)
680	279	176	247	190	93	6	2	-	-	-	-	11	(45)
347	129	100	101	77	18	1	-	-	-	-	-	-	(46)
1,115	625	512	727	556	181	9	1	-	-	-	-	22	(47)
660	258	183	181	116	20	7	-	1	-	-	-	20	(48)
689	193	140	175	189	137	24	6	1	-	-	-	45	(49)
471	278	208	294	242	102	14	1	1	-	-	-	13	(50)
2,530	632	337	286	127	41	3	-	-	-	-	-	135	(51)
2,197	789	519	535	347	111	9	-	2	2	-	1	18	(52)
3,026	924	490	488	202	38	3	-	-	-	-	-	39	(53)
2,220	682	411	410	246	54	3	-	-	-	-	-	135	(54)
1,193	346	216	238	171	55	-	-	-	-	-	-	29	(55)
1,839	664	326	228	65	10	-	-	-	-	-	-	47	(56)
1,577	479	289	339	269	149	17	4	-	-	-	-	53	(57)
1,420	315	222	251	131	49	-	-	-	-	-	-	68	(58)
1,013	486	406	576	565	328	35	11	-	-	-	-	10	(59)
500	229	191	370	399	196	25	5	5	2	-	-	9	(60)
1,402	358	277	345	300	132	26	1	3	1	-	1	85	(61)
1,406	505	358	547	706	498	86	23	13	4	-	-	56	(62)
1,455	490	370	491	328	145	15	5	1	-	-	-	12	(63)
823	330	269	391	445	308	46	7	-	-	-	-	34	(64)
2,670	740	505	693	637	379	88	31	17	3	3	-	290	(65)
216	60	45	87	102	94	45	21	25	10	4	3	28	(66)
8,563	3,155	2,622	3,959	4,477	3,637	671	158	69	18	7	4	257	(67)
2,986	1,133	856	1,193	1,103	735	127	19	21	-	2	-	44	(68)
16,473	5,109	3,018	3,069	1,800	609	49	5	3	2	-	1	537	(69)

2 農業集落の概況（続き）
(4) 耕地率別農業集落数

全国農業地域 ・ 都道府県		耕地のある農業集落数									
		計	10%未満	10～20	20～30	30～40	40～50	50～60	60～70	70～80	80～90
全　　　　　　国	(1)	135,999	51,159	24,444	16,388	12,526	9,958	8,845	7,054	4,223	1,240
（全国農業地域）											
北　海　　道	(2)	6,759	1,723	839	603	565	532	580	736	671	440
都　府　　県	(3)	129,240	49,436	23,605	15,785	11,961	9,426	8,265	6,318	3,552	800
東　　　　北	(4)	17,320	5,465	3,090	2,038	1,458	1,248	1,285	1,255	1,091	363
北　　　　陸	(5)	10,861	3,444	1,738	1,039	852	804	912	1,071	786	189
関　東・東　山	(6)	24,056	6,572	3,747	3,322	3,103	2,644	2,241	1,604	742	74
北　関　　東	(7)	8,999	1,709	1,183	1,252	1,306	1,223	1,037	787	449	49
南　関　　東	(8)	8,833	2,214	1,523	1,389	1,155	893	803	597	236	21
東　　　　山	(9)	6,224	2,649	1,041	681	642	528	401	220	57	4
東　　　　海	(10)	11,459	4,669	1,869	1,525	1,282	964	702	343	91	12
近　　　　畿	(11)	10,675	4,665	2,152	1,359	898	676	491	301	106	21
中　　　　国	(12)	19,276	10,595	4,216	1,923	1,054	605	468	282	110	20
山　　　　陰	(13)	5,567	3,193	921	518	322	240	186	126	50	11
山　　　　陽	(14)	13,709	7,402	3,295	1,405	732	365	282	156	60	9
四　　　　国	(15)	10,862	4,911	1,824	1,207	948	713	682	413	134	30
九　　　　州	(16)	24,019	8,849	4,823	3,276	2,299	1,721	1,430	1,023	486	91
北　九　　州	(17)	15,634	5,532	3,173	2,083	1,455	1,105	1,007	797	393	73
南　九　　州	(18)	8,385	3,317	1,650	1,193	844	616	423	226	93	18
沖　　　　縄	(19)	712	266	146	96	67	51	54	26	6	-
（都道府県）											
北　海　　道	(20)	6,759	1,723	839	603	565	532	580	736	671	440
青　　　　森	(21)	1,758	440	265	219	166	173	143	153	145	53
岩　　　　手	(22)	3,558	1,380	704	403	259	202	253	194	131	32
宮　　　　城	(23)	2,576	714	439	292	263	199	214	227	184	41
秋　　　　田	(24)	2,728	866	450	277	209	202	210	229	211	73
山　　　　形	(25)	2,682	744	344	294	194	205	243	254	262	129
福　　　　島	(26)	4,018	1,321	888	553	367	267	222	198	158	35
茨　　　　城	(27)	3,784	489	421	530	578	613	522	389	209	29
栃　　　　木	(28)	3,262	603	473	441	412	359	372	360	225	17
群　　　　馬	(29)	1,953	617	289	281	316	251	143	38	15	3
埼　　　　玉	(30)	3,941	885	605	550	535	451	449	359	104	3
千　　　　葉	(31)	3,480	628	621	628	536	375	322	223	130	17
東　　　　京	(32)	143	117	16	1	6	3	-	-	-	-
神　奈　　川	(33)	1,269	584	281	210	78	64	32	15	2	1
新　　　　潟	(34)	5,051	1,534	839	456	373	332	405	487	470	141
富　　　　山	(35)	2,154	434	212	203	193	230	290	352	204	26
石　　　　川	(36)	1,878	821	376	204	132	105	108	84	41	7
福　　　　井	(37)	1,778	655	311	176	154	137	109	148	71	15
山　　　　梨	(38)	1,593	804	197	143	152	127	116	46	7	1
長　　　　野	(39)	4,631	1,845	844	538	490	401	285	174	50	3
岐　　　　阜	(40)	3,017	1,596	445	298	211	180	163	91	28	3
静　　　　岡	(41)	3,284	1,343	613	511	409	243	124	33	5	3
愛　　　　知	(42)	3,041	922	463	424	437	369	284	120	19	3
三　　　　重	(43)	2,117	808	348	292	225	172	131	99	39	3
滋　　　　賀	(44)	1,523	334	224	175	161	161	186	169	88	20
京　　　　都	(45)	1,673	1,030	351	144	73	32	27	14	2	-
大　　　　阪	(46)	773	322	234	116	62	23	15	1	-	-
兵　　　　庫	(47)	3,726	1,586	861	535	285	226	154	65	12	1
奈　　　　良	(48)	1,426	609	255	194	160	122	62	22	2	-
和　歌　　山	(49)	1,554	784	227	195	157	112	47	30	2	-
鳥　　　　取	(50)	1,611	650	304	186	171	122	91	64	15	8
島　　　　根	(51)	3,956	2,543	617	332	151	118	95	62	35	3
岡　　　　山	(52)	4,512	2,179	1,079	496	324	160	136	81	46	8
広　　　　島	(53)	5,171	3,079	1,254	493	174	92	45	29	5	-
山　　　　口	(54)	4,026	2,144	962	416	234	113	101	46	9	1
徳　　　　島	(55)	2,219	1,056	300	216	183	162	174	106	20	2
香　　　　川	(56)	3,132	765	513	456	441	338	327	195	75	22
愛　　　　媛	(57)	3,123	1,536	674	362	220	145	107	61	16	2
高　　　　知	(58)	2,388	1,554	337	173	104	68	74	51	23	4
福　　　　岡	(59)	3,420	947	606	461	381	316	325	283	78	20
佐　　　　賀	(60)	1,922	463	368	248	171	146	170	209	132	13
長　　　　崎	(61)	2,846	1,186	598	388	275	176	135	76	10	2
熊　　　　本	(62)	4,146	1,348	797	560	399	349	286	198	161	37
大　　　　分	(63)	3,300	1,588	804	426	229	118	91	31	12	1
宮　　　　崎	(64)	2,619	1,041	429	334	328	232	161	70	20	3
鹿　児　　島	(65)	5,766	2,276	1,221	859	516	384	262	156	73	15
沖　　　　縄	(66)	712	266	146	96	67	51	54	26	6	-
関　東　農　政　局	(67)	27,340	7,915	4,360	3,833	3,512	2,887	2,365	1,637	747	77
東　海　農　政　局	(68)	8,175	3,326	1,256	1,014	873	721	578	310	86	9
中　国　四　国　農　政　局	(69)	30,138	15,506	6,040	3,130	2,002	1,318	1,150	695	244	50

(5) 田の耕地面積規模別農業集落数

単位：集落　　　　　　　　　　　　　　　　　　　　　　　　　　　　　　　　　　単位：集落

90%以上	耕地がない農業集落数	田のある農業集落数									田がない農業集落数	
		計	5ha未満	5～10	10～15	15～20	20～30	30～50	50～100	100ha以上		
162	2,244	119,760	33,964	21,871	15,437	10,640	13,878	12,784	8,533	2,653	18,483	(1)
70	307	3,332	406	201	169	124	271	522	933	706	3,734	(2)
92	1,937	116,428	33,558	21,670	15,268	10,516	13,607	12,262	7,600	1,947	14,749	(3)
27	270	16,389	2,511	1,920	1,560	1,359	2,174	2,977	2,774	1,114	1,201	(4)
26	185	10,526	1,714	1,514	1,288	1,076	1,602	1,855	1,196	281	520	(5)
7	204	20,674	6,144	3,189	2,479	1,863	2,585	2,555	1,573	286	3,586	(6)
4	38	8,429	1,565	1,099	1,031	815	1,274	1,413	1,039	193	608	(7)
2	59	6,952	2,153	1,108	852	704	890	812	364	69	1,940	(8)
1	107	5,293	2,426	982	596	344	421	330	170	24	1,038	(9)
2	97	10,066	3,278	2,024	1,355	912	1,108	860	465	64	1,490	(10)
6	120	10,167	2,510	1,932	1,576	1,090	1,432	1,121	451	55	628	(11)
3	340	17,790	6,388	4,394	2,812	1,640	1,610	766	170	10	1,826	(12)
–	148	5,052	1,718	1,287	814	476	463	237	55	2	663	(13)
3	192	12,738	4,670	3,107	1,998	1,164	1,147	529	115	8	1,163	(14)
–	197	9,448	3,907	2,359	1,380	716	635	337	108	6	1,611	(15)
21	496	21,190	6,966	4,324	2,811	1,856	2,455	1,787	860	131	3,325	(16)
16	172	14,319	4,098	2,819	1,912	1,346	1,848	1,459	722	115	1,487	(17)
5	324	6,871	2,868	1,505	899	510	607	328	138	16	1,838	(18)
–	28	178	140	14	7	4	6	4	3	–	562	(19)
70	307	3,332	406	201	169	124	271	522	933	706	3,734	(20)
1	24	1,597	216	142	118	109	178	289	323	222	185	(21)
–	56	3,327	649	426	341	301	468	594	418	130	287	(22)
3	60	2,390	338	220	188	161	273	418	551	241	246	(23)
1	33	2,616	156	164	213	212	411	658	563	239	145	(24)
13	51	2,562	391	301	226	202	327	462	474	179	171	(25)
9	46	3,897	761	667	474	374	517	556	445	103	167	(26)
4	15	3,629	595	447	458	397	556	626	465	85	170	(27)
–	12	3,185	436	375	359	275	524	630	489	97	89	(28)
–	11	1,615	534	277	214	143	194	157	85	11	349	(29)
–	36	3,112	1,109	551	384	310	372	288	94	4	865	(30)
–	17	3,149	574	459	425	364	493	502	267	65	348	(31)
–	–	50	38	7	2	1	2	–	–	–	93	(32)
2	6	641	432	91	41	29	23	22	3	–	634	(33)
14	42	4,917	686	661	564	486	682	936	683	219	176	(34)
10	63	2,134	290	259	260	231	381	441	238	34	83	(35)
–	40	1,776	412	331	240	179	246	218	137	13	142	(36)
2	40	1,699	326	263	224	180	293	260	138	15	119	(37)
–	17	1,094	647	156	113	59	71	42	6	–	516	(38)
1	90	4,199	1,779	826	483	285	350	288	164	24	522	(39)
2	22	2,865	834	590	444	283	340	255	106	13	174	(40)
–	53	2,383	1,105	516	285	169	170	104	31	3	954	(41)
–	5	2,823	942	598	382	259	296	200	122	24	223	(42)
–	17	1,995	397	320	244	201	302	301	206	24	139	(43)
5	22	1,490	122	152	163	158	270	355	226	44	55	(44)
–	11	1,598	425	344	250	178	206	138	54	3	86	(45)
–	–	750	249	190	126	70	68	41	6	–	23	(46)
1	22	3,659	538	676	630	497	659	501	150	8	89	(47)
–	20	1,285	393	297	259	120	155	51	10	–	161	(48)
–	45	1,385	783	273	148	67	74	35	5	–	214	(49)
–	13	1,551	312	319	277	211	249	150	32	1	73	(50)
–	135	3,501	1,406	968	537	265	214	87	23	1	590	(51)
3	18	4,375	1,487	1,057	664	437	423	227	73	7	155	(52)
–	39	4,639	1,827	1,178	746	387	370	120	11	–	571	(53)
–	135	3,724	1,356	872	588	340	354	182	31	1	437	(54)
–	29	1,807	711	366	267	165	162	106	30	–	441	(55)
–	47	2,980	970	965	601	260	146	36	2	–	199	(56)
–	53	2,518	1,242	585	283	132	128	98	44	6	658	(57)
–	68	2,143	984	443	229	159	199	97	32	–	313	(58)
3	10	3,362	699	616	483	364	527	418	229	26	68	(59)
2	9	1,879	333	321	229	181	314	334	143	24	52	(60)
–	85	2,248	1,055	456	269	169	157	111	24	7	683	(61)
11	56	3,731	1,067	687	491	315	462	394	263	52	471	(62)
–	12	3,099	944	739	440	317	388	202	63	6	213	(63)
1	34	2,445	732	490	362	234	322	201	97	7	208	(64)
4	290	4,426	2,136	1,015	537	276	285	127	41	9	1,630	(65)
–	28	178	140	14	7	4	6	4	3	–	562	(66)
7	257	23,057	7,249	3,705	2,764	2,032	2,755	2,659	1,604	289	4,540	(67)
2	44	7,683	2,173	1,508	1,070	743	938	756	434	61	536	(68)
3	537	27,238	10,295	6,753	4,192	2,356	2,245	1,103	278	16	3,437	(69)

2 農業集落の概況（続き）
(6) 水田率別農業集落数

3 農業集落内での活動状況
(1) 地域としての取組 (2) 実行組
農業集

単位：集落　　　　　　　　　　　　　　　　　　　　単位：集落

全国農業地域 ・ 都 道 府 県		計	水田集落 (70%以上)	田畑集落 (30〜70)	畑地集落 (30%未満)	地域としての取組内容				計	実行組合が ある
						実農業 集落数	寄り合いの 開催がある	地域資源の 保全がある	実行組合が ある		
全 国	(1)	138,243	71,312	29,380	37,551	132,673	129,340	112,140	94,519	138,243	94,519
（全国農業地域）											
北 海 道	(2)	7,066	1,867	676	4,523	6,359	6,153	4,645	5,012	7,066	5,012
都 府 県	(3)	131,177	69,445	28,704	33,028	126,314	123,187	107,495	89,507	131,177	89,507
東 北	(4)	17,590	9,860	4,619	3,111	16,963	16,765	15,191	13,288	17,590	13,288
北 陸	(5)	11,046	9,171	886	989	10,623	10,479	9,805	9,764	11,046	9,764
関 東 ・ 東 山	(6)	24,260	8,292	7,443	8,525	23,551	22,983	18,439	18,791	24,260	18,791
北 関 東	(7)	9,037	3,886	2,979	2,172	8,794	8,580	6,894	6,688	9,037	6,688
南 関 東	(8)	8,892	2,904	2,251	3,737	8,618	8,341	6,110	7,381	8,892	7,381
東 山	(9)	6,331	1,502	2,213	2,616	6,139	6,062	5,435	4,722	6,331	4,722
東 海	(10)	11,556	5,042	3,184	3,330	11,241	10,806	9,514	9,187	11,556	9,187
近 畿	(11)	10,795	7,605	1,545	1,645	10,512	10,321	9,738	8,012	10,795	8,012
中 国	(12)	19,616	12,681	3,158	3,777	18,575	17,968	15,923	10,121	19,616	10,121
山 陰	(13)	5,715	3,708	841	1,166	5,509	5,396	4,703	3,139	5,715	3,139
山 陽	(14)	13,901	8,973	2,317	2,611	13,066	12,572	11,220	6,982	13,901	6,982
四 国	(15)	11,059	5,615	2,143	3,301	10,487	10,088	8,938	5,542	11,059	5,542
九 州	(16)	24,515	11,175	5,718	7,622	23,669	23,092	19,495	14,600	24,515	14,600
北 九 州	(17)	15,806	8,392	3,620	3,794	15,397	14,988	13,085	12,219	15,806	12,219
南 九 州	(18)	8,709	2,783	2,098	3,828	8,272	8,104	6,410	2,381	8,709	2,381
沖 縄	(19)	740	4	8	728	693	685	452	202	740	202
（都道府県）											
北 海 道	(20)	7,066	1,867	676	4,523	6,359	6,153	4,645	5,012	7,066	5,012
青 森	(21)	1,782	621	537	624	1,659	1,633	1,293	656	1,782	656
岩 手	(22)	3,614	1,657	1,111	846	3,483	3,449	3,008	2,850	3,614	2,850
宮 城	(23)	2,636	1,665	553	418	2,587	2,547	2,273	2,313	2,636	2,313
秋 田	(24)	2,761	2,274	258	229	2,616	2,582	2,410	1,603	2,761	1,603
山 形	(25)	2,733	1,755	579	399	2,638	2,621	2,510	2,491	2,733	2,491
福 島	(26)	4,064	1,888	1,581	595	3,980	3,933	3,697	3,375	4,064	3,375
茨 城	(27)	3,799	1,399	1,488	912	3,666	3,580	2,916	2,404	3,799	2,404
栃 木	(28)	3,274	2,176	808	290	3,215	3,132	2,474	2,721	3,274	2,721
群 馬	(29)	1,964	311	683	970	1,913	1,868	1,504	1,563	1,964	1,563
埼 玉	(30)	3,977	1,342	920	1,715	3,832	3,669	2,775	3,344	3,977	3,344
千 葉	(31)	3,497	1,491	1,150	856	3,447	3,389	2,650	2,888	3,497	2,888
東 京	(32)	143	−	7	136	123	113	32	29	143	29
神 奈 川	(33)	1,275	71	174	1,030	1,216	1,170	653	1,120	1,275	1,120
新 潟	(34)	5,093	4,271	466	356	4,914	4,848	4,449	4,504	5,093	4,504
富 山	(35)	2,217	1,998	72	147	2,109	2,079	2,035	2,059	2,217	2,059
石 川	(36)	1,918	1,416	233	269	1,831	1,815	1,659	1,493	1,918	1,493
福 井	(37)	1,818	1,486	115	217	1,769	1,737	1,662	1,708	1,818	1,708
山 梨	(38)	1,610	314	360	936	1,561	1,530	1,244	946	1,610	946
長 野	(39)	4,721	1,188	1,853	1,680	4,578	4,532	4,191	3,776	4,721	3,776
岐 阜	(40)	3,039	1,900	701	438	2,961	2,856	2,669	2,675	3,039	2,675
静 岡	(41)	3,337	627	867	1,843	3,239	3,049	2,487	2,673	3,337	2,673
愛 知	(42)	3,046	1,168	1,126	752	2,990	2,896	2,598	2,671	3,046	2,671
三 重	(43)	2,134	1,347	490	297	2,051	2,005	1,760	1,168	2,134	1,168
滋 賀	(44)	1,545	1,406	57	82	1,527	1,510	1,467	1,425	1,545	1,425
京 都	(45)	1,684	1,147	319	218	1,611	1,571	1,454	1,352	1,684	1,352
大 阪	(46)	773	468	199	106	763	740	687	729	773	729
兵 庫	(47)	3,748	3,311	239	198	3,669	3,617	3,548	2,867	3,748	2,867
奈 良	(48)	1,446	865	299	282	1,422	1,401	1,298	1,095	1,446	1,095
和 歌 山	(49)	1,599	408	432	759	1,520	1,482	1,284	544	1,599	544
鳥 取	(50)	1,624	1,073	321	230	1,611	1,590	1,528	1,530	1,624	1,530
島 根	(51)	4,091	2,635	520	936	3,898	3,806	3,175	1,609	4,091	1,609
岡 山	(52)	4,530	2,985	931	614	4,379	4,233	3,973	2,292	4,530	2,292
広 島	(53)	5,210	3,222	825	1,163	4,880	4,698	4,160	2,696	5,210	2,696
山 口	(54)	4,161	2,766	561	834	3,807	3,641	3,087	1,994	4,161	1,994
徳 島	(55)	2,248	1,018	407	823	2,074	1,952	1,558	1,149	2,248	1,149
香 川	(56)	3,179	2,377	367	435	3,102	2,966	2,903	2,228	3,179	2,228
愛 媛	(57)	3,176	1,011	810	1,355	3,043	3,002	2,651	1,697	3,176	1,697
高 知	(58)	2,456	1,209	559	688	2,268	2,168	1,826	468	2,456	468
福 岡	(59)	3,430	2,502	534	394	3,404	3,301	3,147	3,301	3,430	3,301
佐 賀	(60)	1,931	1,407	303	221	1,882	1,838	1,829	1,780	1,931	1,780
長 崎	(61)	2,931	627	875	1,429	2,799	2,695	1,802	2,189	2,931	2,189
熊 本	(62)	4,202	1,824	1,194	1,184	4,092	4,014	3,462	3,096	4,202	3,096
大 分	(63)	3,312	2,032	714	566	3,220	3,140	2,845	1,853	3,312	1,853
宮 崎	(64)	2,653	1,051	875	727	2,553	2,495	2,298	1,983	2,653	1,983
鹿 児 島	(65)	6,056	1,732	1,223	3,101	5,719	5,609	4,112	398	6,056	398
沖 縄	(66)	740	4	8	728	693	685	452	202	740	202
関 東 農 政 局	(67)	27,597	8,919	8,310	10,368	26,790	26,032	20,926	21,464	27,597	21,464
東 海 農 政 局	(68)	8,219	4,415	2,317	1,487	8,002	7,757	7,027	6,514	8,219	6,514
中 国 四 国 農 政 局	(69)	30,675	18,296	5,301	7,078	29,062	28,056	24,861	15,663	30,675	15,663

合のある（3）　寄り合いの回数規模別農業集落数
落数　　　ア　実数
単位：集落

イ　構成比
単位：集落　　　　単位：％

| 実行組合がない | 合計 | 寄り合いがある | | | | | | 寄り合いがない | 合計 | 寄り合いがある | |
		計	1～2回	3～5	6～11	12～23	24回以上			計	
43,724	138,243	129,340	19,683	32,668	35,089	34,001	7,899	8,903	100.0	93.6	(1)
2,054	7,066	6,153	891	2,046	1,950	1,102	164	913	100.0	87.1	(2)
41,670	131,177	123,187	18,792	30,622	33,139	32,899	7,735	7,990	100.0	93.9	(3)
4,302	17,590	16,765	1,575	3,671	5,396	4,630	1,493	825	100.0	95.3	(4)
1,282	11,046	10,479	1,058	2,368	3,244	2,969	840	567	100.0	94.9	(5)
5,469	24,260	22,983	3,301	6,029	6,796	5,285	1,572	1,277	100.0	94.7	(6)
2,349	9,037	8,580	1,390	2,531	2,634	1,635	390	457	100.0	94.9	(7)
1,511	8,892	8,341	1,448	2,392	2,557	1,659	285	551	100.0	93.8	(8)
1,609	6,331	6,062	463	1,106	1,605	1,991	897	269	100.0	95.8	(9)
2,369	11,556	10,806	1,846	2,389	2,424	3,469	678	750	100.0	93.5	(10)
2,783	10,795	10,321	1,299	2,116	2,498	3,425	983	474	100.0	95.6	(11)
9,495	19,616	17,968	3,411	4,805	4,160	4,888	704	1,648	100.0	91.6	(12)
2,576	5,715	5,396	670	1,125	1,303	1,974	324	319	100.0	94.4	(13)
6,919	13,901	12,572	2,741	3,680	2,857	2,914	380	1,329	100.0	90.4	(14)
5,517	11,059	10,088	2,461	3,057	2,261	2,080	229	971	100.0	91.2	(15)
9,915	24,515	23,092	3,776	6,074	6,210	5,905	1,127	1,423	100.0	94.2	(16)
3,587	15,806	14,988	2,262	3,671	4,014	4,218	823	818	100.0	94.8	(17)
6,328	8,709	8,104	1,514	2,403	2,196	1,687	304	605	100.0	93.1	(18)
538	740	685	65	113	150	248	109	55	100.0	92.6	(19)
2,054	7,066	6,153	891	2,046	1,950	1,102	164	913	100.0	87.1	(20)
1,126	1,782	1,633	316	467	463	317	70	149	100.0	91.6	(21)
764	3,614	3,449	309	731	982	1,079	348	165	100.0	95.4	(22)
323	2,636	2,547	195	472	776	779	325	89	100.0	96.6	(23)
1,158	2,761	2,582	139	554	1,020	747	122	179	100.0	93.5	(24)
242	2,733	2,621	229	504	775	751	362	112	100.0	95.9	(25)
689	4,064	3,933	387	943	1,380	957	266	131	100.0	96.8	(26)
1,395	3,799	3,580	616	1,119	1,100	578	167	219	100.0	94.2	(27)
553	3,274	3,132	517	899	1,021	613	82	142	100.0	95.7	(28)
401	1,964	1,868	257	513	513	444	141	96	100.0	95.1	(29)
633	3,977	3,669	593	1,096	1,198	680	102	308	100.0	92.3	(30)
609	3,497	3,389	543	980	1,046	683	137	108	100.0	96.9	(31)
114	143	113	41	34	27	11	–	30	100.0	79.0	(32)
155	1,275	1,170	271	282	286	285	46	105	100.0	91.8	(33)
589	5,093	4,848	454	1,107	1,584	1,341	362	245	100.0	95.2	(34)
158	2,217	2,079	119	389	641	681	249	138	100.0	93.8	(35)
425	1,918	1,815	315	484	477	437	102	103	100.0	94.6	(36)
110	1,818	1,737	170	388	542	510	127	81	100.0	95.5	(37)
664	1,610	1,530	203	391	425	446	65	80	100.0	95.0	(38)
945	4,721	4,532	260	715	1,180	1,545	832	189	100.0	96.0	(39)
364	3,039	2,856	505	755	727	799	70	183	100.0	94.0	(40)
664	3,337	3,049	475	494	646	1,195	239	288	100.0	91.4	(41)
375	3,046	2,896	595	705	557	838	201	150	100.0	95.1	(42)
966	2,134	2,005	271	435	494	637	168	129	100.0	94.0	(43)
120	1,545	1,510	101	210	333	535	331	35	100.0	97.7	(44)
332	1,684	1,571	185	323	361	539	163	113	100.0	93.3	(45)
44	773	740	151	180	183	197	29	33	100.0	95.7	(46)
881	3,748	3,617	325	595	868	1,476	353	131	100.0	96.5	(47)
351	1,446	1,401	236	333	383	382	67	45	100.0	96.9	(48)
1,055	1,599	1,482	301	475	370	296	40	117	100.0	92.7	(49)
94	1,624	1,590	182	373	523	374	138	34	100.0	97.9	(50)
2,482	4,091	3,806	488	752	780	1,600	186	285	100.0	93.0	(51)
2,238	4,530	4,233	724	1,196	1,028	1,137	148	297	100.0	93.4	(52)
2,514	5,210	4,698	949	1,304	1,022	1,267	156	512	100.0	90.2	(53)
2,167	4,161	3,641	1,068	1,180	807	510	76	520	100.0	87.5	(54)
1,099	2,248	1,952	728	696	336	183	9	296	100.0	86.8	(55)
951	3,179	2,966	622	863	711	728	42	213	100.0	93.3	(56)
1,479	3,176	3,002	435	707	793	930	137	174	100.0	94.5	(57)
1,988	2,456	2,168	676	791	421	239	41	288	100.0	88.3	(58)
129	3,430	3,301	470	782	941	905	203	129	100.0	96.2	(59)
151	1,931	1,838	137	298	491	786	126	93	100.0	95.2	(60)
742	2,931	2,695	603	785	606	623	78	236	100.0	91.9	(61)
1,106	4,202	4,014	505	933	1,146	1,168	262	188	100.0	95.5	(62)
1,459	3,312	3,140	547	873	830	736	154	172	100.0	94.8	(63)
670	2,653	2,495	377	656	679	662	121	158	100.0	94.0	(64)
5,658	6,056	5,609	1,137	1,747	1,517	1,025	183	447	100.0	92.6	(65)
538	740	685	65	113	150	248	109	55	100.0	92.6	(66)
6,133	27,597	26,032	3,776	6,523	7,442	6,480	1,811	1,565	100.0	94.3	(67)
1,705	8,219	7,757	1,371	1,895	1,778	2,274	439	462	100.0	94.4	(68)
15,012	30,675	28,056	5,872	7,862	6,421	6,968	933	2,619	100.0	91.5	(69)

3 農業集落内での活動状況（続き）
(3) 寄り合いの回数規模別農業集落数（続き）　　　　　　　　(4) 寄り合いの議題別
イ 構成比（続き）

単位：%

全国農業地域・都道府県		寄り合いがある（続き）					寄り合いがない	寄り合いを開催した農業集落数	農業生産にかかる事項	農道・農業用排水路・ため池の管理
		1〜2回	3〜5	6〜11	12〜23	24回以上				
全　国	(1)	14.2	23.6	25.4	24.6	5.7	6.4	129,340	77,811	98,276
（全国農業地域）										
北海道	(2)	12.6	29.0	27.6	15.6	2.3	12.9	6,153	4,560	3,865
都府県	(3)	14.3	23.3	25.3	25.1	5.9	6.1	123,187	73,251	94,411
東北	(4)	9.0	20.9	30.7	26.3	8.5	4.7	16,765	13,270	13,728
北陸	(5)	9.6	21.4	29.4	26.9	7.6	5.1	10,479	8,606	9,324
関東・東山	(6)	13.6	24.9	28.0	21.8	6.5	5.3	22,983	11,831	16,569
北関東	(7)	15.4	28.0	29.1	18.1	4.3	5.1	8,580	4,202	6,236
南関東	(8)	16.3	26.9	28.8	18.7	3.2	6.2	8,341	3,503	5,283
東山	(9)	7.3	17.5	25.4	31.4	14.2	4.2	6,062	4,126	5,050
東海	(10)	16.0	20.7	21.0	30.0	5.9	6.5	10,806	5,786	8,056
近畿	(11)	12.0	19.6	23.1	31.7	9.1	4.4	10,321	7,505	8,877
中国	(12)	17.4	24.5	21.2	24.9	3.6	8.4	17,968	8,937	13,156
山陰	(13)	11.7	19.7	22.8	34.5	5.7	5.6	5,396	3,359	4,029
山陽	(14)	19.7	26.5	20.6	21.0	2.7	9.6	12,572	5,578	9,127
四国	(15)	22.3	27.6	20.4	18.8	2.1	8.8	10,088	4,207	7,230
九州	(16)	15.4	24.8	25.3	24.1	4.6	5.8	23,092	12,837	17,148
北九州	(17)	14.3	23.2	25.4	26.7	5.2	5.2	14,988	9,778	11,697
南九州	(18)	17.4	27.6	25.2	19.4	3.5	6.9	8,104	3,059	5,451
沖縄	(19)	8.8	15.3	20.3	33.5	14.7	7.4	685	272	323
（都道府県）										
北海道	(20)	12.6	29.0	27.6	15.6	2.3	12.9	6,153	4,560	3,865
青森	(21)	17.7	26.2	26.0	17.8	3.9	8.4	1,633	978	1,084
岩手	(22)	8.6	20.2	27.2	29.9	9.6	4.6	3,449	2,666	2,574
宮城	(23)	7.4	17.9	29.4	29.6	12.3	3.4	2,547	1,897	2,080
秋田	(24)	5.0	20.1	36.9	27.1	4.4	6.5	2,582	2,106	2,195
山形	(25)	8.4	18.4	28.4	27.5	13.2	4.1	2,621	2,513	2,277
福島	(26)	9.5	23.2	34.0	23.5	6.5	3.2	3,933	3,110	3,518
茨城	(27)	16.2	29.5	29.0	15.2	4.4	5.8	3,580	1,477	2,621
栃木	(28)	15.8	27.5	31.2	18.7	2.5	4.3	3,132	1,895	2,262
群馬	(29)	13.1	26.1	26.1	22.6	7.2	4.9	1,868	830	1,353
埼玉	(30)	14.9	27.6	30.1	17.1	2.6	7.7	3,669	1,398	2,116
千葉	(31)	15.5	28.0	29.9	19.5	3.9	3.1	3,389	1,423	2,664
東京	(32)	28.7	23.8	18.9	7.7	－	21.0	113	28	12
神奈川	(33)	21.3	22.1	22.4	22.4	3.6	8.2	1,170	654	491
新潟	(34)	8.9	21.7	31.1	26.3	7.1	4.8	4,848	3,902	4,328
富山	(35)	5.4	17.5	28.9	30.7	11.2	6.2	2,079	1,830	1,922
石川	(36)	16.4	25.2	24.9	22.8	5.3	5.4	1,815	1,393	1,579
福井	(37)	9.4	21.3	29.8	28.1	7.0	4.5	1,737	1,481	1,495
山梨	(38)	12.6	24.3	26.4	27.7	4.0	5.0	1,530	619	1,055
長野	(39)	5.5	15.1	25.0	32.7	17.6	4.0	4,532	3,507	3,995
岐阜	(40)	16.6	24.8	23.9	26.3	2.3	6.0	2,856	1,781	2,270
静岡	(41)	14.2	14.8	19.4	35.8	7.2	8.6	3,049	1,219	2,054
愛知	(42)	19.5	23.1	18.3	27.5	6.6	4.9	2,896	1,623	2,188
三重	(43)	12.7	20.4	23.1	29.9	7.9	6.0	2,005	1,163	1,544
滋賀	(44)	6.5	13.6	21.6	34.6	21.4	2.3	1,510	1,218	1,340
京都	(45)	11.0	19.2	21.4	32.0	9.7	6.7	1,571	1,290	1,382
大阪	(46)	19.5	23.3	23.7	25.5	3.8	4.3	740	448	608
兵庫	(47)	8.7	15.9	23.2	39.4	9.4	3.5	3,617	3,202	3,321
奈良	(48)	16.3	23.0	26.5	26.4	4.6	3.1	1,401	791	1,122
和歌山	(49)	18.8	29.7	23.1	18.5	2.5	7.3	1,482	556	1,104
鳥取	(50)	11.2	23.0	32.2	23.0	8.5	2.1	1,590	1,220	1,368
島根	(51)	11.9	18.4	19.1	39.1	4.5	7.0	3,806	2,139	2,661
岡山	(52)	16.0	26.4	22.7	25.1	3.3	6.6	4,233	1,935	3,382
広島	(53)	18.2	25.0	19.6	24.3	3.0	9.8	4,698	2,035	3,502
山口	(54)	25.7	28.4	19.4	12.3	1.8	12.5	3,641	1,608	2,243
徳島	(55)	32.4	31.0	14.9	8.1	0.4	13.2	1,952	450	1,250
香川	(56)	19.6	27.1	22.4	22.9	1.3	6.7	2,966	1,620	2,308
愛媛	(57)	13.7	22.3	25.0	29.3	4.3	5.5	3,002	1,566	2,352
高知	(58)	27.5	32.2	17.1	9.7	1.7	11.7	2,168	571	1,320
福岡	(59)	13.7	22.8	27.4	26.4	5.9	3.8	3,301	2,954	2,928
佐賀	(60)	7.1	15.4	25.4	40.7	6.5	4.8	1,838	1,693	1,688
長崎	(61)	20.6	26.8	20.7	21.3	2.7	8.1	2,695	1,254	1,423
熊本	(62)	12.0	22.2	27.3	27.8	6.2	4.5	4,014	2,248	3,135
大分	(63)	16.5	26.4	25.1	22.2	4.6	5.2	3,140	1,629	2,523
宮崎	(64)	14.2	24.7	25.6	25.0	4.6	6.0	2,495	1,808	1,992
鹿児島	(65)	18.8	28.8	25.0	16.9	3.0	7.4	5,609	1,251	3,459
沖縄	(66)	8.8	15.3	20.3	33.5	14.7	7.4	685	272	323
関東農政局	(67)	13.7	23.6	27.0	23.5	6.6	5.7	26,032	13,050	18,623
東海農政局	(68)	16.7	23.1	21.6	27.7	5.3	5.6	7,757	4,567	6,002
中国四国農政局	(69)	19.1	25.6	20.9	22.7	3.0	8.5	28,056	13,144	20,386

農業集落数

単位：集落

| | | 寄り合いの議題（複数回答） | | | | | | | | |
集落共有財産・共用施設の管理	環境美化・自然環境の保全	農業集落行事（祭り・イベントなど）の実施	農業集落内の福祉・厚生	定住を推進する取組	グリーン・ツーリズムの取組	６次産業化への取組	再生可能エネルギーへの取組	その他	寄り合いを開催しなかった農業集落数	
87,105	114,843	112,704	74,774	3,932	2,865	1,608	4,639	6,355	8,903	(1)
3,719	5,261	5,381	3,549	154	118	61	281	307	913	(2)
83,386	109,582	107,323	71,225	3,778	2,747	1,547	4,358	6,048	7,990	(3)
12,508	15,313	14,507	10,267	460	507	334	592	654	825	(4)
8,359	9,314	9,375	6,100	341	237	117	240	383	567	(5)
15,110	20,604	20,281	13,539	633	442	222	923	1,176	1,277	(6)
5,329	7,693	7,352	4,662	162	161	73	307	335	457	(7)
4,947	7,100	7,139	3,925	134	117	51	199	516	551	(8)
4,834	5,811	5,790	4,952	337	164	98	417	325	269	(9)
6,866	9,267	9,269	5,717	319	221	114	438	472	750	(10)
7,773	9,145	9,127	6,235	410	232	166	473	449	474	(11)
11,630	15,934	15,654	10,505	637	369	247	592	968	1,648	(12)
3,713	4,899	4,824	3,785	206	103	91	145	344	319	(13)
7,917	11,035	10,830	6,720	431	266	156	447	624	1,329	(14)
6,037	8,242	8,743	4,592	220	172	86	256	946	971	(15)
14,683	21,125	19,735	13,806	706	518	245	807	964	1,423	(16)
10,142	13,712	13,015	8,912	460	343	170	552	604	818	(17)
4,541	7,413	6,720	4,894	246	175	75	255	360	605	(18)
420	638	632	464	52	49	16	37	36	55	(19)
3,719	5,261	5,381	3,549	154	118	61	281	307	913	(20)
1,072	1,412	1,239	765	44	46	37	53	73	149	(21)
2,399	3,143	2,971	2,232	75	139	84	117	164	165	(22)
1,846	2,389	2,240	1,828	115	71	54	134	131	89	(23)
2,099	2,347	2,237	1,387	47	86	46	17	49	179	(24)
1,988	2,356	2,318	1,723	63	63	48	40	100	112	(25)
3,104	3,666	3,502	2,332	116	102	65	231	137	131	(26)
2,402	3,173	2,988	1,752	75	75	27	125	168	219	(27)
1,812	2,815	2,737	1,756	55	48	28	104	95	142	(28)
1,115	1,705	1,627	1,154	32	38	18	78	72	96	(29)
1,964	3,124	3,119	1,657	52	61	12	99	145	308	(30)
2,595	3,117	2,893	1,717	56	29	21	76	324	108	(31)
24	76	103	36	13	6	3	1	5	30	(32)
364	783	1,024	515	13	21	15	23	42	105	(33)
3,838	4,185	4,296	2,644	132	117	47	95	133	245	(34)
1,652	1,865	1,819	1,250	79	43	34	57	85	138	(35)
1,424	1,673	1,694	1,128	78	42	20	51	91	103	(36)
1,445	1,591	1,566	1,078	52	35	16	37	74	81	(37)
1,033	1,429	1,445	1,098	59	29	13	106	66	80	(38)
3,801	4,382	4,345	3,854	278	135	85	311	259	189	(39)
1,865	2,434	2,441	1,381	75	60	38	102	118	183	(40)
1,873	2,643	2,738	1,840	77	68	31	149	175	288	(41)
1,705	2,419	2,435	1,379	93	45	20	87	99	150	(42)
1,423	1,771	1,655	1,117	74	48	25	100	80	129	(43)
1,233	1,427	1,378	1,182	61	24	21	69	82	35	(44)
1,252	1,379	1,380	878	98	39	40	43	71	113	(45)
470	512	546	314	14	10	4	23	29	33	(46)
2,906	3,240	3,267	2,233	119	78	67	193	137	131	(47)
1,019	1,286	1,260	798	64	46	21	87	57	45	(48)
893	1,301	1,296	830	54	35	13	58	73	117	(49)
1,226	1,395	1,405	1,128	58	33	21	67	103	34	(50)
2,487	3,504	3,419	2,657	148	70	70	78	241	285	(51)
2,840	3,760	3,735	2,462	151	99	41	176	210	297	(52)
3,125	4,288	4,304	2,840	174	107	77	175	190	512	(53)
1,952	2,987	2,791	1,418	106	60	38	96	224	520	(54)
887	1,631	1,646	696	43	37	22	48	93	296	(55)
1,793	2,314	2,507	1,209	44	54	17	80	121	213	(56)
2,088	2,598	2,736	1,848	81	60	31	86	102	174	(57)
1,269	1,699	1,854	839	52	21	16	42	630	288	(58)
2,137	2,992	2,784	1,758	89	78	35	77	121	129	(59)
1,389	1,704	1,599	998	30	32	16	71	53	93	(60)
1,472	2,354	2,273	1,337	60	48	17	66	165	236	(61)
2,878	3,780	3,573	2,753	145	123	57	204	149	188	(62)
2,266	2,882	2,786	2,066	136	62	45	134	116	172	(63)
1,694	2,262	2,146	1,546	63	68	34	96	142	158	(64)
2,847	5,151	4,574	3,348	183	107	41	159	218	447	(65)
420	638	632	464	52	49	16	37	36	55	(66)
16,983	23,247	23,019	15,379	710	510	253	1,072	1,351	1,565	(67)
4,993	6,624	6,531	3,877	242	153	83	289	297	462	(68)
17,667	24,176	24,397	15,097	857	541	333	848	1,914	2,619	(69)

4 地域資源の保全
(1) 農地

単位：集落

全国農業地域 ・ 都道府県		合計	農地のある農業集落数					農地のない 農業集落数
			計	保全している			保全して いない	
				小計	単独の 農業集落	他の農業集落 と共同		
全 国	(1)	138,243	135,999	71,472	49,566	21,906	64,527	2,244
（全国農業地域）								
北 海 道	(2)	7,066	6,759	3,770	1,665	2,105	2,989	307
都 府 県	(3)	131,177	129,240	67,702	47,901	19,801	61,538	1,937
東 北	(4)	17,590	17,320	10,750	7,409	3,341	6,570	270
北 陸	(5)	11,046	10,861	7,522	6,070	1,452	3,339	185
関 東 ・ 東 山	(6)	24,260	24,056	8,985	5,994	2,991	15,071	204
北 関 東	(7)	9,037	8,999	3,369	2,255	1,114	5,630	38
南 関 東	(8)	8,892	8,833	2,740	2,102	638	6,093	59
東 山	(9)	6,331	6,224	2,876	1,637	1,239	3,348	107
東 海	(10)	11,556	11,459	5,026	3,647	1,379	6,433	97
近 畿	(11)	10,795	10,675	6,812	5,671	1,141	3,863	120
中 国	(12)	19,616	19,276	10,135	6,551	3,584	9,141	340
山 陰	(13)	5,715	5,567	3,506	2,164	1,342	2,061	148
山 陽	(14)	13,901	13,709	6,629	4,387	2,242	7,080	192
四 国	(15)	11,059	10,862	4,425	3,066	1,359	6,437	197
九 州	(16)	24,515	24,019	13,700	9,201	4,499	10,319	496
北 九 州	(17)	15,806	15,634	9,966	7,081	2,885	5,668	172
南 九 州	(18)	8,709	8,385	3,734	2,120	1,614	4,651	324
沖 縄	(19)	740	712	347	292	55	365	28
（都道府県）								
北 海 道	(20)	7,066	6,759	3,770	1,665	2,105	2,989	307
青 森	(21)	1,782	1,758	819	645	174	939	24
岩 手	(22)	3,614	3,558	2,208	1,554	654	1,350	56
宮 城	(23)	2,636	2,576	1,773	1,286	487	803	60
秋 田	(24)	2,761	2,728	1,558	986	572	1,170	33
山 形	(25)	2,733	2,682	1,729	971	758	953	51
福 島	(26)	4,064	4,018	2,663	1,967	696	1,355	46
茨 城	(27)	3,799	3,784	1,030	603	427	2,754	15
栃 木	(28)	3,274	3,262	1,656	1,151	505	1,606	12
群 馬	(29)	1,964	1,953	683	501	182	1,270	11
埼 玉	(30)	3,977	3,941	989	708	281	2,952	36
千 葉	(31)	3,497	3,480	1,483	1,175	308	1,997	17
東 京	(32)	143	143	17	17	−	126	−
神 奈 川	(33)	1,275	1,269	251	202	49	1,018	6
新 潟	(34)	5,093	5,051	3,605	2,786	819	1,446	42
富 山	(35)	2,217	2,154	1,349	1,206	143	805	63
石 川	(36)	1,918	1,878	1,283	1,000	283	595	40
福 井	(37)	1,818	1,778	1,285	1,078	207	493	40
山 梨	(38)	1,610	1,593	601	479	122	992	17
長 野	(39)	4,721	4,631	2,275	1,158	1,117	2,356	90
岐 阜	(40)	3,039	3,017	1,614	1,102	512	1,403	22
静 岡	(41)	3,337	3,284	1,047	706	341	2,237	53
愛 知	(42)	3,046	3,041	1,374	995	379	1,667	5
三 重	(43)	2,134	2,117	991	844	147	1,126	17
滋 賀	(44)	1,545	1,523	1,136	1,011	125	387	22
京 都	(45)	1,684	1,673	1,122	948	174	551	11
大 阪	(46)	773	773	281	195	86	492	−
兵 庫	(47)	3,748	3,726	2,695	2,386	309	1,031	22
奈 良	(48)	1,446	1,426	747	626	121	679	20
和 歌 山	(49)	1,599	1,554	831	505	326	723	45
鳥 取	(50)	1,624	1,611	1,187	896	291	424	13
島 根	(51)	4,091	3,956	2,319	1,268	1,051	1,637	135
岡 山	(52)	4,530	4,512	2,147	1,437	710	2,365	18
広 島	(53)	5,210	5,171	2,396	1,614	782	2,775	39
山 口	(54)	4,161	4,026	2,086	1,336	750	1,940	135
徳 島	(55)	2,248	2,219	857	594	263	1,362	29
香 川	(56)	3,179	3,132	1,073	726	347	2,059	47
愛 媛	(57)	3,176	3,123	1,584	1,031	553	1,539	53
高 知	(58)	2,456	2,388	911	715	196	1,477	68
福 岡	(59)	3,430	3,420	2,461	1,741	720	959	10
佐 賀	(60)	1,931	1,922	1,631	1,227	404	291	9
長 崎	(61)	2,931	2,846	1,272	875	397	1,574	85
熊 本	(62)	4,202	4,146	2,419	1,775	644	1,727	56
大 分	(63)	3,312	3,300	2,183	1,463	720	1,117	12
宮 崎	(64)	2,653	2,619	1,766	972	794	853	34
鹿 児 島	(65)	6,056	5,766	1,968	1,148	820	3,798	290
沖 縄	(66)	740	712	347	292	55	365	28
関 東 農 政 局	(67)	27,597	27,340	10,032	6,700	3,332	17,308	257
東 海 農 政 局	(68)	8,219	8,175	3,979	2,941	1,038	4,196	44
中 国 四 国 農 政 局	(69)	30,675	30,138	14,560	9,617	4,943	15,578	537

(2) 森林

単位：集落

合計	森林のある農業集落数					森林のない農業集落数	
	計	保全している			保全していない		
		小計	単独の農業集落	他の農業集落と共同			
138,243	104,372	28,564	19,903	8,661	75,808	33,871	(1)
7,066	5,577	921	458	463	4,656	1,489	(2)
131,177	98,795	27,643	19,445	8,198	71,152	32,382	(3)
17,590	13,107	4,698	3,253	1,445	8,409	4,483	(4)
11,046	7,063	2,311	1,903	408	4,752	3,983	(5)
24,260	17,307	3,905	2,423	1,482	13,402	6,953	(6)
9,037	6,488	1,247	845	402	5,241	2,549	(7)
8,892	5,981	840	646	194	5,141	2,911	(8)
6,331	4,838	1,818	932	886	3,020	1,493	(9)
11,556	7,662	2,309	1,652	657	5,353	3,894	(10)
10,795	8,745	3,472	2,841	631	5,273	2,050	(11)
19,616	16,954	3,926	2,558	1,368	13,028	2,662	(12)
5,715	4,748	1,270	847	423	3,478	967	(13)
13,901	12,206	2,656	1,711	945	9,550	1,695	(14)
11,059	8,135	1,500	995	505	6,635	2,924	(15)
24,515	19,233	5,417	3,738	1,679	13,816	5,282	(16)
15,806	11,887	3,860	2,775	1,085	8,027	3,919	(17)
8,709	7,346	1,557	963	594	5,789	1,363	(18)
740	589	105	82	23	484	151	(19)
7,066	5,577	921	458	463	4,656	1,489	(20)
1,782	1,304	376	286	90	928	478	(21)
3,614	2,973	910	641	269	2,063	641	(22)
2,636	1,809	594	344	250	1,215	827	(23)
2,761	2,086	1,025	815	210	1,061	675	(24)
2,733	1,656	714	408	306	942	1,077	(25)
4,064	3,279	1,079	759	320	2,200	785	(26)
3,799	2,903	399	260	139	2,504	896	(27)
3,274	2,344	586	413	173	1,758	930	(28)
1,964	1,241	262	172	90	979	723	(29)
3,977	1,618	202	122	80	1,416	2,359	(30)
3,497	3,248	418	388	30	2,830	249	(31)
143	134	16	15	1	118	9	(32)
1,275	981	204	121	83	777	294	(33)
5,093	3,317	1,034	828	206	2,283	1,776	(34)
2,217	892	283	248	35	609	1,325	(35)
1,918	1,549	398	333	65	1,151	369	(36)
1,818	1,305	596	494	102	709	513	(37)
1,610	1,160	316	227	89	844	450	(38)
4,721	3,678	1,502	705	797	2,176	1,043	(39)
3,039	2,227	771	513	258	1,456	812	(40)
3,337	2,379	562	362	200	1,817	958	(41)
3,046	1,419	466	359	107	953	1,627	(42)
2,134	1,637	510	418	92	1,127	497	(43)
1,545	1,099	522	444	78	577	446	(44)
1,684	1,512	745	646	99	767	172	(45)
773	457	119	68	51	338	316	(46)
3,748	3,270	1,361	1,128	233	1,909	478	(47)
1,446	1,034	409	337	72	625	412	(48)
1,599	1,373	316	218	98	1,057	226	(49)
1,624	1,369	669	496	173	700	255	(50)
4,091	3,379	601	351	250	2,778	712	(51)
4,530	3,906	1,121	708	413	2,785	624	(52)
5,210	4,855	853	529	324	4,002	355	(53)
4,161	3,445	682	474	208	2,763	716	(54)
2,248	1,550	225	163	62	1,325	698	(55)
3,179	1,778	260	158	102	1,518	1,401	(56)
3,176	2,667	635	374	261	2,032	509	(57)
2,456	2,140	380	300	80	1,760	316	(58)
3,430	2,033	698	520	178	1,335	1,397	(59)
1,931	1,111	538	418	120	573	820	(60)
2,931	2,509	504	364	140	2,005	422	(61)
4,202	3,217	959	655	304	2,258	985	(62)
3,312	3,017	1,161	818	343	1,856	295	(63)
2,653	2,179	781	515	266	1,398	474	(64)
6,056	5,167	776	448	328	4,391	889	(65)
740	589	105	82	23	484	151	(66)
27,597	19,686	4,467	2,785	1,682	15,219	7,911	(67)
8,219	5,283	1,747	1,290	457	3,536	2,936	(68)
30,675	25,089	5,426	3,553	1,873	19,663	5,586	(69)

4 地域資源の保全（続き）
(3) ため池・湖沼

単位：集落

全国農業地域・都道府県		合計	ため池・湖沼のある農業集落数						ため池・湖沼のない農業集落数
			計	保全している				保全していない	
				小計	単独の農業集落	他の農業集落と共同			
全　　　　国	(1)	138,243	46,927	30,459	18,412	12,047		16,468	91,316
（全国農業地域）									
北　海　　道	(2)	7,066	1,724	599	210	389		1,125	5,342
都　府　　県	(3)	131,177	45,203	29,860	18,202	11,658		15,343	85,974
東　　　北	(4)	17,590	6,960	4,372	2,796	1,576		2,588	10,630
北　　　陸	(5)	11,046	3,371	2,318	1,819	499		1,053	7,675
関　東・東　山	(6)	24,260	5,345	2,749	1,584	1,165		2,596	18,915
北　関　東	(7)	9,037	2,275	1,155	609	546		1,120	6,762
南　関　東	(8)	8,892	1,898	883	557	326		1,015	6,994
東　　山	(9)	6,331	1,172	711	418	293		461	5,159
東　　　海	(10)	11,556	3,207	1,863	1,250	613		1,344	8,349
近　　　畿	(11)	10,795	5,658	4,484	3,159	1,325		1,174	5,137
中　　　国	(12)	19,616	9,085	5,970	3,217	2,753		3,115	10,531
山　　陰	(13)	5,715	2,052	1,104	592	512		948	3,663
山　　陽	(14)	13,901	7,033	4,866	2,625	2,241		2,167	6,868
四　　　国	(15)	11,059	3,885	2,872	1,277	1,595		1,013	7,174
九　　　州	(16)	24,515	7,367	5,059	2,978	2,081		2,308	17,148
北　九　州	(17)	15,806	5,999	4,263	2,648	1,615		1,736	9,807
南　九　州	(18)	8,709	1,368	796	330	466		572	7,341
沖　　　縄	(19)	740	325	173	122	51		152	415
（都道府県）									
北　海　　道	(20)	7,066	1,724	599	210	389		1,125	5,342
青　　　森	(21)	1,782	671	243	164	79		428	1,111
岩　　　手	(22)	3,614	1,195	759	511	248		436	2,419
宮　　　城	(23)	2,636	1,138	803	549	254		335	1,498
秋　　　田	(24)	2,761	1,225	711	486	225		514	1,536
山　　　形	(25)	2,733	873	523	241	282		350	1,860
福　　　島	(26)	4,064	1,858	1,333	845	488		525	2,206
茨　　　城	(27)	3,799	1,104	576	254	322		528	2,695
栃　　　木	(28)	3,274	652	302	205	97		350	2,622
群　　　馬	(29)	1,964	519	277	150	127		242	1,445
埼　　　玉	(30)	3,977	521	266	110	156		255	3,456
千　　　葉	(31)	3,497	1,245	596	433	163		649	2,252
東　　　京	(32)	143	14	2	1	1		12	129
神　奈　　川	(33)	1,275	118	19	13	6		99	1,157
新　　　潟	(34)	5,093	1,718	1,123	862	261		595	3,375
富　　　山	(35)	2,217	368	263	239	24		105	1,849
石　　　川	(36)	1,918	834	624	475	149		210	1,084
福　　　井	(37)	1,818	451	308	243	65		143	1,367
山　　　梨	(38)	1,610	197	90	69	21		107	1,413
長　　　野	(39)	4,721	975	621	349	272		354	3,746
岐　　　阜	(40)	3,039	826	463	273	190		363	2,213
静　　　岡	(41)	3,337	650	325	193	132		325	2,687
愛　　　知	(42)	3,046	871	493	339	154		378	2,175
三　　　重	(43)	2,134	860	582	445	137		278	1,274
滋　　　賀	(44)	1,545	581	449	382	67		132	964
京　　　都	(45)	1,684	645	516	402	114		129	1,039
大　　　阪	(46)	773	583	429	159	270		154	190
兵　　　庫	(47)	3,748	2,220	1,886	1,485	401		334	1,528
奈　　　良	(48)	1,446	876	689	468	221		187	570
和　歌　　山	(49)	1,599	753	515	263	252		238	846
鳥　　　取	(50)	1,624	551	348	217	131		203	1,073
島　　　根	(51)	4,091	1,501	756	375	381		745	2,590
岡　　　山	(52)	4,530	2,485	1,936	968	968		549	2,045
広　　　島	(53)	5,210	2,920	1,969	1,174	795		951	2,290
山　　　口	(54)	4,161	1,628	961	483	478		667	2,533
徳　　　島	(55)	2,248	418	186	99	87		232	1,830
香　　　川	(56)	3,179	1,929	1,654	458	1,196		275	1,250
愛　　　媛	(57)	3,176	1,205	888	614	274		317	1,971
高　　　知	(58)	2,456	333	144	106	38		189	2,123
福　　　岡	(59)	3,430	1,518	1,193	765	428		325	1,912
佐　　　賀	(60)	1,931	817	708	466	242		109	1,114
長　　　崎	(61)	2,931	1,279	798	423	375		481	1,652
熊　　　本	(62)	4,202	1,256	778	489	289		478	2,946
大　　　分	(63)	3,312	1,129	786	505	281		343	2,183
宮　　　崎	(64)	2,653	579	368	129	239		211	2,074
鹿　児　　島	(65)	6,056	789	428	201	227		361	5,267
沖　　　縄	(66)	740	325	173	122	51		152	415
関　東　農　政　局	(67)	27,597	5,995	3,074	1,777	1,297		2,921	21,602
東　海　農　政　局	(68)	8,219	2,557	1,538	1,057	481		1,019	5,662
中国四国農政局	(69)	30,675	12,970	8,842	4,494	4,348		4,128	17,705

(4) 河川・水路

合計	河川・水路のある農業集落数					河川・水路のない農業集落数	
	計	保全している			保全していない		
		小計	単独の農業集落	他の農業集落と共同			
138,243	123,666	74,694	40,842	33,852	48,972	14,577	(1)
7,066	6,676	2,664	844	1,820	4,012	390	(2)
131,177	116,990	72,030	39,998	32,032	44,960	14,187	(3)
17,590	15,952	10,978	5,602	5,376	4,974	1,638	(4)
11,046	9,815	6,550	4,681	1,869	3,265	1,231	(5)
24,260	20,486	10,733	5,411	5,322	9,753	3,774	(6)
9,037	7,381	3,977	1,851	2,126	3,404	1,656	(7)
8,892	7,146	2,750	1,682	1,068	4,396	1,746	(8)
6,331	5,959	4,006	1,878	2,128	1,953	372	(9)
11,556	10,514	6,017	3,498	2,519	4,497	1,042	(10)
10,795	10,256	7,556	5,262	2,294	2,700	539	(11)
19,616	17,893	11,559	5,713	5,846	6,334	1,723	(12)
5,715	5,200	3,477	1,741	1,736	1,723	515	(13)
13,901	12,693	8,082	3,972	4,110	4,611	1,208	(14)
11,059	10,025	5,523	2,625	2,898	4,502	1,034	(15)
24,515	21,630	12,939	7,073	5,866	8,691	2,885	(16)
15,806	14,250	9,338	5,628	3,710	4,912	1,556	(17)
8,709	7,380	3,601	1,445	2,156	3,779	1,329	(18)
740	419	175	133	42	244	321	(19)
7,066	6,676	2,664	844	1,820	4,012	390	(20)
1,782	1,525	651	393	258	874	257	(21)
3,614	3,433	2,291	1,409	882	1,142	181	(22)
2,636	2,223	1,654	824	830	569	413	(23)
2,761	2,394	1,391	805	586	1,003	367	(24)
2,733	2,485	1,996	721	1,275	489	248	(25)
4,064	3,892	2,995	1,450	1,545	897	172	(26)
3,799	2,840	1,462	562	900	1,378	959	(27)
3,274	2,855	1,692	782	910	1,163	419	(28)
1,964	1,686	823	507	316	863	278	(29)
3,977	2,996	1,091	488	603	1,905	981	(30)
3,497	2,948	1,365	1,025	340	1,583	549	(31)
143	99	15	13	2	84	44	(32)
1,275	1,103	279	156	123	824	172	(33)
5,093	4,823	3,145	2,070	1,075	1,678	270	(34)
2,217	1,686	937	791	146	749	531	(35)
1,918	1,666	1,224	861	363	442	252	(36)
1,818	1,640	1,244	959	285	396	178	(37)
1,610	1,585	1,006	611	395	579	25	(38)
4,721	4,374	3,000	1,267	1,733	1,374	347	(39)
3,039	2,920	1,693	928	765	1,227	119	(40)
3,337	3,018	1,821	954	867	1,197	319	(41)
3,046	2,538	1,227	731	496	1,311	508	(42)
2,134	2,038	1,276	885	391	762	96	(43)
1,545	1,490	1,361	1,136	225	129	55	(44)
1,684	1,556	1,182	891	291	374	128	(45)
773	720	450	123	327	270	53	(46)
3,748	3,577	2,772	2,094	678	805	171	(47)
1,446	1,386	979	607	372	407	60	(48)
1,599	1,527	812	411	401	715	72	(49)
1,624	1,490	1,219	802	417	271	134	(50)
4,091	3,710	2,258	939	1,319	1,452	381	(51)
4,530	4,134	3,074	1,392	1,682	1,060	396	(52)
5,210	4,650	2,843	1,549	1,294	1,807	560	(53)
4,161	3,909	2,165	1,031	1,134	1,744	252	(54)
2,248	2,054	758	378	380	1,296	194	(55)
3,179	2,601	2,081	579	1,502	520	578	(56)
3,176	3,045	1,730	1,059	671	1,315	131	(57)
2,456	2,325	954	609	345	1,371	131	(58)
3,430	3,307	2,480	1,528	952	827	123	(59)
1,931	1,706	1,283	886	397	423	225	(60)
2,931	2,391	1,092	634	458	1,299	540	(61)
4,202	3,743	2,420	1,394	1,026	1,323	459	(62)
3,312	3,103	2,063	1,186	877	1,040	209	(63)
2,653	2,376	1,266	505	761	1,110	277	(64)
6,056	5,004	2,335	940	1,395	2,669	1,052	(65)
740	419	175	133	42	244	321	(66)
27,597	23,504	12,554	6,365	6,189	10,950	4,093	(67)
8,219	7,496	4,196	2,544	1,652	3,300	723	(68)
30,675	27,918	17,082	8,338	8,744	10,836	2,757	(69)

4　地域資源の保全（続き）
(5)　農業用用排水路

単位：集落

全国農業地域・都道府県		合計	農業用用排水路のある農業集落数					農業用用排水路のない農業集落数
			計	保全している			保全していない	
				小計	単独の農業集落	他の農業集落と共同		
全　　　　　国	(1)	138,243	125,891	102,188	54,763	47,425	23,703	12,352
（全国農業地域）								
北　海　　　道	(2)	7,066	5,340	3,727	1,138	2,589	1,613	1,726
都　府　　　県	(3)	131,177	120,551	98,461	53,625	44,836	22,090	10,626
東　　　　　北	(4)	17,590	16,641	14,278	7,489	6,789	2,363	949
北　　　　　陸	(5)	11,046	10,736	9,445	6,917	2,528	1,291	310
関　東・東　山	(6)	24,260	21,774	16,379	7,798	8,581	5,395	2,486
北　関　　東	(7)	9,037	8,455	6,002	2,425	3,577	2,453	582
南　関　　東	(8)	8,892	7,411	5,346	2,949	2,397	2,065	1,481
東　　　山	(9)	6,331	5,908	5,031	2,424	2,607	877	423
東　　　　　海	(10)	11,556	10,563	8,439	4,710	3,729	2,124	993
近　　　　　畿	(11)	10,795	10,451	9,156	6,300	2,856	1,295	344
中　　　　　国	(12)	19,616	18,077	14,632	7,291	7,341	3,445	1,539
山　　　陰	(13)	5,715	5,149	4,326	1,972	2,354	823	566
山　　　陽	(14)	13,901	12,928	10,306	5,319	4,987	2,622	973
四　　　　　国	(15)	11,059	9,858	8,034	3,690	4,344	1,824	1,201
九　　　　　州	(16)	24,515	21,989	17,809	9,218	8,591	4,180	2,526
北　九　　州	(17)	15,806	14,386	12,064	6,807	5,257	2,322	1,420
南　九　　州	(18)	8,709	7,603	5,745	2,411	3,334	1,858	1,106
沖　　　　　縄	(19)	740	462	289	212	77	173	278
（都道府県）								
北　海　　　道	(20)	7,066	5,340	3,727	1,138	2,589	1,613	1,726
青　　　　　森	(21)	1,782	1,650	1,136	639	497	514	132
岩　　　　　手	(22)	3,614	3,303	2,772	1,661	1,111	531	311
宮　　　　　城	(23)	2,636	2,442	2,151	1,301	850	291	194
秋　　　　　田	(24)	2,761	2,657	2,335	1,295	1,040	322	104
山　　　　　形	(25)	2,733	2,622	2,357	785	1,572	265	111
福　　　　　島	(26)	4,064	3,967	3,527	1,808	1,719	440	97
茨　　　　　城	(27)	3,799	3,638	2,758	843	1,915	880	161
栃　　　　　木	(28)	3,274	3,143	1,892	898	994	1,251	131
群　　　　　馬	(29)	1,964	1,674	1,352	684	668	322	290
埼　　　　　玉	(30)	3,977	3,214	2,413	901	1,512	801	763
千　　　　　葉	(31)	3,497	3,288	2,456	1,775	681	832	209
東　　　　　京	(32)	143	33	9	9	−	24	110
神　奈　　　川	(33)	1,275	876	468	264	204	408	399
新　　　　　潟	(34)	5,093	4,996	4,283	2,897	1,386	713	97
富　　　　　山	(35)	2,217	2,153	2,018	1,678	340	135	64
石　　　　　川	(36)	1,918	1,820	1,575	1,146	429	245	98
福　　　　　井	(37)	1,818	1,767	1,569	1,196	373	198	51
山　　　　　梨	(38)	1,610	1,519	1,071	697	374	448	91
長　　　　　野	(39)	4,721	4,389	3,960	1,727	2,233	429	332
岐　　　　　阜	(40)	3,039	2,901	2,523	1,376	1,147	378	138
静　　　　　岡	(41)	3,337	2,726	1,885	898	987	841	611
愛　　　　　知	(42)	3,046	2,913	2,422	1,315	1,107	491	133
三　　　　　重	(43)	2,134	2,023	1,609	1,121	488	414	111
滋　　　　　賀	(44)	1,545	1,505	1,407	1,147	260	98	40
京　　　　　都	(45)	1,684	1,632	1,381	1,031	350	251	52
大　　　　　阪	(46)	773	770	640	210	430	130	3
兵　　　　　庫	(47)	3,748	3,708	3,462	2,650	812	246	40
奈　　　　　良	(48)	1,446	1,336	1,153	715	438	183	110
和　歌　　　山	(49)	1,599	1,500	1,113	547	566	387	99
鳥　　　　　取	(50)	1,624	1,574	1,464	844	620	110	50
島　　　　　根	(51)	4,091	3,575	2,862	1,128	1,734	713	516
岡　　　　　山	(52)	4,530	4,427	3,791	1,850	1,941	636	103
広　　　　　島	(53)	5,210	4,665	3,716	2,178	1,538	949	545
山　　　　　口	(54)	4,161	3,836	2,799	1,291	1,508	1,037	325
徳　　　　　島	(55)	2,248	1,751	1,313	663	650	438	497
香　　　　　川	(56)	3,179	3,035	2,772	700	2,072	263	144
愛　　　　　媛	(57)	3,176	2,872	2,315	1,228	1,087	557	304
高　　　　　知	(58)	2,456	2,200	1,634	1,099	535	566	256
福　　　　　岡	(59)	3,430	3,363	3,022	1,765	1,257	341	67
佐　　　　　賀	(60)	1,931	1,873	1,765	1,134	631	108	58
長　　　　　崎	(61)	2,931	2,212	1,508	747	761	704	719
熊　　　　　本	(62)	4,202	3,832	3,208	1,857	1,351	624	370
大　　　　　分	(63)	3,312	3,106	2,561	1,304	1,257	545	206
宮　　　　　崎	(64)	2,653	2,455	2,133	810	1,323	322	198
鹿　児　　　島	(65)	6,056	5,148	3,612	1,601	2,011	1,536	908
沖　　　　　縄	(66)	740	462	289	212	77	173	278
関　東　農　政　局	(67)	27,597	24,500	18,264	8,696	9,568	6,236	3,097
東　海　農　政　局	(68)	8,219	7,837	6,554	3,812	2,742	1,283	382
中国四国農政局	(69)	30,675	27,935	22,666	10,981	11,685	5,269	2,740

(6) 都市住民、ＮＰＯ・学校・企業と連携して保全している農業集落数

単位：集落

都市住民と連携して保全					ＮＰＯ・学校・企業と連携して保全					
農地	農業用 用排水路	森林	河川・水路	ため池・ 湖沼	農地	農業用 用排水路	森林	河川・水路	ため池・ 湖沼	
6,706	10,279	2,160	9,445	2,701	2,805	1,749	882	1,626	489	(1)
338	319	78	273	58	147	161	59	137	38	(2)
6,368	9,960	2,082	9,172	2,643	2,658	1,588	823	1,489	451	(3)
851	1,189	280	1,161	266	347	201	112	185	57	(4)
612	759	165	643	167	243	153	76	111	26	(5)
866	1,596	334	1,407	229	460	305	164	283	62	(6)
380	601	94	519	122	196	119	37	100	23	(7)
196	433	73	338	52	109	71	35	89	21	(8)
290	562	167	550	55	155	115	92	94	18	(9)
661	1,259	201	1,041	247	316	181	102	186	61	(10)
693	987	277	959	446	193	110	94	136	58	(11)
882	1,456	316	1,417	496	386	218	106	215	74	(12)
265	369	97	360	83	118	68	36	60	14	(13)
617	1,087	219	1,057	413	268	150	70	155	60	(14)
441	983	128	847	328	175	119	48	114	45	(15)
1,312	1,693	367	1,665	443	505	287	119	252	64	(16)
940	1,150	242	1,197	364	325	176	69	155	46	(17)
372	543	125	468	79	180	111	50	97	18	(18)
50	38	14	32	21	33	14	2	7	4	(19)
338	319	78	273	58	147	161	59	137	38	(20)
95	129	34	94	14	32	15	4	13	2	(21)
197	269	62	263	49	104	50	28	56	15	(22)
182	217	56	214	63	64	48	19	38	18	(23)
31	36	9	28	5	11	9	7	7	3	(24)
158	251	54	263	41	61	43	31	39	11	(25)
188	287	65	299	94	75	36	23	32	8	(26)
141	238	35	179	57	64	47	20	34	11	(27)
155	193	45	211	33	90	37	10	46	5	(28)
84	170	14	129	32	42	35	7	20	7	(29)
156	356	33	242	27	83	59	16	34	7	(30)
4	10	11	42	20	5	4	–	47	13	(31)
–	–	3	–	1	1	–	1	–	–	(32)
36	67	26	54	4	20	8	18	8	1	(33)
322	397	75	318	71	112	74	30	53	14	(34)
18	12	1	2	1	41	30	14	18	–	(35)
137	186	45	174	63	56	29	14	22	8	(36)
135	164	44	149	32	34	20	18	18	4	(37)
70	134	29	137	6	33	12	9	14	–	(38)
220	428	138	413	49	122	103	83	80	18	(39)
176	335	72	266	45	84	47	31	44	12	(40)
142	330	55	376	62	82	39	22	50	14	(41)
229	407	43	244	83	86	63	24	62	17	(42)
114	187	31	155	57	64	32	25	30	18	(43)
119	175	45	180	41	26	16	15	27	10	(44)
96	114	47	112	37	34	20	17	20	5	(45)
48	94	10	86	61	13	11	9	7	–	(46)
264	345	98	315	186	64	33	29	37	30	(47)
80	128	46	146	66	30	12	12	27	10	(48)
86	131	31	120	55	26	18	18	18	3	(49)
80	111	43	109	28	41	23	19	19	5	(50)
185	258	54	251	55	77	45	17	41	9	(51)
228	468	97	437	208	82	57	24	53	24	(52)
206	353	76	350	146	119	53	32	62	21	(53)
183	266	46	270	59	67	40	14	40	15	(54)
87	150	20	114	19	45	27	10	19	8	(55)
137	430	38	375	197	46	40	7	39	23	(56)
169	299	52	260	103	58	38	21	37	11	(57)
48	104	18	98	9	26	14	10	19	3	(58)
219	313	49	316	94	68	29	12	34	5	(59)
156	189	43	192	78	37	14	6	15	7	(60)
128	128	36	163	68	41	21	6	19	11	(61)
283	349	62	346	83	104	74	31	53	14	(62)
154	171	52	180	41	75	38	14	34	9	(63)
164	183	51	149	28	46	30	19	26	3	(64)
208	360	74	319	51	134	81	31	71	15	(65)
50	38	14	32	21	33	14	2	7	4	(66)
1,008	1,926	389	1,783	291	542	344	186	333	76	(67)
519	929	146	665	185	234	142	80	136	47	(68)
1,323	2,439	444	2,264	824	561	337	154	329	119	(69)

5　過去1年間に寄り合いの議題となった取組の活動状況
(1)　環境美化・自然環境の保全　　　　　　　　　　　　　　(2)　農業集落行事

単位：集落

全国農業地域・都道府県		計	活動を行っている			活動が行われていない農業集落数	計	小計
			小計	単独の農業集落	他の農業集落と共同			
全　　　　　国	(1)	114,843	110,391	79,213	31,178	4,452	112,704	107,256
（全国農業地域）								
北　海　道	(2)	5,261	4,987	2,805	2,182	274	5,381	5,035
都　府　県	(3)	109,582	105,404	76,408	28,996	4,178	107,323	102,221
東　　北	(4)	15,313	14,803	10,737	4,066	510	14,507	13,765
北　　陸	(5)	9,314	9,043	7,405	1,638	271	9,375	8,988
関東・東山	(6)	20,604	19,786	13,862	5,924	818	20,281	19,237
北　関　東	(7)	7,693	7,332	5,086	2,246	361	7,352	6,913
南　関　東	(8)	7,100	6,813	4,972	1,841	287	7,139	6,693
東　　山	(9)	5,811	5,641	3,804	1,837	170	5,790	5,631
東　　海	(10)	9,267	8,871	6,404	2,467	396	9,269	8,821
近　　畿	(11)	9,145	8,827	7,161	1,666	318	9,127	8,793
中　　国	(12)	15,934	15,361	10,034	5,327	573	15,654	15,032
山　　陰	(13)	4,899	4,717	3,168	1,549	182	4,824	4,632
山　　陽	(14)	11,035	10,644	6,866	3,778	391	10,830	10,400
四　　国	(15)	8,242	7,854	5,243	2,611	388	8,743	8,275
九　　州	(16)	21,125	20,245	15,001	5,244	880	19,735	18,705
北　九　州	(17)	13,712	13,187	10,005	3,182	525	13,015	12,395
南　九　州	(18)	7,413	7,058	4,996	2,062	355	6,720	6,310
沖　　縄	(19)	638	614	561	53	24	632	605
（都道府県）								
北　海　道	(20)	5,261	4,987	2,805	2,182	274	5,381	5,035
青　　森	(21)	1,412	1,344	1,068	276	68	1,239	1,142
岩　　手	(22)	3,143	3,057	2,094	963	86	2,971	2,860
宮　　城	(23)	2,389	2,336	1,730	606	53	2,240	2,149
秋　　田	(24)	2,347	2,262	1,675	587	85	2,237	2,088
山　　形	(25)	2,356	2,301	1,524	777	55	2,318	2,239
福　　島	(26)	3,666	3,503	2,646	857	163	3,502	3,287
茨　　城	(27)	3,173	3,042	2,054	988	131	2,988	2,833
栃　　木	(28)	2,815	2,691	1,813	878	124	2,737	2,567
群　　馬	(29)	1,705	1,599	1,219	380	106	1,627	1,513
埼　　玉	(30)	3,124	2,960	1,934	1,026	164	3,119	2,913
千　　葉	(31)	3,117	3,041	2,514	527	76	2,893	2,750
東　　京	(32)	76	66	59	7	10	103	83
神　奈　川	(33)	783	746	465	281	37	1,024	947
新　　潟	(34)	4,185	4,059	3,214	845	126	4,296	4,107
富　　山	(35)	1,865	1,823	1,568	255	42	1,819	1,752
石　　川	(36)	1,673	1,616	1,299	317	57	1,694	1,619
福　　井	(37)	1,591	1,545	1,324	221	46	1,566	1,510
山　　梨	(38)	1,429	1,377	1,067	310	52	1,445	1,402
長　　野	(39)	4,382	4,264	2,737	1,527	118	4,345	4,229
岐　　阜	(40)	2,434	2,367	1,714	653	67	2,441	2,352
静　　岡	(41)	2,643	2,523	1,717	806	120	2,738	2,614
愛　　知	(42)	2,419	2,307	1,662	645	112	2,435	2,302
三　　重	(43)	1,771	1,674	1,311	363	97	1,655	1,553
滋　　賀	(44)	1,427	1,396	1,253	143	31	1,378	1,343
京　　都	(45)	1,379	1,327	1,056	271	52	1,380	1,324
大　　阪	(46)	512	473	324	149	39	546	526
兵　　庫	(47)	3,240	3,170	2,673	497	70	3,267	3,170
奈　　良	(48)	1,286	1,239	997	242	47	1,260	1,223
和　歌　山	(49)	1,301	1,222	858	364	79	1,296	1,207
鳥　　取	(50)	1,395	1,368	1,099	269	27	1,405	1,373
島　　根	(51)	3,504	3,349	2,069	1,280	155	3,419	3,259
岡　　山	(52)	3,760	3,629	2,408	1,221	131	3,735	3,595
広　　島	(53)	4,288	4,169	2,516	1,653	119	4,304	4,180
山　　口	(54)	2,987	2,846	1,942	904	141	2,791	2,625
徳　　島	(55)	1,631	1,540	1,108	432	91	1,646	1,564
香　　川	(56)	2,314	2,235	1,195	1,040	79	2,507	2,401
愛　　媛	(57)	2,598	2,482	1,749	733	116	2,736	2,573
高　　知	(58)	1,699	1,597	1,191	406	102	1,854	1,737
福　　岡	(59)	2,992	2,918	2,119	799	74	2,784	2,677
佐　　賀	(60)	1,704	1,653	1,322	331	51	1,599	1,540
長　　崎	(61)	2,354	2,192	1,661	531	162	2,273	2,111
熊　　本	(62)	3,780	3,644	2,768	876	136	3,573	3,390
大　　分	(63)	2,882	2,780	2,135	645	102	2,786	2,677
宮　　崎	(64)	2,262	2,164	1,430	734	98	2,146	2,059
鹿　児　島	(65)	5,151	4,894	3,566	1,328	257	4,574	4,251
沖　　縄	(66)	638	614	561	53	24	632	605
関東農政局	(67)	23,247	22,309	15,579	6,730	938	23,019	21,851
東海農政局	(68)	6,624	6,348	4,687	1,661	276	6,531	6,207
中国四国農政局	(69)	24,176	23,215	15,277	7,938	961	24,397	23,307

（祭り・イベントなど）の実施　　（3）　農業集落内の福祉・厚生

単位：集落　　　　　　　　　　　　　　　　　　　　　単位：集落

活動を行っている		活動が行われていない農業集落数	計	活動を行っている			活動が行われていない農業集落数	
単独の農業集落	他の農業集落と共同			小計	単独の農業集落	他の農業集落と共同		
65,226	42,030	5,448	74,774	68,369	48,711	19,658	6,405	(1)
2,551	2,484	346	3,549	3,180	1,856	1,324	369	(2)
62,675	39,546	5,102	71,225	65,189	46,855	18,334	6,036	(3)
9,116	4,649	742	10,267	9,284	6,763	2,521	983	(4)
7,162	1,826	387	6,100	5,586	4,570	1,016	514	(5)
11,897	7,340	1,044	13,539	12,259	8,522	3,737	1,280	(6)
4,427	2,486	439	4,662	4,201	2,961	1,240	461	(7)
4,219	2,474	446	3,925	3,447	2,562	885	478	(8)
3,251	2,380	159	4,952	4,611	2,999	1,612	341	(9)
5,431	3,390	448	5,717	5,164	3,563	1,601	553	(10)
6,027	2,766	334	6,235	5,783	4,832	951	452	(11)
7,133	7,899	622	10,505	9,796	5,979	3,817	709	(12)
2,421	2,211	192	3,785	3,545	2,310	1,235	240	(13)
4,712	5,688	430	6,720	6,251	3,669	2,582	469	(14)
4,031	4,244	468	4,592	4,186	2,833	1,353	406	(15)
11,351	7,354	1,030	13,806	12,692	9,382	3,310	1,114	(16)
7,716	4,679	620	8,912	8,152	6,160	1,992	760	(17)
3,635	2,675	410	4,894	4,540	3,222	1,318	354	(18)
527	78	27	464	439	411	28	25	(19)
2,551	2,484	346	3,549	3,180	1,856	1,324	369	(20)
879	263	97	765	685	538	147	80	(21)
1,610	1,250	111	2,232	2,110	1,375	735	122	(22)
1,385	764	91	1,828	1,737	1,313	424	91	(23)
1,590	498	149	1,387	1,186	964	222	201	(24)
1,488	751	79	1,723	1,601	1,188	413	122	(25)
2,164	1,123	215	2,332	1,965	1,385	580	367	(26)
1,863	970	155	1,752	1,556	1,094	462	196	(27)
1,553	1,014	170	1,756	1,605	1,071	534	151	(28)
1,011	502	114	1,154	1,040	796	244	114	(29)
1,611	1,302	206	1,657	1,485	958	527	172	(30)
2,017	733	143	1,717	1,468	1,315	153	249	(31)
67	16	20	36	29	26	3	7	(32)
524	423	77	515	465	263	202	50	(33)
3,274	833	189	2,644	2,397	1,995	402	247	(34)
1,416	336	67	1,250	1,166	941	225	84	(35)
1,236	383	75	1,128	1,047	798	249	81	(36)
1,236	274	56	1,078	976	836	140	102	(37)
960	442	43	1,098	1,023	756	267	75	(38)
2,291	1,938	116	3,854	3,588	2,243	1,345	266	(39)
1,532	820	89	1,381	1,261	908	353	120	(40)
1,392	1,222	124	1,840	1,667	1,051	616	173	(41)
1,475	827	133	1,379	1,234	853	381	145	(42)
1,032	521	102	1,117	1,002	751	251	115	(43)
1,142	201	35	1,182	1,131	1,065	66	51	(44)
850	474	56	878	803	633	170	75	(45)
244	282	20	314	285	204	81	29	(46)
2,261	909	97	2,233	2,104	1,855	249	129	(47)
894	329	37	798	728	572	156	70	(48)
636	571	89	830	732	503	229	98	(49)
1,020	353	32	1,128	1,080	897	183	48	(50)
1,401	1,858	160	2,657	2,465	1,413	1,052	192	(51)
1,729	1,866	140	2,462	2,293	1,438	855	169	(52)
1,661	2,519	124	2,840	2,672	1,425	1,247	168	(53)
1,322	1,303	166	1,418	1,286	806	480	132	(54)
810	754	82	696	631	410	221	65	(55)
886	1,515	106	1,209	1,120	709	411	89	(56)
1,271	1,302	163	1,848	1,653	1,104	549	195	(57)
1,064	673	117	839	782	610	172	57	(58)
1,704	973	107	1,758	1,619	1,224	395	139	(59)
1,080	460	59	998	889	720	169	109	(60)
1,177	934	162	1,337	1,194	902	292	143	(61)
2,113	1,277	183	2,753	2,534	1,872	662	219	(62)
1,642	1,035	109	2,066	1,916	1,442	474	150	(63)
1,218	841	87	1,546	1,445	1,021	424	101	(64)
2,417	1,834	323	3,348	3,095	2,201	894	253	(65)
527	78	27	464	439	411	28	25	(66)
13,289	8,562	1,168	15,379	13,926	9,573	4,353	1,453	(67)
4,039	2,168	324	3,877	3,497	2,512	985	380	(68)
11,164	12,143	1,090	15,097	13,982	8,812	5,170	1,115	(69)

5 過去1年間に寄り合いの議題となった取組の活動状況（続き）
(4) 定住を推進する取組

(5) グリーン・

単位：集落

全国農業地域・都道府県		計	活動を行っている			活動が行われていない農業集落数	計	小計
			小計	単独の農業集落	他の農業集落と共同			
全　　　　国	(1)	3,932	3,200	1,840	1,360	732	2,865	2,513
（全国農業地域）								
北　　海　　道	(2)	154	122	47	75	32	118	101
都　　府　　県	(3)	3,778	3,078	1,793	1,285	700	2,747	2,412
東　　　北	(4)	460	386	250	136	74	507	452
北　　　陸	(5)	341	288	196	92	53	237	219
関　東　・　東　山	(6)	633	477	257	220	156	442	361
北　　関　　東	(7)	162	134	90	44	28	161	138
南　　関　　東	(8)	134	51	32	19	83	117	75
東　　　山	(9)	337	292	135	157	45	164	148
東　　　海	(10)	319	272	150	122	47	221	207
近　　　畿	(11)	410	345	225	120	65	232	211
中　　　国	(12)	637	535	254	281	102	369	325
山　　　陰	(13)	206	173	96	77	33	103	94
山　　　陽	(14)	431	362	158	204	69	266	231
四　　　国	(15)	220	179	84	95	41	172	146
九　　　州	(16)	706	552	343	209	154	518	451
北　　九　　州	(17)	460	367	233	134	93	343	298
南　　九　　州	(18)	246	185	110	75	61	175	153
沖　　　縄	(19)	52	44	34	10	8	49	40
（都道府県）								
北　　海　　道	(20)	154	122	47	75	32	118	101
青　　　森	(21)	44	37	26	11	7	46	38
岩　　　手	(22)	75	62	38	24	13	139	133
宮　　　城	(23)	115	93	52	41	22	71	59
秋　　　田	(24)	47	39	21	18	8	86	79
山　　　形	(25)	63	55	41	14	8	63	51
福　　　島	(26)	116	100	72	28	16	102	92
茨　　　城	(27)	75	64	36	28	11	75	60
栃　　　木	(28)	55	45	32	13	10	48	45
群　　　馬	(29)	32	25	22	3	7	38	33
埼　　　玉	(30)	52	37	28	9	15	61	50
千　　　葉	(31)	56	−	−	−	56	29	−
東　　　京	(32)	13	2	2	−	11	6	4
神　　奈　　川	(33)	13	12	2	10	1	21	21
新　　　潟	(34)	132	111	74	37	21	117	109
富　　　山	(35)	79	70	43	27	9	43	39
石　　　川	(36)	78	68	52	16	10	42	39
福　　　井	(37)	52	39	27	12	13	35	32
山　　　梨	(38)	59	44	29	15	15	29	27
長　　　野	(39)	278	248	106	142	30	135	121
岐　　　阜	(40)	75	63	32	31	12	60	55
静　　　岡	(41)	77	63	35	28	14	68	63
愛　　　知	(42)	93	85	44	41	8	45	45
三　　　重	(43)	74	61	39	22	13	48	44
滋　　　賀	(44)	61	54	41	13	7	24	22
京　　　都	(45)	98	84	41	43	14	39	36
大　　　阪	(46)	14	11	5	6	3	10	10
兵　　　庫	(47)	119	103	79	24	16	78	73
奈　　　良	(48)	64	53	40	13	11	46	42
和　　歌　　山	(49)	54	40	19	21	14	35	28
鳥　　　取	(50)	58	52	34	18	6	33	31
島　　　根	(51)	148	121	62	59	27	70	63
岡　　　山	(52)	151	134	62	72	17	99	84
広　　　島	(53)	174	142	54	88	32	107	93
山　　　口	(54)	106	86	42	44	20	60	54
徳　　　島	(55)	43	33	15	18	10	37	32
香　　　川	(56)	44	35	20	15	9	54	46
愛　　　媛	(57)	81	68	25	43	13	60	50
高　　　知	(58)	52	43	24	19	9	21	18
福　　　岡	(59)	89	77	49	28	12	78	68
佐　　　賀	(60)	30	20	13	7	10	32	29
長　　　崎	(61)	60	52	34	18	8	48	43
熊　　　本	(62)	145	118	75	43	27	123	110
大　　　分	(63)	136	100	62	38	36	62	48
宮　　　崎	(64)	63	46	29	17	17	68	56
鹿　　児　　島	(65)	183	139	81	58	44	107	97
沖　　　縄	(66)	52	44	34	10	8	49	40
関　東　農　政　局	(67)	710	540	292	248	170	510	424
東　海　農　政　局	(68)	242	209	115	94	33	153	144
中国四国農政局	(69)	857	714	338	376	143	541	471

ツーリズムの取組　　　　　（6）　6次産業化への取組

活動を行っている		活動が行われていない農業集落数	計	活動を行っている				活動が行われていない農業集落数	
単独の農業集落	他の農業集落と共同			小計	単独の農業集落	他の農業集落と共同			
1,392	1,121	352	1,608	1,394	830	564		214	(1)
38	63	17	61	56	32	24		5	(2)
1,354	1,058	335	1,547	1,338	798	540		209	(3)
265	187	55	334	289	190	99		45	(4)
135	84	18	117	108	77	31		9	(5)
170	191	81	222	170	84	86		52	(6)
73	65	23	73	59	32	27		14	(7)
35	40	42	51	23	8	15		28	(8)
62	86	16	98	88	44	44		10	(9)
124	83	14	114	104	62	42		10	(10)
139	72	21	166	142	99	43		24	(11)
175	150	44	247	226	119	107		21	(12)
53	41	9	91	86	55	31		5	(13)
122	109	35	156	140	64	76		16	(14)
68	78	26	86	71	38	33		15	(15)
247	204	67	245	214	122	92		31	(16)
165	133	45	170	150	84	66		20	(17)
82	71	22	75	64	38	26		11	(18)
31	9	9	16	14	7	7		2	(19)
38	63	17	61	56	32	24		5	(20)
17	21	8	37	31	19	12		6	(21)
71	62	6	84	80	32	48		4	(22)
34	25	12	54	41	30	11		13	(23)
51	28	7	46	40	30	10		6	(24)
38	13	12	48	38	32	6		10	(25)
54	38	10	65	59	47	12		6	(26)
25	35	15	27	22	8	14		5	(27)
29	16	3	28	23	13	10		5	(28)
19	14	5	18	14	11	3		4	(29)
27	23	11	12	8	3	5		4	(30)
–	–	29	21	–	–	–		21	(31)
–	4	2	3	2	2	–		1	(32)
8	13	–	15	13	3	10		2	(33)
71	38	8	47	45	35	10		2	(34)
18	21	4	34	31	17	14		3	(35)
23	16	3	20	18	16	2		2	(36)
23	9	3	16	14	9	5		2	(37)
12	15	2	13	12	6	6		1	(38)
50	71	14	85	76	38	38		9	(39)
30	25	5	38	34	19	15		4	(40)
38	25	5	31	29	15	14		2	(41)
25	20	–	20	19	11	8		1	(42)
31	13	4	25	22	17	5		3	(43)
15	7	2	21	17	12	5		4	(44)
17	19	3	40	28	22	6		12	(45)
7	3	–	4	4	3	1		–	(46)
56	17	5	67	61	42	19		6	(47)
28	14	4	21	19	10	9		2	(48)
16	12	7	13	13	10	3		–	(49)
21	10	2	21	19	15	4		2	(50)
32	31	7	70	67	40	27		3	(51)
50	34	15	41	38	15	23		3	(52)
40	53	14	77	69	35	34		8	(53)
32	22	6	38	33	14	19		5	(54)
16	16	5	22	16	12	4		6	(55)
23	23	8	17	16	6	10		1	(56)
21	29	10	31	26	12	14		5	(57)
8	10	3	16	13	8	5		3	(58)
40	28	10	35	34	18	16		1	(59)
20	9	3	16	13	5	8		3	(60)
24	19	5	17	15	6	9		2	(61)
53	57	13	57	50	32	18		7	(62)
28	20	14	45	38	23	15		7	(63)
33	23	12	34	29	17	12		5	(64)
49	48	10	41	35	21	14		6	(65)
31	9	9	16	14	7	7		2	(66)
208	216	86	253	199	99	100		54	(67)
86	58	9	83	75	47	28		8	(68)
243	228	70	333	297	157	140		36	(69)

5　過去1年間に寄り合いの議題となった取組の活動状況（続き）
(7)　再生可能エネルギーへの取組　　　　　　　　　　　　　(8)　都市住民、ＮＰＯ・学

単位：集落

全国農業地域・都道府県	計	活動を行っている			活動が行われていない農業集落数	都市住民と連携			
		小計	単独の農業集落	他の農業集落と共同		環境美化・自然環境の保全	農業集落行事（祭り・イベントなど）の実施	農業集落内の福祉・厚生	定住を推進する取組
全　　　国　(1)	4,639	3,081	1,831	1,250	1,558	12,820	12,522	5,815	628
（全国農業地域）									
北　海　道　(2)	281	234	111	123	47	580	581	286	23
都　府　県　(3)	4,358	2,847	1,720	1,127	1,511	12,240	11,941	5,529	605
東　　北　(4)	592	23	20	3	569	1,425	1,269	619	54
北　　陸　(5)	240	191	116	75	49	897	851	393	60
関　東・東　山　(6)	923	613	369	244	310	2,294	2,510	1,129	91
北　関　東　(7)	307	229	145	84	78	873	780	399	22
南　関　東　(8)	199	93	52	41	106	785	1,094	312	15
東　山　(9)	417	291	172	119	126	636	636	418	54
東　　海　(10)	438	347	204	143	91	1,492	1,451	644	56
近　　畿　(11)	473	369	270	99	104	1,129	1,261	529	73
中　　国　(12)	592	460	254	206	132	1,704	1,685	826	126
山　陰　(13)	145	109	64	45	36	401	426	235	27
山　陽　(14)	447	351	190	161	96	1,303	1,259	591	99
四　　国　(15)	256	190	90	100	66	922	926	353	41
九　　州　(16)	807	625	376	249	182	2,286	1,879	978	96
北　九　州　(17)	552	431	264	167	121	1,582	1,301	661	76
南　九　州　(18)	255	194	112	82	61	704	578	317	20
沖　　縄　(19)	37	29	21	8	8	91	109	58	8
（都道府県）									
北　海　道　(20)	281	234	111	123	47	580	581	286	23
青　　森　(21)	53	–	–	–	53	155	115	47	7
岩　　手　(22)	117	–	–	–	117	333	328	167	5
宮　　城　(23)	134	–	–	–	134	276	249	139	15
秋　　田　(24)	17	–	–	–	17	65	60	24	3
山　　形　(25)	40	12	10	2	28	258	234	126	5
福　　島　(26)	231	11	10	1	220	338	283	116	19
茨　　城　(27)	125	98	60	38	27	345	286	148	13
栃　　木　(28)	104	69	45	24	35	316	301	140	7
群　　馬　(29)	78	62	40	22	16	212	193	111	2
埼　　玉　(30)	99	74	40	34	25	578	568	224	9
千　　葉　(31)	76	–	–	–	76	57	254	4	–
東　　京　(32)	1	1	1	–	–	–	1	–	1
神　奈　川　(33)	23	18	11	7	5	150	271	84	5
新　　潟　(34)	95	76	47	29	19	442	414	175	26
富　　山　(35)	57	44	22	22	13	61	67	24	9
石　　川　(36)	51	43	29	14	8	219	196	113	15
福　　井　(37)	37	28	18	10	9	175	174	81	10
山　　梨　(38)	106	85	53	32	21	157	177	98	8
長　　野　(39)	311	206	119	87	105	479	459	320	46
岐　　阜　(40)	102	77	46	31	25	352	293	126	10
静　　岡　(41)	149	119	66	53	30	400	460	208	19
愛　　知　(42)	87	77	37	40	10	492	487	212	20
三　　重　(43)	100	74	55	19	26	248	211	98	7
滋　　賀　(44)	69	57	50	7	12	175	175	116	14
京　　都　(45)	43	31	20	11	12	141	173	39	15
大　　阪　(46)	23	19	15	4	4	108	149	48	4
兵　　庫　(47)	193	154	114	40	39	362	431	172	13
奈　　良　(48)	87	66	50	16	21	199	190	84	18
和　歌　山　(49)	58	42	21	21	16	144	143	70	9
鳥　　取　(50)	67	58	40	18	9	103	98	64	7
島　　根　(51)	78	51	24	27	27	298	328	171	20
岡　　山　(52)	176	134	75	59	42	481	454	234	33
広　　島　(53)	175	145	71	74	30	479	495	233	44
山　　口　(54)	96	72	44	28	24	343	310	124	22
徳　　島　(55)	48	34	16	18	14	188	158	49	8
香　　川　(56)	80	59	20	39	21	323	308	122	8
愛　　媛　(57)	86	63	30	33	23	291	329	141	14
高　　知　(58)	42	34	24	10	8	120	131	41	11
福　　岡　(59)	77	56	38	18	21	364	294	126	22
佐　　賀　(60)	71	59	46	13	12	214	171	85	3
長　　崎　(61)	66	54	36	18	12	299	264	107	12
熊　　本　(62)	204	156	91	65	48	493	391	250	26
大　　分　(63)	134	106	53	53	28	212	181	93	13
宮　　崎　(64)	96	67	39	28	29	223	193	101	5
鹿　児　島　(65)	159	127	73	54	32	481	385	216	15
沖　　縄　(66)	37	29	21	8	8	91	109	58	8
関　東　農　政　局　(67)	1,072	732	435	297	340	2,694	2,970	1,337	110
東　海　農　政　局　(68)	289	228	138	90	61	1,092	991	436	37
中国四国農政局　(69)	848	650	344	306	198	2,626	2,611	1,179	167

校・企業と連携して活動している農業集落数

単位：集落

して活動			NPO・学校・企業と連携して活動							
グリーン・ツーリズムの取組	6次産業化への取組	再生可能エネルギーへの取組	環境美化・自然環境の保全	農業集落行事（祭り・イベントなど）の実施	農業集落内の福祉・厚生	定住を推進する取組	グリーン・ツーリズムの取組	6次産業化への取組	再生可能エネルギーへの取組	
662	194	332	8,202	8,091	3,588	429	527	233	441	(1)
23	8	33	394	401	161	29	27	13	29	(2)
639	186	299	7,808	7,690	3,427	400	500	220	412	(3)
119	42	2	1,026	962	406	44	107	32	7	(4)
47	10	14	620	516	224	35	47	14	19	(5)
104	24	80	1,379	1,329	639	55	90	34	99	(6)
28	6	24	531	484	242	15	31	12	24	(7)
33	11	18	410	446	157	5	17	3	18	(8)
43	7	38	438	399	240	35	42	19	57	(9)
59	18	36	983	935	494	34	48	22	72	(10)
71	19	30	656	640	297	41	35	34	58	(11)
70	33	45	1,122	1,157	520	78	63	34	60	(12)
15	7	9	240	284	144	32	20	15	9	(13)
55	26	36	882	873	376	46	43	19	51	(14)
43	11	23	509	637	219	21	24	11	26	(15)
116	26	65	1,412	1,411	569	83	75	33	65	(16)
75	21	47	858	825	332	49	49	26	43	(17)
41	5	18	554	586	237	34	26	7	22	(18)
10	3	4	101	103	59	9	11	6	6	(19)
23	8	33	394	401	161	29	27	13	29	(20)
10	5	–	105	76	30	4	12	6	–	(21)
33	13	–	246	248	105	8	34	7	–	(22)
22	5	–	193	169	80	13	20	3	–	(23)
19	2	–	82	121	26	3	11	3	–	(24)
9	5	1	218	164	92	5	17	5	5	(25)
26	12	1	182	184	73	11	13	8	2	(26)
9	2	7	188	176	88	9	14	5	10	(27)
14	3	12	220	184	83	4	9	5	7	(28)
5	1	5	123	124	71	2	8	2	7	(29)
13	3	13	290	261	131	3	9	2	15	(30)
–	–	–	57	104	1	–	–	–	–	(31)
4	–	–	–	1	–	–	–	–	–	(32)
16	8	5	63	80	25	2	8	1	3	(33)
20	5	6	301	248	93	11	26	4	5	(34)
8	3	4	126	97	42	4	9	6	7	(35)
7	1	3	103	104	50	13	6	1	3	(36)
12	1	1	90	67	39	7	6	3	4	(37)
10	2	9	88	70	40	3	8	3	14	(38)
33	5	29	350	329	200	32	34	16	43	(39)
20	6	10	245	192	94	10	12	8	20	(40)
15	2	9	312	330	172	5	18	6	25	(41)
13	5	14	246	240	137	14	8	1	12	(42)
11	5	3	180	173	91	5	10	7	15	(43)
9	1	5	108	88	48	7	3	4	12	(44)
13	6	2	96	88	37	10	7	9	8	(45)
4	3	3	42	46	20	–	4	–	1	(46)
21	7	8	215	220	102	11	12	16	19	(47)
17	2	8	80	74	41	6	4	3	10	(48)
7	–	4	115	124	49	7	5	2	8	(49)
5	1	5	68	64	29	9	5	4	5	(50)
10	6	4	172	220	115	23	15	11	4	(51)
18	8	14	288	324	129	18	14	5	25	(52)
27	10	14	356	351	173	21	19	8	18	(53)
10	8	8	238	198	74	7	10	6	8	(54)
10	2	2	87	114	28	4	7	4	5	(55)
12	4	9	151	161	55	1	7	–	9	(56)
14	5	8	188	229	100	11	8	5	7	(57)
7	–	4	83	133	36	5	2	2	5	(58)
9	4	7	173	186	61	9	8	6	4	(59)
6	5	2	78	63	26	1	5	1	5	(60)
14	4	9	148	149	60	8	12	3	8	(61)
38	4	21	291	274	122	12	15	14	13	(62)
8	4	8	168	153	63	19	9	6	13	(63)
13	2	10	128	116	53	4	11	4	14	(64)
28	3	8	426	470	184	30	15	3	8	(65)
10	3	4	101	103	59	9	11	6	6	(66)
119	26	89	1,691	1,659	811	60	108	40	124	(67)
44	16	27	671	605	322	29	30	16	47	(68)
113	44	68	1,631	1,794	739	99	87	45	86	(69)

《　付　表　》

秘 農林水産省	統計法に基づく基幹統計 農林業構造統計	 政府統計 統計法に基づく国の統計調査です。調査票情報の秘密の保護に万全を期します。

2020年農林業センサス

農山村地域調査票
（市区町村用）
2020年2月1日現在

	都道府県	市区町村
名　称		

基本指標番号 ☐｜☐ ☐｜☐｜☐ ☐

調査項目内の ☐☐☐☐ には、「2015年農林業センサス農山村地域調査」の調査結果がプレプリントされていますので、参考としてください。

【1】森林面積・林野面積

所有形態別に森林面積・林野面積をha単位で記入してください。

（単位：ha）

			森林計画による森林面積 ①	うち人工林 ②	現況森林面積 ③	うち森林計画対象 ④	うち人工林 ⑤	森林以外の草生地（野草地） ⑥	林野面積 ⑦（③＋⑥）
国有	林野庁	01 前回値 今回値							
	林野庁以外の官庁	02 前回値 今回値							
民有	独立行政法人等	03 前回値 今回値							
	公有 都道府県	04 前回値 今回値							
	公有 森林整備法人	05 前回値 今回値							
	公有 市区町村	06 前回値 今回値							
	公有 財産区	07 前回値 今回値							
	私有	08 前回値 今回値							
合計		09 前回値 今回値							

【2】総土地面積

総土地面積をha単位で記入してください。

（単位：ha）

①	前回値	
	今回値	

秘	統計法に基づく基幹統計	都道府県	
農林水産省	農林業構造統計	市区町村	

政府統計

統計法に基づく国の統計調査です。調査票情報の秘密の保護に万全を期します。

2020年農林業センサス
農山村地域調査票
（農業集落用）
2020年2月1日現在

旧市区町村	
農業集落	
コード	□□□ □□□□□

【1】寄り合いの開催と地域活動の実施状況

　この地域では、過去1年間に「寄り合い（集会、常会、会合など）」が開催されましたか。寄り合いの回数について、いずれかにマークを付けてください。

　寄り合いがある場合は、寄り合いの議題について、該当するものすべてにマークを付け、議題となったそれぞれの取組について、具体的な活動状況に該当するいずれかにマークを付けてください。

<記入の仕方>
　マークは、右の記入例のように濃くぬりつぶしてください。

記入例　① ➡ ●

「寄り合い」は、次の2つの合計回数とします。
①集落全体についての寄り合い
　ごみ・資源の回収、防災訓練、祭りや運動会の開催、道路の清掃や補修、集会所の改築など
②農業生産についての寄り合い
　防除や草刈り等の共同作業、農業機械や出荷施設の整備、農道・水路の管理など
集落内で地区ごとに分かれて寄り合いを行った場合は、平均的な回数を選択してください。

		（いずれかにマークを付けてください）	前回結果
寄り合いがない			①
寄り合いがある	年に1～2回		②
	四半期に1回程度（年に3～5回）		③
	2か月に1～2回程度（年に6～11回）		④
	月に1～2回程度（年に12～23回）		⑤
	月に2回以上（年に24回以上）		⑥

寄り合いの議題は何ですか？

活動が行われている場合

寄り合いの議題（該当するものすべてにマークを付けてください）	前回結果	（地域の取組として）活動が行われている 単独の農業集落で活動	他の農業集落と共同で活動	活動が行われていない	都市住民との交流を行っている	NPO・学校・企業との連携を行っている
		（いずれかにマークを付けてください）			（該当するものにマーク）	
農業生産にかかる事項	①	①	②	③		
農道・農業用用排水路・ため池の管理	①	①	②	③		
集落共有財産・共用施設の管理	①	①	②	③	①	①
環境美化・自然環境の保全	①	①	②	③	①	①
農業集落行事（祭り・イベントなど）の実施	①	①	②	③	①	①
農業集落内の福祉・厚生	①	①	②	③	①	①
定住を推進する取組	①	①	②	③	①	①
グリーン・ツーリズムの取組	①	①	②	③	①	①
6次産業化への取組	①	①	②	③	①	①
再生可能エネルギーへの取組	①	①	②	③	①	①
その他	①					

具体的な活動の状況

裏面につづきます

【2】地域資源の保全

　この地域には、以下の地域資源がありますか。また、地域資源がある場合、その地域資源を地域住民が主体となって保全していますか。いずれかにマークを付けてください。

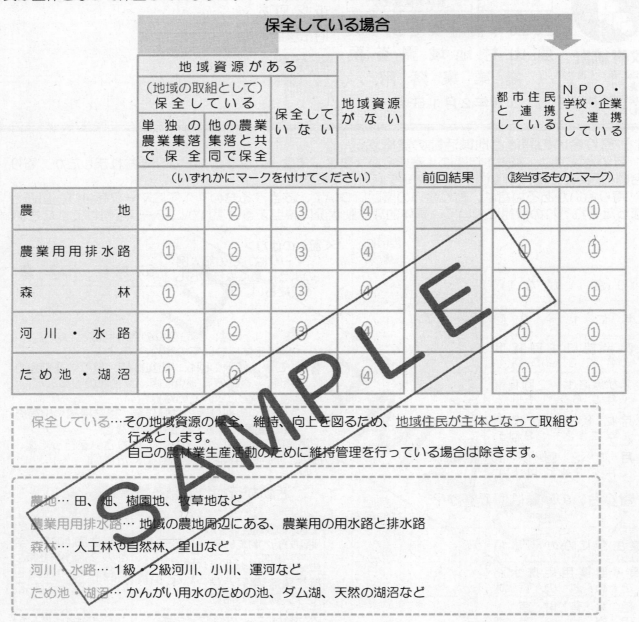

	地域資源がある（地域の取組として）保全している		保全していない	地域資源がない	前回結果	都市住民と連携している	ＮＰＯ・学校・企業と連携している
	単独の農業集落で保全	他の農業集落と共同で保全	（いずれかにマークを付けてください）			（該当するものにマーク）	
農　　　　地	①	②	③	④		①	①
農業用用排水路	①	②	③	④		①	①
森　　　　林	①	②	③	④		①	①
河 川 ・ 水 路	①	②	③	④		①	①
た め 池 ・ 湖 沼	①	②	④			①	①

保全している…その地域資源の保全、維持、向上を図るため、地域住民が主体となって取組む行為とします。
　　　　　　　　自己の農林業生産活動のために維持管理を行っている場合は除きます。

農地… 田、畑、樹園地、牧草地など
農業用用排水路… 地域の農地周辺にある、農業用の用水路と排水路
森林… 人工林や自然林、里山など
河川・水路… 1級・2級河川、小川、運河など
ため池・湖沼… かんがい用水のための池、ダム湖、天然の湖沼など

【3】実行組合の有無

　この地域には、地域内の農業生産に関する連絡・調整、活動などの総合的な役割を担っている組織（実行組合）がありますか。いずれかにマークを付けてください。

（いずれかにマークを付けてください）		前回結果
実 行 組 合 が あ る	①	
実 行 組 合 が な い	②	

実行組合とは、農業生産における最も基礎的な農家組織です。地域によって様々な名称があります。
〇〇集落生産組合、■■集落農事実行組合、△△集落農家組合、★★農協〇〇支部　など

収穫や集出荷等の一部の作業だけを受け持つ団体は含めません。

調査へのご協力ありがとうございました。

全国森林計画（広域流域）・森林計画区一覧表

令和2年2月1日現在

広域流域 [44流域] 番号	名称	主な河川	包括する森林計画区 [158計画区] 番号	名称	包括区域	都道府県名
01	天塩川	天塩川、留萌川	007	上川北部	＜上川総合振興局管内＞ 士別市、名寄市、上川郡（和寒町、剣淵町、下川町）、中川郡（美深町、音威子府村、中川町）	北海道
			008	留萌	＜留萌振興局管内＞ 留萌市、増毛郡、留萌郡、苫前郡、天塩郡（豊富町を除く）	
			009	宗谷	＜宗谷総合振興局管内＞ 稚内市、宗谷郡、枝幸郡、天塩郡（豊富町）、礼文郡、利尻郡	
02	石狩川	石狩川	005	石狩空知	＜石狩振興局管内＞ 札幌市、江別市、千歳市、恵庭市、北広島市、石狩市、石狩郡 ＜後志総合振興局管内＞ 小樽市、積丹郡、古平郡、余市郡 ＜空知総合振興局管内＞ 夕張市、岩見沢市、美唄市、芦別市、赤平市、三笠市、滝川市、砂川市、歌志内市、深川市、空知郡（上富良野町、中富良野町、南富良野町を除く）、夕張郡、樺戸郡、雨竜郡	北海道
			006	上川南部	＜上川総合振興局管内＞ 旭川市、富良野市、上川郡（和寒町、剣淵町、下川町、新得町、清水町を除く）、空知郡（上富良野町、中富良野町、南富良野町）、勇払郡（占冠村）	
03	網走・湧別川	網走川、湧別川、常呂川、渚滑川	010	網走西部	＜オホーツク総合振興局管内＞ 紋別市、紋別郡	北海道
			011	網走東部	＜オホーツク総合振興局管内＞ 北見市、網走市、網走郡、斜里郡、常呂郡	
04	十勝・釧路川	十勝川、釧路川	012	釧路根室	＜釧路総合振興局管内＞ 釧路市、釧路郡、厚岸郡、川上郡、阿寒郡、白糠郡 ＜根室振興局管内＞ 根室市、野付郡、標津郡、目梨郡、色丹郡、国後郡、択捉郡、沙那郡、蘂取郡	北海道
			013	十勝	＜十勝総合振興局管内＞ 帯広市、河東郡、上川郡（新得町、清水町）、河西郡、広尾郡、中川郡（美深町、音威子府村、中川町を除く）、足寄郡、十勝郡	
05	沙流川	鵡川、沙流川	003	胆振東部	＜胆振総合振興局管内＞ 苫小牧市、白老郡、勇払郡（占冠村を除く）	北海道
			004	日高	＜日高総合振興局管内＞ 沙流郡、新冠郡、日高郡、浦河郡、様似郡、幌泉郡	
06	渡島・尻別川	尻別川、後志利別川	001	渡島檜山	＜渡島総合振興局管内＞ 函館市、北斗市、松前郡、上磯郡、亀田郡、茅部郡、山越郡、二海郡 ＜檜山振興局管内＞ 檜山郡、爾志郡、久遠郡、奥尻郡、瀬棚郡	北海道
			002	後志胆振	＜後志総合振興局管内＞ 島牧郡、寿都郡、磯谷郡、虻田郡（豊浦町、洞爺湖町を除く）、岩内郡、古宇郡 ＜胆振総合振興局管内＞ 室蘭市、登別市、伊達市、虻田郡（豊浦町、洞爺湖町）、有珠郡	
07	岩木川	岩木川	014	津軽	弘前市、黒石市、五所川原市、つがる市、平川市、西津軽郡、中津軽郡、南津軽郡、北津軽郡	青森
			015	東青	青森市、東津軽郡	
08	馬淵川	高瀬川、馬淵川	016	下北	むつ市、下北郡	青森
			017	三八上北	八戸市、十和田市、三沢市、上北郡、三戸郡	
			018	馬淵川上流	二戸市、八幡平市、岩手郡（葛巻町）、九戸郡（軽米町、九戸村）、二戸郡	岩手
09	閉伊川	小本川、久慈川、閉伊川	019	久慈・閉伊川	宮古市、久慈市、下閉伊郡、九戸郡（軽米町、九戸村を除く）	岩手
			020	大槌・気仙川	大船渡市、陸前高田市、釜石市、気仙郡、上閉伊郡	
10	北上川	北上川、鳴瀬川	021	北上川上流	盛岡市、滝沢市、岩手郡（葛巻町を除く）、紫波郡	岩手
			022	北上川中流	花巻市、北上市、遠野市、一関市、奥州市、和賀郡、胆沢郡、西磐井郡	
			023	宮城北部	石巻市、気仙沼市、登米市、栗原市、東松島市、大崎市、黒川郡、加美郡、遠田郡、牡鹿郡、本吉郡	宮城
11	米代・雄物川	米代川、雄物川、子吉川	025	米代川	能代市、大館市、男鹿市、鹿角市、潟上市、北秋田市、鹿角郡、北秋田郡、山本郡、南秋田郡	秋田
			026	雄物川	秋田市、横手市、湯沢市、大仙市、仙北市、仙北郡、雄勝郡	
			027	子吉川	由利本荘市、にかほ市	
12	最上川	最上川、赤川	028	庄内	鶴岡市、酒田市、東田川郡、飽海郡	山形
			029	最上村山	山形市、新庄市、寒河江市、上山市、村山市、天童市、東根市、尾花沢市、東村山郡、西村山郡、北村山郡、最上郡	
			030	置賜	米沢市、長井市、南陽市、東置賜郡、西置賜郡	
13	阿武隈川	阿武隈川、名取川	024	宮城南部	仙台市、塩竈市、白石市、名取市、角田市、多賀城市、岩沼市、刈田郡、柴田郡、伊具郡、亘理郡、宮城郡	宮城
			031	磐城	いわき市、相馬市、南相馬市、双葉郡、相馬郡	福島
			032	阿武隈川	福島市、郡山市、白河市、須賀川市、二本松市、伊達市、田村市、本宮市、伊達郡、安達郡、岩瀬郡、西白河郡、石川郡、田村郡	
14	阿賀野川	阿賀野川、荒川	033	会津	会津若松市、喜多方市、南会津郡、耶麻郡、河沼郡、大沼郡	福島
			051	下越	新潟市、新発田市、村上市、五泉市、阿賀野市、胎内市、北蒲原郡、東蒲原郡、岩船郡	新潟
15	信濃川	信濃川、関川、姫川	052	中越	長岡市、三条市、柏崎市、小千谷市、加茂市、十日町市、見附市、燕市、魚沼市、南魚沼市、西蒲原郡、南蒲原郡、三島郡、南魚沼郡、中魚沼郡、刈羽郡	新潟
			053	上越	糸魚川市、妙高市、上越市	
			054	佐渡	佐渡市	
			064	千曲川下流	長野市、須坂市、中野市、飯山市、千曲市、埴科郡、上高井郡、下高井郡、上水内郡、下水内郡	長野
			065	中部山岳	松本市、大町市、塩尻市、安曇野市、東筑摩郡、北安曇郡	
			066	千曲川上流	上田市、小諸市、佐久市、東御市、南佐久郡、北佐久郡、小県郡	
16	那珂川	久慈川、那珂川	034	奥久慈	東白川郡	福島
			035	八溝多賀	日立市、常陸太田市、高萩市、北茨城市、常陸大宮市、久慈郡	茨城
			036	水戸那珂	水戸市、笠間市、ひたちなか市、那珂市、東茨城郡、那珂郡	
			038	那珂川	大田原市、矢板市、那須塩原市、さくら市、那須烏山市、芳賀郡（茂木町）、塩谷郡（塩谷町）、那須郡	栃木

全国森林計画（広域流域）・森林計画区一覧表

令和2年2月1日現在

広域流域 [44流域] 番号	名称	主な河川	包括する森林計画区 [158計画区] 番号	名称	包括区域	都道府県名
17	利根川	利根川、荒川、多摩川	037	霞ヶ浦	土浦市、古河市、石岡市、結城市、龍ケ崎市、下妻市、常総市、取手市、牛久市、つくば市、鹿嶋市、潮来市、守谷市、稲敷市、坂東市、筑西市、かすみがうら市、桜川市、神栖市、行方市、鉾田市、つくばみらい市、小美玉市、稲敷郡、結城郡、猿島郡、北相馬郡	茨 城
			039	鬼怒川	宇都宮市、日光市、真岡市、河内市、芳賀郡（茂木町を除く）、塩谷郡（塩谷町を除く）	栃 木
			040	渡良瀬川	足利市、栃木市、佐野市、鹿沼市、小山市、下野市、上都賀郡、下都賀郡	
			041	利根上流	沼田市、利根郡	群 馬
			042	吾妻	吾妻郡	
			043	利根下流	前橋市、桐生市、伊勢崎市、太田市、館林市、渋川市、みどり市、北群馬郡、佐波郡、邑楽郡	
			044	西毛	高崎市、藤岡市、富岡市、安中市、多野郡、甘楽郡	
			045	埼玉	埼玉県	埼 玉
			046	千葉北部	千葉市、銚子市、市川市、船橋市、松戸市、野田市、茂原市、成田市、佐倉市、東金市、旭市、習志野市、柏市、市原市、流山市、八千代市、我孫子市、鎌ケ谷市、浦安市、四街道市、八街市、印西市、白井市、富里市、匝瑳市、香取市、山武市、大網白里市、印旛郡、香取郡、山武郡、長生郡	千 葉
			047	千葉南部	館山市、木更津市、勝浦市、鴨川市、君津市、富津市、袖ケ浦市、南房総市、いすみ市、夷隅郡、安房郡	
			048	多摩	東京都特別区、八王子市、立川市、武蔵野市、三鷹市、青梅市、府中市、昭島市、調布市、町田市、小金井市、小平市、日野市、東村山市、国分寺市、国立市、福生市、狛江市、東大和市、清瀬市、東久留米市、武蔵村山市、多摩市、稲城市、羽村市、あきる野市、西東京市、西多摩郡	東 京
			049	伊豆諸島	大島町、八丈町、利島村、新島本村、神津島村、三宅村、御蔵島村、青ヶ島村、小笠原村	
18	相模川	相模川、鶴見川	050	神奈川	神奈川県	神奈川
			061	山梨東部	富士吉田市、都留市、大月市、上野原市、南都留郡、北都留郡	山 梨
19	富士川	富士川、安倍川、大井川、狩野川	062	富士川上流	甲府市、山梨市、韮崎市、南アルプス市、北杜市、甲斐市、笛吹市、甲州市、中央市、中巨摩郡	山 梨
			063	富士川中流	西八代郡、南巨摩郡	
			074	静岡	静岡市、島田市、焼津市、藤枝市、牧之原市、榛原郡	静 岡
			075	富士	沼津市、三島市、富士宮市、富士市、御殿場市、裾野市、駿東郡	
			076	伊豆	熱海市、伊東市、下田市、伊豆市、伊豆の国市、賀茂郡、田方郡	
20	天竜川	天竜川、菊川	067	伊那谷	岡谷市、飯田市、諏訪市、伊那市、駒ケ根市、茅野市、諏訪郡、上伊那郡	長 野
			077	天竜	浜松市、磐田市、掛川市、袋井市、湖西市、御前崎市、菊川市、周智郡	静 岡
21	神通・庄川	黒部川、庄川、神通川、常願寺川、小矢部川	055	神通川	富山市、魚津市、滑川市、黒部市、中新川郡、下新川郡	富 山
			056	庄川	高岡市、氷見市、砺波市、小矢部市、南砺市、射水郡	
			069	宮・庄川	高山市、飛騨市、大野郡	岐 阜
22	九頭竜川	手取川、九頭竜川、梯川	057	能登	七尾市、輪島市、珠洲市、羽咋市、かほく市、河北郡、羽咋郡、鹿島郡、鳳至郡	石 川
			058	加賀	金沢市、小松市、加賀市、白山市、能美市、野々市市、能美郡	
			059	越前	福井市、大野市、勝山市、鯖江市、あわら市、越前市、坂井市、吉田郡、今立郡、南条郡、丹生郡	福 井
23	木曽川	木曽川、庄内川、矢作川、豊川	068	木曽谷	木曽郡	長 野
			070	飛騨川	美濃加茂市、下呂市、加茂郡	岐 阜
			071	長良川	岐阜市、関市、美濃市、羽島市、各務原市、山県市、郡上市、羽島郡	
			072	揖斐川	大垣市、瑞穂市、本巣市、海津郡、養老郡、不破郡、安八郡、揖斐郡、本巣郡	
			073	木曽川	多治見市、中津川市、瑞浪市、恵那市、土岐市、可児市、可児郡	
			078	尾張西三河	名古屋市、岡崎市、一宮市、瀬戸市、半田市、春日井市、津島市、碧南市、刈谷市、豊田市、安城市、西尾市、犬山市、常滑市、江南市、小牧市、稲沢市、東海市、大府市、知多市、知立市、尾張旭市、高浜市、岩倉市、豊明市、日進市、愛西市、清須市、北名古屋市、弥富市、みよし市、あま市、長久手市、愛知郡、西春日井郡、丹羽郡、海部郡、知多郡、額田郡	愛 知
			079	東三河	豊橋市、豊川市、蒲郡市、新城市、田原市、北設楽郡	
24	由良川	由良川、北川	060	若狭	敦賀市、小浜市、三方郡、大飯郡、三方上中郡	福 井
			086	由良川	福知山市、舞鶴市、綾部市、宮津市、京丹後市、船井郡、与謝郡	京 都
25	淀川	淀川、大和川	080	伊賀	伊賀市、名張市	三 重
			084	湖北	彦根市、長浜市、高島市、米原市、愛知郡、犬上郡	滋 賀
			085	湖南	大津市、近江八幡市、草津市、守山市、栗東市、甲賀市、野洲市、湖南市、東近江市、蒲生郡	
			087	淀川上流	京都市、宇治市、亀岡市、城陽市、向日市、長岡京市、八幡市、京田辺市、南丹市、木津川市、乙訓郡、久世郡、綴喜郡、相楽郡	京 都
			088	大阪	大阪府	大 阪
			092	大和・木津川	奈良市、大和高田市、大和郡山市、天理市、橿原市、桜井市、御所市、生駒市、香芝市、葛城市、宇陀市、山辺郡、生駒郡、磯城郡、宇陀郡、高市郡、北葛城郡	奈 良
26	宮川	雲出川、櫛田川、宮川、鈴鹿川	081	北伊勢	津市、四日市市、桑名市、鈴鹿市、亀山市、いなべ市、桑名郡、員弁郡、三重郡	三 重
			082	南伊勢	伊勢市、松阪市、鳥羽市、志摩市、多気郡、度会郡	
27	熊野川	熊野川（新宮川）	083	尾鷲熊野	尾鷲市、熊野市、北牟婁郡、南牟婁郡	三 重
			093	北山・十津川	吉野郡（天川村、野迫川村、十津川村、下北山村、上北山村）	奈 良
			095	紀南	田辺市、新宮市、西牟婁郡、東牟婁郡	和歌山
28	紀ノ川	紀ノ川	094	吉野	五條市、吉野郡（天川村、野迫川村、十津川村、下北山村、上北山村を除く）	奈 良
			096	紀北	和歌山市、海南市、橋本市、紀の川市、岩出市、海草郡、伊都郡	和歌山
			097	紀中	有田市、御坊市、有田郡、日高郡	
29	加古川	揖保川、加古川	089	加古川	神戸市、尼崎市、明石市、西宮市、洲本市、芦屋市、伊丹市、加古川市、西脇市、宝塚市、三木市、高砂市、川西市、小野市、三田市、加西市、篠山市、養父市、丹波市、南あわじ市、淡路市、加東市、川辺郡、多可郡、加古郡	兵 庫
			090	揖保川	姫路市、相生市、赤穂市、宍粟市、たつの市、神崎郡、揖保郡、赤穂郡、佐用郡	

全国森林計画（広域流域）・森林計画区一覧表

令和2年2月1日現在

広域流域 [44流域] 番号	名称	主な河川	包括する森林計画区 [158計画区] 番号	名称	包括区域	都道府県名
30	高梁・吉井川	吉井川、高梁川、旭川	105	高梁川下流	倉敷市、笠岡市、井原市、総社市、高梁市、新見市、浅口市、都窪郡、浅口郡、小田郡	岡山
			106	旭川	岡山市、玉野市、真庭市、真庭郡、加賀郡、久米郡（久米南町）	
			107	吉井川	津山市、備前市、瀬戸内市、赤磐市、美作市、和気郡、苫田郡、勝田郡、英田郡、久米郡（久米南町を除く）	
			108	高梁川上流	神石郡	広島
31	円山・千代川	円山川、千代川、天神川、日野川	091	円山川	豊岡市、養父市、朝来市、美方郡	兵庫
			098	日野川	米子市、境港市、西伯郡、日野郡	鳥取
			099	天神川	倉吉市、東伯郡	
			100	千代川	鳥取市、岩美郡、八頭郡	
32	江の川	江の川、斐伊川	101	江の川下流	浜田市、大田市、江津市、邑智郡	島根
			102	斐伊川	松江市、出雲市、安来市、雲南市、仁多郡、飯石郡	
			103	隠岐	隠岐郡	
			109	江の川上流	三次市、庄原市、安芸高田市	広島
33	芦田・佐波川	芦田川、太田川、佐波川、小瀬川	110	太田川	広島市、大竹市、廿日市市、安芸郡、山県郡	広島
			111	瀬戸内	呉市、竹原市、三原市、尾道市、福山市、府中市、東広島市、江田島市、豊田郡、世羅郡	
			112	山口	宇部市、山口市、防府市、美祢市、山陽小野田市	山口
			113	岩徳	下松市、岩国市、光市、柳井市、周南市、大島郡、玖珂郡、熊毛郡	
34	高津川	高津川	104	高津川	益田市、鹿足郡	島根
			114	豊田	下関市、長門市	山口
			115	萩	萩市、阿武郡	
35	重信・肱川	土器川、重信川、肱川	118	香川	香川県	香川
			119	今治松山	松山市、今治市、伊予市、東温市、越智郡、伊予郡	愛媛
			120	東予	新居浜市、西条市、四国中央市	
			121	肱川	八幡浜市、大洲市、西予市、喜多郡、西宇和郡	
36	吉野・仁淀川	吉野川、那賀川、仁淀川	116	吉野川	徳島市、鳴門市、小松島市、吉野川市、美馬市、阿波市、三好市、勝浦郡、名東郡、名西郡、板野郡、美馬郡、三好郡	徳島
			117	那賀・海部川	阿南市、那賀郡、海部郡	
			122	中予山岳	上浮穴郡	愛媛
			124	嶺北仁淀	土佐市、長岡郡、土佐郡、吾川郡、高岡郡（佐川町、越知町、日高村）	高知
			126	高知	高知市、南国市、香南市、香美市	
			127	安芸	室戸市、安芸市、安芸郡	
37	四万十川	物部川、四万十川	123	南予	宇和島市、北宇和郡、南宇和郡	愛媛
			125	四万十川	須崎市、宿毛市、土佐清水市、四万十市、高岡郡（佐川町、越知町、日高村を除く）、幡多郡	高知
38	遠賀・大野川	遠賀川、山国川、大野川、大分川、番匠川	128	遠賀川	北九州市、直方市、飯塚市、田川市、行橋市、豊前市、中間市、宮若市、嘉麻市、遠賀郡、鞍手郡、嘉穂郡、田川郡、京都郡、築上郡	福岡
			141	大分北部	別府市、中津市、豊後高田市、杵築市、宇佐市、国東市、東国東郡、速見郡	大分
			142	大分中部	大分市、臼杵市、津久見市、竹田市、豊後大野市、由布市	
			143	大分南部	佐伯市	
39	筑後川	筑後川、六角川、松浦川、矢部川、嘉瀬川	129	福岡	福岡市、筑紫野市、春日市、大野城市、宗像市、太宰府市、古賀市、福津市、糸島市、筑紫郡、糟屋郡	福岡
			130	筑後・矢部川	大牟田市、久留米市、柳川市、八女市、筑後市、大川市、小郡市、うきは市、朝倉市、みやま市、朝倉郡、三井郡、三潴郡、八女郡	
			131	佐賀東部	佐賀市、鳥栖市、多久市、武雄市、鹿島市、小城市、嬉野市、神埼市、神埼郡、三養基郡、杵島郡、藤津郡	佐賀
			132	佐賀西部	唐津市、伊万里市、東松浦郡、西松浦郡	
			144	大分西部	日田市、玖珠郡	大分
40	本明川	本明川	133	長崎北部	佐世保市、平戸市、松浦市、東彼杵郡、北松浦郡	長崎
			134	長崎南部	長崎市、島原市、諫早市、大村市、西海市、雲仙市、南島原市、西彼杵郡	
			135	五島壱岐	壱岐市、五島市、南松浦郡	
			136	対馬	対馬市	
41	菊池・球磨川	菊池川、白川、緑川、球磨川	137	白川・菊池川	熊本市、荒尾市、玉名市、山鹿市、菊池市、阿蘇市、合志市、玉名郡、菊池郡、阿蘇郡	熊本
			138	緑川	宇土市、宇城市、下益城郡、上益城郡	
			139	球磨川	八代市、人吉市、水俣市、八代郡、芦北郡、球磨郡	
			140	天草	上天草市、天草市、天草郡	
42	大淀川	大淀川、五ヶ瀬川、小丸川	145	五ヶ瀬川	延岡市、西臼杵郡	宮崎
			146	耳川	日向市、東臼杵郡	
			147	一ツ瀬川	西都市、児湯郡	
			148	大淀川	宮崎市、都城市、小林市、えびの市、北諸県郡、西諸県郡、東諸県郡	
			149	広渡川	日南市、串間市	
43	川内・肝属川	川内川、肝属川	150	北薩	阿久根市、出水市、薩摩川内市、伊佐市、薩摩郡、出水郡	鹿児島
			151	姶良	霧島市、姶良市、姶良郡	
			152	南薩	鹿児島市、枕崎市、指宿市、日置市、いちき串木野市、南さつま市、南九州市、鹿児島郡	
			153	大隅	鹿屋市、垂水市、曽於市、志布志市、曽於郡、肝属郡	
			154	熊毛	西之表市、熊毛郡	
			155	奄美大島	奄美市、大島郡	
44	沖縄		156	沖縄北部	名護市、国頭郡、島尻郡（伊平屋村、伊是名村）	沖縄
			157	沖縄中南部	那覇市、宜野湾市、浦添市、糸満市、沖縄市、豊見城市、うるま市、南城市、中頭郡、島尻郡（伊平屋村、伊是名村を除く）	
			158	宮古八重山	石垣市、宮古島市、宮古郡、八重山郡	

2020年農林業センサス　第7巻
農山村地域調査報告書

令和4年5月発行　　定価は表紙に表示してあります。

編　集 ■　農林水産省大臣官房統計部

　　　　　　〒100-8950　東京都千代田区霞が関 1－2－1

発　行 ■　一般財団法人　農林統計協会

　　　　　　〒141-0031　東京都品川区西五反田 7-22-17　TOC ビル
　　　　　　TEL　03-3492-2987　振替　00190-5-70255

ISBN978-4-541-04368-9 C3061